ニール・シュービン

進化の技法

転用と盗用と争いの40億年

黒川耕大 訳

みすず書房

SOME ASSEMBLY REQUIRED

Decoding Four Billion Years of Life, from Ancient Fossils to DNA

by

Neil Shubin

First published by Pantheon Books,
a division of Penguin Random House LLC, 2020

亡き両親、シーモア・シュービンとグロリア・シュービンを偲んで

目次

プロローグ

私の生命観は、地層の岩石を砕き続けた数十年のうちに変容してきた。科学調査というものは、見方さえ覚えてしまえば、世界を股にかける宝探しに変貌する。腕を持った魚、肢を生やしたヘビ、二足歩行を獲得した類人猿。諸々の太古の生物が生命史に訪れた重要な転機を語ってくれる。前著『ヒトのなかの魚、魚のなかのヒト』（垂水雄二訳、早川書房、２００８年）で紹介したように、カナダの北極圏を訪れた研究者仲間と私は、事前の計画といくばくかの運に導かれ、首とひじと手首を備えた魚、ティクターリク・ロゼアエ（*Tiktaalik roseae*）を発見した。この生き物は、水中の生命と陸上の生命の架け橋となる存在であり、私たちの遥けき祖先が魚だった頃の重要な転機を明かしてくれる。２００年近く前から続くこうした発見を糸口にして、進化が起きるからくり、体がつくられる仕組み、体が誕生した経緯が解明されてきた。一方、古生物学は40年ほど前から重要な転機を迎えていて、私はたまたまそうした時期に研究者としての一歩を踏み出した。

「ナショナルジオグラフィック」誌を読んだりドキュメンタリー番組を見たりして育った私は、わりと幼い頃から「発掘調査に参加して化石を発見したい」という夢を自覚していた。そうした好奇心を糧にハーバード大学の大学院にまで進み、ついに、１９８０年代半ばに人生初の化石発掘調査を行った。外国の産地に行く余裕はなかったから、マサチューセッツ州ケンブリッジ南部の道路沿いに露出する地層を調べた。ある日、いつものように現場から大学に戻ると、自分の机に論文が山積みになっていた。この論文の山を手がかりにして、私は、古生物学界に劇的な変化が起きようとしていることを知ったのだった。

それらの論文は大学院生の友人が図書館で見つけてきてくれたもので、いくつかの研究機関の成果が載っていた。動物の体づくりに関わるＤＮＡが発見され、ハエの頭や翅（はね）、触角の形成にあずかる遺伝子群が明らかになったという。この事実だけでも十分に驚きだったが、衝撃はそれだけではなかった。なんと、ハエのものと基本的には同じ遺伝子群が魚やマウスやヒトにもあって、やはり体づくりに関わっているというのだ。それらの論文の図版には新たな科学の兆しが宿っていた。その新たな科学を実践すれば、動物の体が胚発生[1]を通して組み立てられていく仕組みや、動物が何百万年とかけて進化していく仕組みを解き明かせるかもしれない。

ＤＮＡを研究すれば、それまでは化石研究者の専権事項だった問いに答えを出せそうだった。さらに、ＤＮＡを理解すれば、私が太古の地層に答えを求めていた進化の謎に、遺伝的なメカニズムという観点から迫ることができそうだった。

過去に滅びた生物種と同じように、私自身も進化しなければ滅びてしまうに違いなかった。科学者にとっての絶滅が時代に取り残されることだとすれば、この知的な活動に関わり続けるには、遺伝学や発生生物学やDNAの世界に飛び込むことだと思った。あの山積みの論文を読んでからというもの、私はいわば二刀流で研究室を運営してきた。夏は野外で化石を探し、他の時期は動物の胚やDNAを調べるという具合だ。どちらの取り組みも、ある一つの問いに答えを出すうえで役に立つ。その問いとは「生命史上の大進化はどのようにして起きたのか」というものだ。

ここ20年の技術革新のペースには目を見張るものがある。ゲノムの塩基配列決定装置(シーケンサー)は極めて高性能になった。10年以上の歳月と数十億ドルの費用を要したヒトゲノム計画も、今なら午後の数時間のうちに1000ドル以下でできてしまうだろう。ゲノム・シーケンサーだけではない。現在のコンピューターの性能とイメージング技術をもってすれば、動物の胚の内部を覗(のぞ)き見ることはもちろん、細胞内で分子が動いている様子を観察することもできる。DNA関連の技術も高性能化していて、カエルからサルにいたるまでの多様な動物のクローンを難なく誕生させたり、ヒトやハエの遺伝子を組み込んだマウスを作製したりすることができる。現在ではほとんどの動物のDNAを編集することが可能になっており、私たちは、ほぼすべての動植物種について、その体づくりにまつわる遺伝情報を切り取ったり書き換えたりする力を手にしている。DNAのレベルから問いを発し、「どの遺伝子の組み合わせが、カエルを、マスともチンパンジーともヒトとも異なる生物にしているのか」を考えることができるようになっている。

こうした革新を経て、私たちは今、画期的な瞬間に立ち会っている。地層や化石にDNA技術を組み合わせれば、ダーウィンと同時代の人々が頭を悩ませた第一級の問いのいくつかに迫ることができる。DNAを研究すれば、協力、転用、競争、盗用、争いに彩られた数十億年の生命史が露わになるだろう。その歴史は、他ならぬDNAを舞台に繰り広げられてきたものだ。動物の各細胞内にあるゲノムは、自らの仕事を代々こなしながらも、ウイルスの絶えざる侵入と構成要素どうしの内戦に遭い、かき乱されてきた。そうした攪乱(かくらん)の所産として新たな器官や組織が誕生し、さらには、生物の体に起きたそうした発明によって世界は変わってきたのだ。

生命が誕生すると、地球全体が微生物の楽園と化し、その状態が数十億年続いた。単細胞生物から体を持つ生物が進化したのは今から10億年ほど前のこと。その数億年後、クラゲからヒトにいたるあらゆる動物の祖先が誕生する。それ以来、動物は泳げるように、飛べるように、思考できるように進化し、また、そうした発明を起点にして次の発明を生み出してきた。鳥は翼と羽根を使って空を飛ぶ。陸に棲(す)む動物は肺と肢を持っている。発明の例は他にも枚挙にいとまがない。動物は単純な祖先から多彩な進化を遂げ、深海の底に棲み、荒涼とした砂漠に暮らし、世界有数の高峰の頂上でも栄え、ついには月面を歩くまでになった。

生命史に残る大進化が起きると、動物の生活様式や体のつくりがすっかり変わる。魚から陸棲(りくせい)動物への進化も、鳥の誕生も、体そのものの始まりも、生命史に起きた変革のごく一部にすぎない。そして、そうした変革を追究する科学は驚きに満ちている。もしあなたが、「羽毛が進化したのは鳥が空を飛ぶため」だとか「肺や肢が進化したのは動物が陸を歩くため」だとか思っていたとしても、そう考えている人は他にも大勢いるので恥じることはない。でも、その考えはまるっきり間違っている。

この研究分野が進展すれば、私たちの存在についての根源的な問いの一部に答えを出す一助になるだろう。その問いとは、「私たちがこの地球上に存在しているのは偶然の結果なのか。それとも、ヒトを誕生させた生命史には何らかの必然性があったのか」というものだ。

生命史は長くて奇妙な驚異の旅であり、その旅路は試行錯誤、偶然と必然、紆余曲折、革新、発明に彩られている。その旅路と、それを知るまでに研究者が歩んだ道のりが、本書で語られる物語だ。

(1) 胚とは、受精してから孵化(ふか)(あるいは出産)するまでの個体のことを言い、発生とは1個の細胞から複雑な多細胞生物がつくられるまでの過程をいう。

進化の技法

第1章　ダーウィンの5文字の言葉

研究者は生涯の研究テーマを研究室で見つけたり野外で発見したりする。私の場合、それは講義室のスクリーンに映し出された一枚のスライドを通してだった。

大学院に入って間もない頃、私はある高齢の教授の講義をとっていた。内容は生命史上最大級の発明について。何とも慌ただしい講義で、進化にまつわる大きな謎を取っ替え引っ替えに紹介していく、という具合だった。議論の題材として、毎週新たな進化の事例が紹介された。序盤のある講義で、教授は一枚の簡単な図を見せた。それは、魚から陸棲動物への変遷を１９８６年当時の見解に基づいて描いた図だった。一番上に魚がいて、一番下に初期の両生類がいる。さらに、魚から両生類に向けて矢印が描かれていた。私が目を奪われたのは、魚ではなく、その矢印のほうだった。陸を歩く魚？　一体、何がどうなれば、そんな進化が起きるのか？　それは、研究者人生を賭けるに値する最上級の科学的難問に思えた。一目惚れだったと言ってもいい。こうして私は、その後の40年間、この事件が起きた経緯を解き明かすべく、両極と数大陸を股にかけて化石を探し回ることになった。

でも、自分の研究のことを親戚や友人に話しても、困惑の表情を向けられたり、形ばかりの質問を返されたりするのがオチだった。魚が陸棲動物に変貌するには、泳ぐためのヒレではなく歩くための肢を備えた新たな骨格を手に入れる必要がある。エラではなく肺を用いる新たな呼吸法も獲得しないといけない。それに、食事や繁殖の方法も変更を強いられる（食事をするにしても卵を産むにしても、水中と陸上とでは勝手がまったく異なるのだから）。要するに、体内にあるほぼすべての器官を一斉に変える必要があるということだ。陸を歩くための肢を持ったからといって、呼吸や食事や繁殖ができないのなら、一体何の意味がある？　陸に暮らすためには、たった一つの発明ではなく、機能的に絡み合った何百もの発明がなされないといけない。同じことは、飛行や二足歩行の起源から体や生命の誕生にいたるまでの、生命史上の他の無数の進化についても言える。私の研究は出だしから暗澹としていた。

この窮状を抜け出す鍵は、アメリカ人劇作家のリリアン・ヘルマンが残した有名な言葉に潜んでいる。自らの半生を振り返る中で（１９５０年代に下院の非米活動委員会から目を付けられたことや、当時の極貧生活を回想する中で）、彼女は「何事も、当然のことながら、私たちが始まったと思った時に始まっているわけではない」と書き残した。この言葉は、書いた本人も意図しない形で、生命史研究の中でも屈指の強力な考え方を表している。その考え方を用いれば、この地球上に生きるすべての生物の、ほぼすべての器官、組織、ＤＮＡ配列の起源を説明できてしまうほどだ。

この生物学上の考え方は、科学史上有数の破滅型の人物が成したことの余波として芽を出した。その人物は、誇張でも何でもなく、間違うことで生物学界を変革した。

生物のゲノムにまつわる最近の発見の意義を理解するためには、探究の歴史を少しさかのぼる必要がある。ヴィクトリア朝時代[1]のイギリスでは、今も色褪せない概念や知見が数多く生み出された。遺伝子の存在さえ知られていなかった時代に考案された概念が、「生命史においてDNAがどんな役割を演じてきたか」を理解するのに欠かせないことを思うと、ある種のロマンを感じずにはいられない。

セント・ジョージ・ジャクソン・マイバート（1827〜1900）は、ロンドンに住む敬虔な福音派[2]の両親のもとに生まれた。父親は一介の執事から市内有数のホテルを所有するまでになった人物だった。マイバートは、そんな父親のおかげで、紳士という社会的地位を得て自分の思いどおりのキャリアを歩める立場にあった。同時代を生きたチャールズ・ダーウィンと同じく、マイバートも幼い頃から自然界に強い興味を抱いていた。子供ながらに昆虫や植物、鉱物を収集し、よく手帳に大量の書き込みをし、時には独自の分類体系を考えたりした。将来の仕事は博物学者[3]で決まりかと思われた。

ところがここで、彼の人生における最大のテーマ、すなわち権力との闘いが頭をもたげてくる。マイバートは、10歳を過ぎた頃から、一家の聖公会信仰になじめなくなっていった。そして、うろたえる両親をよそに、ローマ・カトリックに改宗してしまう。16歳の子供にしては大胆なこの行動のせいで、思わぬ余波が生じた。カトリックに改宗したせいで、オックスフォード大学にもケンブリッジ大学にも入れなくなってしまったのだ。当時のイギリスでは、カトリック教徒が大学に入ることは許されていなかった。大学で博物学を学ぶ道を絶たれてしまったマイバートは、宗派の選択が問題にならない法学院に入って法律を学ぶという、唯一残されていた道を選択した。こうして、彼は弁護士になった。

マイバートが実際に弁護士として働いたかどうかは定かでないが、博物学への熱意が冷めることはなかったらしい。彼は自らの紳士としての立場を生かして科学者の上流社会への仲間入りを果たし、トーマス・ヘンリー・ハクスリー（１８２５〜９５）をはじめとする当時の重鎮と親交を築いた。ハクスリーは、ほどなく、ダーウィンの考えの熱烈な支持者として世間に名を馳せることになる。また、自身も優秀な比較解剖学者であり、熱心な弟子を大勢取っていた。この偉人と親しくなったマイバートは、彼の研究施設で働くようになり、やがてハクスリー家の集まりにまで顔を出すようになる。ハクスリーの指導のもと、おおむね記述的ながらも独創性の高い、霊長類の比較解剖学的な論文も著（あらわ）した。その霊長類の骨格に関する詳細な記述は、現在でも読むことができる。ダーウィンが１８５９年に『種の起源』の初版（渡辺正隆訳、光文社、２００９年など）を刊行した頃には、自らを「ダーウィンの新しい考えの擁護者」と任じていた。おそらく、ハクスリーの熱意に当てられ、感化されたのだろう。

しかし、少年期に聖公会信仰になじめなくなった時と同じように、マイバートはダーウィンの考えに強い疑念を抱くようになり、漸進（ぜんしん）的な変化を旨（むね）とするダーウィンの理論に高度な反論を投げかけるようになる。自らの考えを、初めは控えめに、やがて声高に、世間に主張しはじめた。そして、その批判的な見方を支持する証拠を総動員し、『種の起源』への反論を一冊の本にまとめた。もし、博物学界の昔なじみの中に友人が残っていたとしても、この時点で一人残らず失ったことだろう。何しろ、その本の題名はダーウィンの著書の題名をもじった『*On the Genesis of Species*（種の創生）』だったのだから。

その後、マイバートはカトリック教会にも批判の矛先を向けた。教会の定期刊行物に寄稿して「処女降誕[4]や教義の無謬（むびゅう）性など、ダーウィンの理論と同じくらいありえない」と批判した。『種の創生』を発表して科学界から破門同然の扱いを受け、今度はこうした寄稿を通してカトリック教会から正式に破門されると、その6週間後に息を引き取った。1900年のことだった。

セント・ジョージ・ジャクソン・マイバート。進化論争で四面楚歌に陥った人物

ダーウィンに向けたマイバートの異論を読むと、ヴィクトリア朝時代のイギリスで行われていた知的な果たし合いを垣間見ることができるし、ダーウィンの理論に対し多くの人がいまだに抱えている疑問点もよく分かる。マイバートは、自らを三人称で呼び、自分に偏見がないことをアピールするような言葉遣いで次のように反論を切り出した。「彼は初めからダーウィンの魅力的な理論をしりぞけようとしていたわけではな

い」。

マイバートは、自らの主張を展開するべく、長めの一章を費やして「ダーウィンの致命的欠陥」を概説した。題して「有用な構造の初期段階を説明するうえで自然選択が役に立たないことについて」。何とも長たらしい章題だが、実はここに極めて重要な論点が集約されている。ダーウィンが思い描いた進化は、ある種が無数の中間段階を経て別の種になる、というものだった。進化が起きるためには、こうした中間段階のそれぞれが環境に適応したものである必要があるし、個体の生存能力を高めるものでなければならない。マイバートにしてみれば、そうした中間段階はたいてい存在しえないように思えた。例えば、飛行の起源を考えてみよう。翼の進化が始まったとして、その初期段階の構造が一体何に使えるというのか？　古生物学者の故スティーブン・ジェイ・グールドはこの問題を「2パーセントの翼問題」と呼んだ。鳥の祖先にちっぽけな初期段階の翼があっても、何の役にも立たないのではないか、というわけだ。ある段階まで進めば滑空できるくらいの大きさにはなるかもしれないが、それでも、小さな翼のままではいかなるたぐいの羽ばたき飛行にも使えないはずだ。

マイバートは中間段階が存在しえないように思える事例を次々と提示していった。ヒラメなどに見られる体の片側に偏った両目、キリンの長い首、クジラのヒゲ板、種々の昆虫が備える樹皮への擬態能力、などなど。ヒラメの両目がわずかに偏ったり、キリンの首が少しだけ長くなったり、昆虫の体色がかすかに変わったりしたとして、それが一体何の役に立つ？　クジラの口にヒゲ板が1枚生えてきたとして、その巨体をまかなえるほどの餌を得られるだろうか。これではまるで、ある種が大いなる変遷を経て別の種になるまでに、無数の袋小路が待ち構えているようなものではないか。

マイバートは、「進化における大いなる変遷が起きるには、１つの器官が変わるだけでなく、全身の諸々の特徴が一斉に変化しなければならない」という見解を最初に主張した科学者の一人だった。陸を歩くための肢を進化させても、空気呼吸をするための肺を持っていなければ何の意味もない。もしくは、別の事例として、鳥の飛行の起源を考えてみてもいい。羽ばたき飛行が進化するには、翼、羽根、中空の骨、高い代謝率といった多くの発明がなされる必要がある。骨がゾウ並みに重かったり代謝がサンショウウオ並みに低かったりしたら、翼を進化させたところで何の役にも立たない。大進化が起こるには全身が変化しなければならず、したがって多くの特徴が一斉に変化しなければならないというなら、一体どのようにして大いなる変遷が徐々に起きるというのか。[5]

マイバートの考えは、１５０年前に提起されて以来、生物の進化を批評する際の試金石となってきた。その一方で、提起された当初は、ダーウィンに秀逸な発想を促す契機にもなった。

ダーウィンによるマイバート評は「真に傾聴に値する批評家」というものだった。『種の起源』の初版は１８５９年、マイバートの著書は１８７１年に出版されている。１８７２年に『種の起源』の最終版である第６版を刊行するにあたり批評家陣に返答すべく新たに一章を書き足した際、ダーウィンが特に意識していたのはマイバートだった。

ヴィクトリア朝時代の論争の作法にのっとり、ダーウィンはこう切り出した。「高名な動物学者であるセント・ジョージ・マイバート氏は、ウォレス氏と私が提唱した自然選択説に対し、私自身を含む人々が提起した異論を最近になって余さずかき集め、それらを賞賛すべき技巧と筆力で書き表した」。さらにこう続けている。「数々の異論をそうして並べ立てられると、何とも恐ろしい軍勢に見えてくる」。

ところがダーウィンは、たったの一言でマイバートの批判を封じ、さらに自身で集めた豊富な証拠まで添えてみせた。「マイバート氏からの批判は、すでに取り上げたものもあるが、すべてこの本で検討することにする。多くの読者をうならせてきたと思われる新たな論点は、『自然選択は有用な構造の初期段階を説明するうえで役に立たない』というものである。この論点と密接に関連する論点である、諸々の特徴の漸進的な変化には、往々にして機能の変化が伴う」。

この最後の5文字が科学にとっていかに重要なものであったかは、いくら強調してもしすぎることはない。この言葉は、生命史上の大進化を新たな視点から眺めるための、ヒントを含んでいる。

生命史上の大進化はどのようにして起きたのか。貴重な手がかりをもたらしてくれるのは、例のごとく、魚だ。

新風を吸い込む

1798年にナポレオン・ボナパルトがエジプトに遠征した際、その軍を構成していたのは艦船と兵士と兵器だけではなかった。科学者を自認していたナポレオンは、ナイル川の治水、生活水準の向上、文化史と自然史の理解を支援することで、エジプトを変革しようとした。そこで、フランスきっての技術者と科学者を従軍させていたのだ。その中に、エティエンヌ・ジョフロア・サン゠ティレール（1772〜1844）がいた。

当時26歳のサン゠ティレールは科学界の若き天才だった。この頃すでに、パリ自然史博物館の動物学部長の地位にあり、のちに史上屈指の解剖学者へと成長する。20代にして、哺乳類や魚の解剖学的な記載を通して頭角を現した。(6) ナポレオンに同行したサン゠ティレールは、エジプトの渓谷やオアシス、川などで調査隊が見つけてきた多くの生き物を嬉々として解剖し、観察し、分類した。そのうちの一種が、自然史博物館の館長でもあったサン゠ティレールをして、「あれを見つけただけでナポレオンのエジプト遠征には意味があった」とのちに言わしめた魚である。もっとも、ロゼッタ・ストーンを用いてエジプトのヒエログリフを解読したジャン゠フランソワ・シャンポリオンは、この見解に異を唱えていたことだろう。

科学界の若き天才，エティエンヌ・ジョフロア・サン゠ティレール

ウロコとヒレを持つその生き物は、外見上は普通の魚に見えた。サン゠ティレールの時代の研究者が解剖学的記載を行う際は、生き物を丹念に解剖し、お抱えの画家に美しく（往々にして）色彩豊かなリトグラフ（石版画）を描かせて重要な細部を余さず記録していた。その生き物は、頭頂部の後ろ、肩に近い辺りに2つの穴を持っていた。それだけでも十

分に珍妙だったが、本当の驚きは食道に潜んでいた。普通なら、魚を解剖する際に食道を調べても、1本の単純な管が口から胃に伸びているだけで面白くも何ともない。ところが、その生き物は違った。食道の片側に空気の入った袋があったのだ。

そのような袋があることは当時の科学者にも知られていた。多様な魚で浮袋の存在が確認されていたし、ドイツの詩人にして哲学者のゲーテさえもそれに言及している[7]。こうした袋は海水魚にも淡水魚にもあり、空気で膨らんだりしぼんだりして中立浮力を維持し、魚がさまざまな水深で泳げるようにしている。「潜水せよ」と命じられて潜水艦が空気を放出するように、魚も浮袋内の空気の量を調整し、水深や水圧の変化に対応している。

さらに解剖を進めると、いっそうの驚きが待っていた。その空気入りの袋が小さな管を介して食道とつながっていたのだ。袋と食道をか細くつなぐその小さな管が、サン゠ティレールの思索に大きな影響を与えた。

その魚の自然界での様子を観察したサン゠ティレールは、解剖時に推測したことに確信を持った。魚は口から空気を吸い込み、頭の後ろにある穴からも空気を取り込んでいた。さらに、まるで皆でシンクロしたかのように空気を吸い、大勢で同時に鼻を鳴らすこともあった。こうした鼻を鳴らす魚（ビッチャーと呼ばれる魚）のグループは他の音を出すことも多く、おそらくは交尾相手を見つけるために、吸い込んだ空気で鈍い音やうめくような音を出したりする。

その魚は他にも予想外のことをやっていた。空気呼吸をしていたのだ。くだんの袋には血管が張り巡らされていて、魚がこの器官を使って血液に酸素を取り込んでいることを示唆していた。そして、もっと重要なのは、頭頂部の穴を使って呼吸をしていたことだ。これならば、袋を空気で満たしつつ、体を水中に沈めておける。

エラと、空気呼吸を可能にする器官を併せ持つ魚。その発見は、言うまでもなく、大きな反響を呼んだ。

エジプトでの発見から数十年後、今度はオーストリアの調査隊が母国の皇女の結婚を記念して南米のアマゾンに派遣された。調査隊は、昆虫やカエル、植物を収集し、新種を皇族に献名することにしていた。発見した生き物の中には新種の魚も含まれていた。エラとヒレを持っている点は他の魚と変わらない。しかし、体内の袋には紛れもない血管網があった。その器官は、空気が入っている袋というだけではなく、肺葉と、血管網と、まさにヒトが持っているような肺に特徴的な組織を備えていた。調査隊員らは、困惑するままに、その生き物にレピドシレン・パラドクサ（*Lepidosiren paradoxa*）という学名を付けた。ラテン語で「矛盾したことにウロコを持っているサンショウウオ」という意味だ。

魚か、両生類か、はたまたその中間か。何と呼ぼうと構

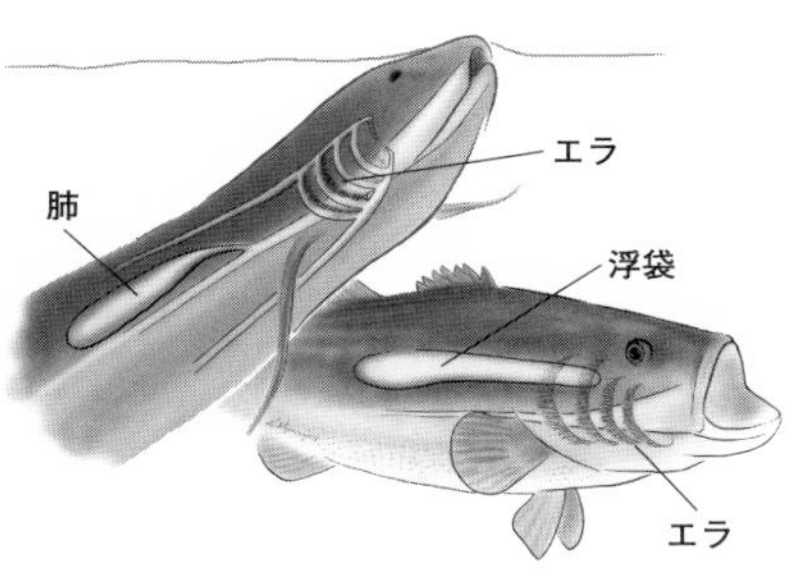

肺魚は肺とエラの両方を持っている。水中の酸素の量が少なく体内の需要をまかなえなくなると，私たちと同じように肺で空気呼吸をする。他の魚は浮袋で浮力を発生させている

わないが、とにかくその生き物は水中で暮らすためのヒレとエラだけでなく、空気呼吸をするための肺も持っていた。しかも、孤独な存在というわけでもなかった。1860年、オーストラリアのクイーンズランドで肺を持った別の魚が見つかったのだ。また、その魚は極めて特徴的な歯も持っていた。クッキーの抜き型を思わせる歯で、そうした歯は大昔に絶滅した種類（2億年以上前の地層から産出したケラトダス（*Ceratodus*）という種類）の化石からも見つかっていた。これらのことが何を意味するかは明白だった。肺を持ち空気呼吸をする魚は世界中にいて、しかも数億年前からこの地球上で命脈を保ってきたということだ。

一つの型破りな発見が、私たちの世界観をすっかり変えてしまうことがある。魚に肺や浮袋が見つかったことで、生命史の探究に関心を持つ次世代の科学者は、化石と現生の生物の両方を調べるようになった。化石を調べれば大昔の生物の姿が分かるし、現生の生物を調べれば、体内の組織や器官がどう機能しているか、あるいは個体が卵から成体になるうちに諸器官がどう発生していくかが分かる。この後見ていくように、この研究手法は実に強力だった。

化石と胚の研究が融合すると、ダーウィン以後の自然科学者にとって実りの多い研究分野が誕生した。バッシュフォード・ディーン（1867〜1928）は、科学界の中でもひときわ異彩を放つ人物だった。ニューヨークのメトロポリタン美術館と、セントラルパークを挟んで真向かいにあるアメリカ自然史博物館の学芸員を両方務めた人物は、今も昔も彼しかいない。ディーンには人生を賭けて追い求めたものが2つあった。魚の化石と鎧だ。鎧を収集して美術館に展示し、同じように、魚の化石を集めて自然史博物館に展示した。そうした嗜好のある人物にふさわしく、ディーンは変人だった。自分で鎧を設計し、それどころか、それを着てマンハッタンの街に繰り出していたらしい。

中世の鎧を身に着けていない時、ディーンは太古の魚を研究していた。現生の魚の胚が卵から成体になる過程のどこかに、生命史にまつわる謎の答えと、現生の魚が太古の祖先から進化してきた際のメカニズムを解き明かす鍵があると考えていた。ディーンは、魚の胚と化石を見比べるとともに、当時の解剖学研究施設の研究も参考にして、発生の途上では肺と浮袋が基本的に同じ器官のように見えることに気づいた。肺も浮袋も消化管から原基が出てくるし、どちらも空気入りの袋になる。大きな違いは、浮袋の原基が消化管の背側、脊椎の近くから出てくるのに対し、肺の原基は腹側から出てくることだった。ディーンは、こうした知見に基づいて、「浮袋と肺は同じ器官の異なる型(バージョン)であり、同じ発生過程を通して形成される」と主張した。(8)実のところ、空気入りの袋は(何らかの形で)サメ類を除くほぼすべての魚に備わっている。

バッシュフォード・ディーン。メトロポリタン美術館とアメリカ自然史博物館で学芸員を務め，鎧と魚を愛した

多くの科学的な仮説の例に漏れず、ディーンが比較して導き出した考えにもすでに長い歴史があった。先行的な考えが19世紀のドイツの解剖学者の研究に見て取れる。

それでは、この空気入りの袋から、マイバートの批判とダーウィンの返答について、どんなことが言えるのだろう。

空気呼吸を長時間行える魚は驚くほど多い。全長15センチほどのムツゴロウやトビハゼは泥の上を歩き、そこで24時間以上過ごすことができる。キノボリウオは必要に応じて池から池へ這って移動することができる。ただし、キノボリウオは1種しかいない。生息水域の酸素濃度が低下した際に空気を取り込める魚は何百種もいる。そうした魚はどうやってそんな芸当をやってのけているのだろう。

ムツゴロウやトビハゼのように皮膚から酸素を取り込む魚もいれば、エラの上部に空気呼吸をするための特別な器官を備えている魚もいる。一部のナマズなどの魚は腸から酸素を取り込んでいて、まるで食べ物を食べるように空気を取り込み、それを呼吸に使う。そして、多くの魚がヒトのものに似た一対の肺を持っている。肺魚は水中に暮らし、もっぱらエラ呼吸をしているが、生息する川の酸素濃度が下がって体内の代謝をまかなえなくなると、水面に顔を出し空気を吸って肺に送り込む。空気呼吸は珍妙な魚に生じた異常な例外などではなく、多くの魚が普通に行っていることなのだ。

浮袋と肺の比較は最近でも試みられていて、コーネル大学の研究者らが新たな遺伝子技術を用いて行っている。問うたのは「魚の浮袋が発生の過程を通してつくられる際に、どんな遺伝子が働いているのか」ということ。魚の胚で発現している遺伝子の一覧を見て研究者らが見いだした事実を知ったら、きっとディーンもダーウィンも歓喜したに違いない。魚の浮袋をつくるのに使われている遺伝子群は、魚やヒトの肺をつくるのに使われている遺伝子群と同じだったのだから。(9) 要するに、空気入りの袋を備えることはほぼすべての魚に共通する特徴であり、それを肺として使う魚もいれば、浮力装置として使う魚もいるということだ。

ここまで来ると、ダーウィンのマイバートへの返答が先見性を帯びてくる。ＤＮＡは、肺魚、サン＝ティレールのビッチャー、肺を持つその他の魚が現生の魚の中で陸棲動物にもっとも近縁であることを如実に示している。肺という発明は、動物が陸を歩くように進化する際に急に現れたわけではなかった。魚は、動物が陸上に進出するよりもずっと前から、肺で空気呼吸をしていた。魚の子孫が陸上に進出した際に起きたことは、新たな器官の登場ではなく、既存の器官の機能の変化だった。ほぼすべての魚が、肺であれ浮袋であれ、何らかの空気入りの袋を持っている。それは、元々は水中で暮らすために使われていたが、のちに陸上で呼吸をするために使われるようになった。陸上進出の際に起きた変容は、新たな器官の誕生を伴うものではなかった。そうではなく、ダーウィンが一般論として語ったように、「機能の変化を伴う」ものだったのだ。

飛ぶ鳥跡を濁す

マイバートがダーウィンを批判する際に槍玉に挙げたのは、魚でも両生類でもなく、鳥だった。当時、飛行の起源は大きな謎だった。１８５９年刊行の『種の起源』の初版で、ダーウィンは極めて具体的な予測をしている。もし、地球上の全生命が共通の祖先を持つという自分の説が正しいのなら、ある生物が別の生物に進化した際の過程を示す中間型が化石記録に見つかるはずだと。しかし、当時はまだいかなる中間型も発見されておらず、もちろん、空を飛ぶ鳥と地上に棲む祖先を結びつける生き物も見つかっていなかった。

でも、ダーウィンが待ちぼうけを食うことはなかった。1861年、ドイツにある石灰岩の採石場で、作業員により驚くべき化石が発見されたのだ。その採石場で採れる細粒の石灰岩は、当時主流の印刷技術だった石版印刷用の石板を造るのにうってつけだった。その石灰岩はとても穏やかな湖に堆積したもので、中に埋もれたものがあまり破損せずに残っていた。つまり、化石の保存にこれ以上ないほど適していたわけだ。

ある石板に、長くて羽根のような形をした興味深い印象化石(10)が残っていた。「羽根のような」というより、完璧な羽根に見える。しかし、こうした石灰岩から羽根が見つかる理由については、まったくの謎だった。

その不思議な印象化石を産出した石灰岩は、ジュラ紀のものだった。さかのぼること数十年前、ドイツの貴族であり博物学者でもあるアレクサンダー・フォン・フンボルト(1769～1859)が、フランスとスイスを隔てるジュラ山脈に特徴的な石灰岩が分布していることに気づいた。その石灰岩の層は何キロにもわたって続いていた。フンボルトは、際立った特徴を持つその地層を「ジュラ層」と名づけ、ジュラ層が地球史上でも特別な年代に堆積した可能性があることをほのめかした。ほどなく、ジュラ層がよく化石を多産することが分かり、大きな渦巻き状の殻を持つ「アンモナイト」などが発掘されるようになる。やがて同様の化石が世界各地で発見されはじめると、ジュラ紀が特別な時代であったことはフランスとスイスに限った話ではなく、もっと世界的な傾向であることが研究者の間で認識されるようになった。

その後、１８００年代初期にイギリスのジュラ紀の地層から巨大な歯とあごの化石が発見された。すると、同様の化石が各地から産出するようになる。時を置かずして、ジュラ紀が渦巻き状の殻を持つ生物の時代というだけでなく恐竜の時代でもあったことが判明した。そして、例の羽根の印象化石がさらなる事実を明らかにしようとしていた。果たして、ジュラ紀には、地上を歩く恐竜の頭上を鳥が飛んでいたのだろうか。

羽根の化石しかないことが何とももどかしかった。その羽根はジュラ紀の鳥のものなのかもしれない。でも、何らかの未知の生物が羽根を持っていた可能性もある。その時点では、後者の説も捨てきれなかった。

１８６１年の羽根の印象化石の発見から数年後のこと、ある農民が医師の診療と引き換えに化石を譲り渡した。その化石は羽根の化石と同じ石灰岩層から産出したものだった。化石を引き取った医師は熟練の解剖学者であり、化石の愛好家でもあった。果たして、一目でそれが普通の石灰岩の板でないことに気づく。中の化石を見ると、羽根の印象が体と尾を取り巻き、ほぼ完全な骨格に中空の骨と翼が備わっていた。この標本の価値を認識した医師は、各地の博物館を招いて入札合戦を開始し、最終的にロンドン自然史博物館から７５０ポンドをせしめた。

その後の15年間、同じ動物の化石が続々と産出した。１８７０年代半ば、ヤーコプ・ニーマイヤーという農民が一体の化石を採石場の所有者にウシ一頭の値段で売った。その採石場の所有者は、最初の標本をロンドンに売って大儲けした医師の評判を聞いていて、1881年に、購入した化石を同じ医師に売った。その骨格はベルリン自然史博物館に1000ポンドで売れた。その動物の化石は現在までに12体発見されている。

アーケオプテリクス（*Archaeopteryx*）と命名された、その羽根に覆われた動物は、何ともちぐはぐな特徴を併せ持っていた。羽根の生えそろった翼と中空の骨を持っている点は鳥と同じ。しかし、既知のいかなる鳥とも違って、肉食動物のような歯と、平坦な胸骨(11)と、翼の先端にある骨に3本の鉤爪（かぎづめ）を持っていた。

この発見は、ダーウィンの理論にとって、これ以上ないほど時宜（じぎ）にかなったものだった。トーマス・ヘンリー・ハクスリーは歯や肢、鉤爪を調べて、アーケオプテリクスが爬虫類と酷似していることに気づいた。さらに、やはりジュラ紀の石灰岩層から産出するコンプソグナトゥス（*Compsognathus*）という小型の恐竜とも比べてみた。両者は体格がほぼ同じで、羽根の有無を除けば骨格も似ていた。ハクスリーは、アーケオプテリクスがダーウィンの理論の正しさを証明する存在、すなわち爬虫類と鳥類の中間型であると主張した。ダーウィンも『種の起源』の第4版でアーケオプテリクスについて次のように書いている。「この世界にかつて棲んでいた生物について私たちがいまだ無知に等しいことを、これほどの説得力を持って示した発見は、最近ではほとんどなかった」。

ハクスリーが行ったような比較研究をきっかけにして、広範な議論が巻き起こった。もし、アーケオプテリクスが鳥類と爬虫類の類縁関係を証明しているのだとしたら、どのような爬虫類が鳥類の祖先に当たるのだろうか。いくつかの有力な候補があって、そのそれぞれに擁護者がついていた。アーケオプテリクスの長い尾と頭骨の形に基づき、「鳥類の祖先は小型で肉食のトカゲに似た動物だった」と主張する人たちもいた。もしくは、鳥類が、ジュラ紀にいた空飛ぶ爬虫類である翼竜類と似ていると主張する向きもあった。しかし、この説には難点があって、翼竜は、翼を備え空を飛んでいたものの、翼を構成する骨が鳥類とは大きく異なっていた。翼竜の翼が長く伸びた第４指（薬指）に支えられていたのに対し、鳥の翼は羽根と複数の指骨に支えられている。また、アーケオプテリクスと小型の恐竜の類似性を指摘したハクスリーに共感する人たちもいた。

「鳥類の祖先は何らかの種類の恐竜である」という考えに対しては、高名な学者陣が異を唱え、それぞれに異なる根拠を持ち出してきた。ある研究者は、鳥類の恐竜祖先説に重大な欠陥を発見したと主張し、鳥類は鎖骨[12]（叉骨）を持っているのに恐竜は（他の爬虫類とは違って）持っていないと訴えた。別の研究者らは、恐竜と鳥類では生活様式も代謝率もまったく違うと考え、したがって恐竜を鳥類の祖先とみなすことなどできないと主張した。恐竜は、ほぼ例外なく、巨大でのろまな怪物であり、活発で小柄な鳥類とはあまり似ていないというのが当時の認識だった。多くの研究者にとって、アーケオプテリクスはただの鳥であり、爬虫類から鳥類への変遷について多くを語る存在ではなかった。

この論争は延々と続いた。その主な要因としては、マイバートの核心を突く批判が根強く残っていたことが挙げられる。それは、「羽毛などの鳥類ならではの諸々の特徴は、アーケオプテリクスのそれらも含めて、どのようにして生じたのか」という問題意識だった。

恐竜が巨大でのろまな怪物だとする考えには長い歴史があった。そしてその考えが廃れるまでにも長い時間がかかった。その端緒となったのは一人の多才な科学者の研究だった。その科学者は、バッシュフォード・ディーンに似て、軍服を着るのが好きだった。

「サチェルのノプシャ男爵」として知られたフランツ・ノプシャ・フォン・フェルシェーシルヴァーシュ（1877〜1933）は、たぎる情熱と優れた知能の持ち主だった。彼は、18歳の時、トランシルバニアにある一家の敷地で何かの動物の骨を発見する。その後、独学で解剖学を学ぶと、1897年にその骨を大型恐竜のものとして記載し、正式な科学論文として発表した。ノプシャはその後も、アルバニアの地質に関する700ページの大著を執筆したり、数十篇の科学論文を複数の言語で著したりした。その一方で、オーストリアのスパイとして働いたり、アルバニアのレジスタンス組織の結成に尽力しオスマン帝国からの独立を勝ち取るために戦ったりもした。ノプシャの究極の夢はアルバニアの王位に就くことだった。しかし、彼の人生は悲しい幕切れを迎える。大きな借金を抱えた末に、愛人を射殺し、続けてその銃口を自分に向けたのだった。

1895年に一家の敷地で骨を見つけて以来、ノプシャは大量の化石を収集し、トランシルバニア産の恐竜を研究するようになった。調べたのは、恐竜の骨と、東ヨーロッパ各地の地層に残る恐竜の足跡だ。地層に残る足跡を観察し、生気に満ち、呼吸をしている恐竜が泥地を歩く様子を思い浮かべた。泥地の足跡からすると、足跡の主は明らかに速く走れたはずだった。地面を力強く蹴っていたはずで、足跡どうしの間隔からしても走っていたに違いない。この事実の意味するところは明白だった。恐竜は、ゾウに似た鈍重な動物ではなく、活発で足の速い捕食者だったということだ。ノプシャはこの考えをさらに深めていった。大地を駆ける恐竜は敏捷かつ軽量である必要があり、それゆえに鳥類の理想的な祖先になりえたはずだと。ノプシャの考えでは、速さの追求が鳥の祖先を空へと駆り立てたはずだった。それに、羽根の生えた翼は、腕を羽ばたかせて加速し獲物を捕らえるのに役立ったに違いない。

1923年に自説を発表した際、ノプシャを待ち受けていたのは、科学者なら誰もが恐れる悪夢だった。無視されたのだ。長年主流の学説（この時期にはイェール大学の高名な古生物学者O・C・マーシュにより声高に唱道されていた）では、「恐竜は巨大でのろまな動物であり、鳥類は滑空飛行をする祖先から進化してきた」とされていた。羽ばたき飛行は、枝から枝へと滑空する樹上性の祖先に端を発し、そうした滑空する祖先から長い時間をかけて進化してきたのだろう、と考えられたわけだ。カエルやヘビ、リス、キツネザルなどの

アルバニアの軍服を着たノプシャ男爵。バッシュフォード・ディーンと同じく，進化上の発明についての深遠な歴史を研究しながら，鎧や軍服を着ることを趣味としていた

現生の多様な滑空動物を見れば、人の直感に訴えるこの説の魅力が分かる。羽ばたき飛行より滑空飛行のほうが、必要となる複雑な発明の数が少なくて済む。したがって、羽ばたき飛行にいたる最初の段階として滑空飛行を考えることは理にかなっているように思えた。

１９６０年代、当時イェール大学の若手研究者だったジョン・オストロムは、カモノハシ竜の生態の解明に挑んでいた。カモノハシ竜と言えば、大きな博物館の恐竜コーナーに行けばたいてい飾ってあるおなじみの恐竜で、「カモノハシ竜」という名前の由来となったクチバシから頭頂部にかけて、よく大きなトサカを伸ばしている。長年、博物館では、のろまな四足歩行の植物食動物、いわば「爬虫類版のゾウ」のようなイメージで展示されてきた。しかし、オストロムがカモノハシ竜の骨を調べれば調べるほど、その解釈は成り立たなくなっていった。まず、カモノハシ竜の前肢は後肢より短い。小さな前肢と大きな後肢を持つ動物が四足歩行をするとなると、妙に前かがみな姿勢になってしまう。さらに、後肢の骨の稜（りょう）や突起からは、そこに後肢を動かす強力な筋肉が付いていたことがうかがえた。これらの事実を考え合わせると、たいていのカモノハシ竜は二足歩行だったと思われた。オストロムはさらに踏み込んで考えた。カモノハシ竜は、ゾウのような鈍重な動物ではなく、２本の後肢で走るわりと活発な動物だったのではないか、言うなれば「二足歩行のバイソン」だったのではないか、と。

１８００年代のマイバートとダーウィンの論争に新たな意味が加わったのは、１９６０年代にオストロムがワイオミング州の荒野に向かった時だった。オストロムは、古生物学者の常として、二重生活を送っていた。学期中はボタンダウンのシャツを着て研究と講義を行い、夏休みは発掘地で砂ぼこりにまみれながら怒濤（どとう）の日々を過ごす、という具合だ。１９６４年8月、モンタナ州ブリッジャー近郊での発掘調査でめぼしい成果を上げられず、翌年の発掘候補地を探していた時のことだった。助手とともに丘の斜面を下っていたオストロムは、地層から何かが突き出ているのを見て、足を止めた。それは、長さ15センチほどの手だった。「慌ててそこに向かったら、坂を転げ落ちそうになったよ」。オストロムは当時のことをのちにそう振り返っている。2人が急いだ理由は、手の先から伸びているものにあった。なんと、それまでに見たこともないような特大サイズの鋭い鉤爪が伸びていたのだ。

調査最終日に下見に来ていただけだったから、道具の持ち合わせがなかった。この段落を読んでいる古生物学専攻の学生諸君は、2人が次にしたことをマネしないでほしい。2人は歓喜のあまり、古生物学調査の鉄則を破り、その化石をもっと露出させようと、素手と折り畳み式のナイフでしゃにむに掘り進めたのだ。翌日、適切な道具を携えて現地に戻ると、動物の足と数本の歯を露出させた。歯は捕食者のもので、先はとがり縁はギザギザしていた。その後の2年間におよぶ発掘作業で、骨格の大部分が掘り出された。

オストロムが発見した恐竜は大型犬ほどの大きさだったが、その骨は妙に軽く、そして中空だった。尾は筋肉質で、後肢は極めてたくましく、足には鉤爪が付いていた。鉤爪の根元には関節があって、獲物を突き刺すのに使われていたことをうかがわせた。オストロムはその恐竜を「デイノニクス（*Deinonychus*）」と名づけた（ギリシャ語で「恐ろしい鉤爪」という意味）。のちに論文を執筆した際には、論文としては標準的な無味乾燥な文体に紛れ込ませる形で、デイノニクスのことを「すこぶる貪欲で、極めて俊敏で、とても活発」と評している。

デイノニクスは始まりにすぎなかった。オストロムとその後に続いた研究者たちは、私たちの持つ恐竜観を変え、同時にダーウィンのマイバートへの返答が持つ力を露わにした。オストロムらは、爬虫類の骨に見られる出っ張りやくぼみなどの特徴をことごとく調べ、そうした特徴を現生の鳥類の骨や化石のものと比べた。するとすぐに、恐竜（特に二足歩行の種類）と鳥類が多くの特徴を共有していることが分かった。獣脚類と呼ばれるこれらの種類は、中空の骨や比較的速い成長速度といった鳥類ならではの特徴を一式持っている。おそらくは、高い代謝率を持つすこぶる活発な恐竜だったのだろう。

「恐ろしい鉤爪を持つ」恐竜，デイノニクス

獣脚類は多くの点で鳥類と似ていたが、一つの重要な特徴を欠いていた。羽毛である。羽毛は鳥類に必須の特徴であり、鳥類の繁栄や飛行の起源とも関わっていると考えられていた。

１９９７年、ニューヨークのアメリカ自然史博物館で古脊椎動物学会の会合が開かれた。私を含む出席者のほとんどが、会場に漂うただならぬ雰囲気を感じ取っていた。こうした国際的な会議は、普段はかなり退屈で、講演やポスター発表の合間にカクテル・パーティーや社交的な催しが開かれるにすぎない。当時の学会員は、たいていは研究している動物ごとに、派閥に分かれがちだった。哺乳類の研究者は哺乳類の発表へ、魚の研究者は魚の発表へ、といった具合だ。最初に一堂に会した後、散開し、各自が好きな講演を聴きにいっていた。

ところが、1997年は違っていた。どの廊下もどの発表会場もザワザワしていた。「ねえ、見た？」「アレは本物なのか？」。

中国の研究者が新種の恐竜の写真を持参してきていた。北京の北東にある遼寧省で農民により発見されたものだという。その恐竜は、中空の骨、鉤爪の付いた手足、長い尾などのデイノニクス・タイプの恐竜の特徴をすべて備えていた。際立っていたのは、化石の保存状態が極めてよかったことだ。細粒の岩石に埋まっていて、そうした岩石では印象化石や化石化した軟組織の断片が残りやすい。(13)学会員がそこかしこで噂していたのはそのことだった。なんと恐竜の体の周りを紛うことなき羽毛が取り巻いているというのだ。それは、完全な羽根ではなく、単純な綿毛のような羽毛だった。その恐竜は原始的な羽毛を身にまとっていたのだ。

この会合にはオストロムも出席していた。まだ若手の研究者だった私は、発表の合間のコーヒーブレイクに、オストロムがわりと年配の古生物学者と話しているのを目撃した。彼は嗚咽を漏らしていた。発表以来30年にわたり物議を醸してきた自らの研究の正しさが、一体の化石によりついに証明されたのだ。当時、オストロムは次のように語ったとされている。「写真を見た途端、文字どおり、ひざから崩れ落ちてしまった。その恐竜を取り巻いていたものは、それまでに世界各地から産出してい

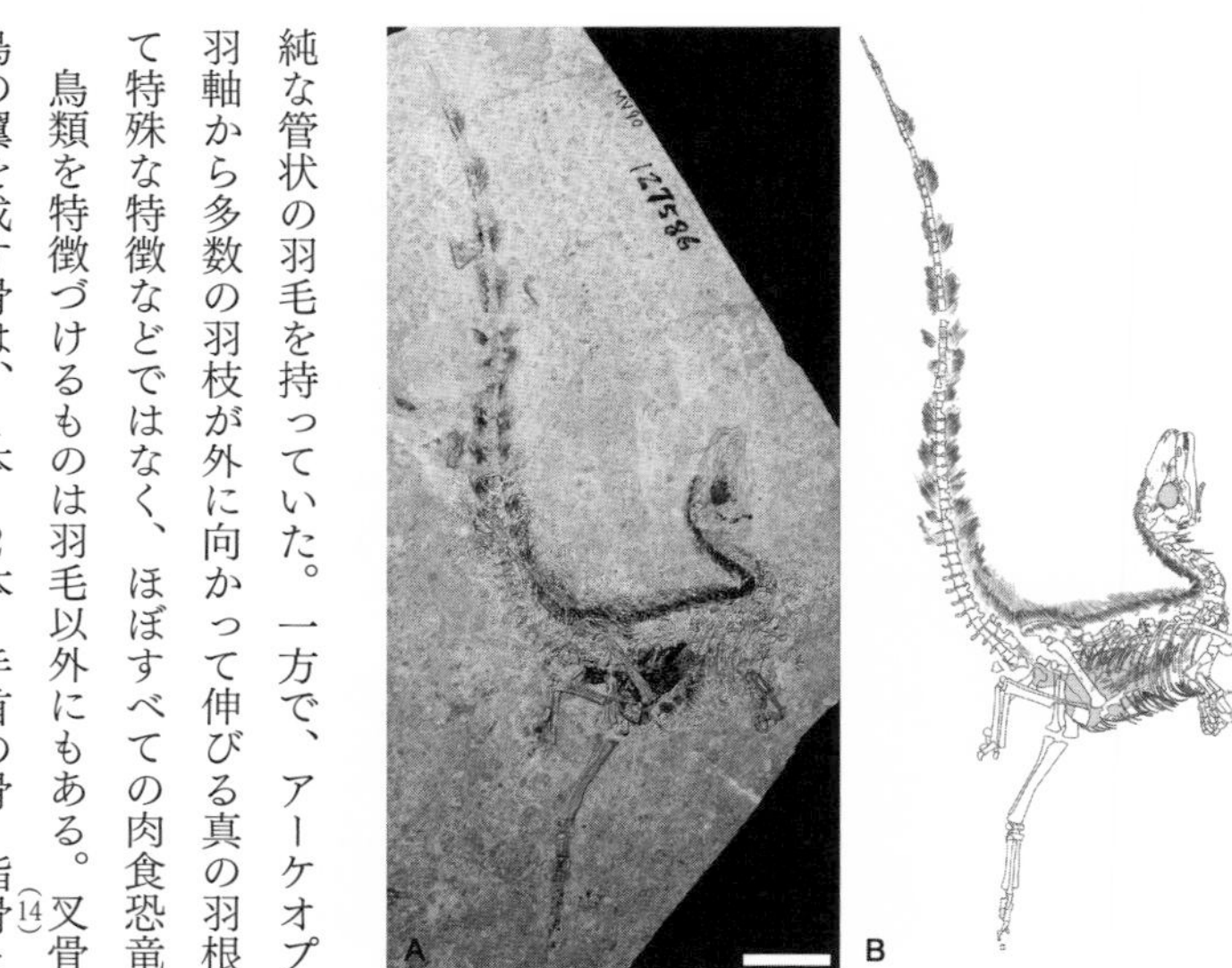

羽毛恐竜の登場によって，「恐竜は鳥類のもっとも近縁な親戚である」とするオストロムらの正しさが証明された

たいかなるものとも似ていなかった」。さらに、後年にはこうも語っている。「自分が生きているうちにあのような化石にお目にかかれるとは夢にも思っていなかった」。

１９９７年にニューヨークで披露された羽毛恐竜は始まりにすぎず、その後も中国東北部から新たな化石が怒濤のごとく発見された。約20年で12種ほどの中国産羽毛恐竜が産出し、おかげで肉食恐竜が多様な羽毛を生やしていたことが分かってきた。もっとも原始的な種類は、単純な管状の羽毛を持っていた。一方で、アーケオプテリクスや鳥類ともっとも近縁な恐竜は、中央の羽軸から多数の羽枝が外に向かって伸びる真の羽根を生やしていた。羽毛は、鳥類だけに備わる極めて特殊な特徴などではなく、ほぼすべての肉食恐竜に見られる特徴だったのだ。

鳥類を特徴づけるものは羽毛以外にもある。[14]叉骨、翼、空を飛ぶために特殊化した手首の骨である。鳥の翼を成す骨は、１本－２本－手首の骨－指骨という標準的な配列を持っている。前肢には（５本ではなく）3本の指しかなく、中央の指が伸長して羽根の付着点になっている。手首の骨が通常より少なく、そのうちの1個は大きな半月形をしていて、その形のとおり「半月形手根骨」と呼ばれている。

調べれば調べるほど、鳥が空を飛ぶのに使っている、その体に生じた発明（羽根など）が鳥類に特有のものではないことが分かってきた。肉食恐竜は時が経つにつれて次第に鳥らしさを増していった。原始的な種は肢に5本の指を備えていた。それが数千万年のうちに一部の指が失われて鳥類と同じ3本指になり、同時に中央の指が伸びて翼の基部になった。そうした恐竜は、鳥類と同じように、一部の手首の骨を失って半月形の骨を進化させた。これは、鳥が羽ばたき飛行をする際に使う骨と似ている。そうした恐竜は叉骨さえ獲得した。どの恐竜も空を飛ぶことはできなかったが、皆、何かしらの羽毛を生やしていて、単純な綿毛状の原始的な羽毛をまとう種類もいれば、アーケオプテリクスや後代の恐竜のように、もっと複雑なつくりの羽根を生やす種類もいた。では、恐竜にとって、羽毛は何の役に立っていたのだろう。一部の古生物学者は、羽毛がある種のディスプレイ装置として機能し、交尾相手を見つけるのに役立っていたと主張している。[15] あるいは、原始的な綿毛状の羽毛が一種の断熱材として働き、体温を高く保つのに役立っていたと主張している研究者もいる。たぶん、羽毛はどちらの役割も果たしていたのだろう。いずれにしても、恐竜にとっての羽毛の役割が何であれ、羽毛の誕生が空を飛ぶことと無関係だったことは、まず間違いない。

水棲動物が陸上に進出した際の肺や肢と同じように、飛行に使われた諸々の発明も飛行の進化に先立って起きた。中空の骨、速い成長速度、高い代謝率、翼を生やした腕、蝶番(ちょうつがい)関節のある手首、そしてもちろん羽毛も、すべて、元をたどれば地上で暮らし俊敏に走り回って獲物を捕らえていた恐竜に生じたものだった。大いなる進化とは、新たな器官が誕生することそのものではなく、古い特徴が新たな用途や機能に転用されることなのである。

羽毛は鳥が空を飛ぶために進化し、肺は動物が陸上で暮らすために進化したというのが、これまでの常識だった。こうした考えは理にかなっていて自明のことのように思えるが、間違っている。そして、こうした考えが間違っていることは１００年以上前から分かっていた。

ここでその公然の秘密を確認しておこう。生物の体に生じる発明は、それが関与する大進化のさなかに起きるわけではない。羽毛は飛行が進化するさなかに誕生したわけではなかったし、肺や肢も動物が陸上に進出するさなかに誕生したわけではなかった。もっと言えば、生命史に残るこれらの大変革も、その他の大変革も、古い特徴の転用という形でなければ起きえなかったに違いない。生命史上の大変革を起こすのに、諸々の発明が一斉に出現するのを待つ必要はない。大いなる進化は、古来の器官が新たな用途に転用されることで起きる。革新の種(たね)は、それが芽吹くずっと以前にまかれている。何事も私たちが始まったと思った時に始まっているわけではない。

以上が進化による変革の物語だ。生命史に残る変革は一筋縄では起きない。その道は紆余曲折や袋小路だらけで、間の悪い時期に出現したばかりに廃れてしまう発明も多い。ダーウィンの5文字の言葉は、既存の特徴の機能が変化することで発明の多くが生じることを説いている。私たちは、この言葉を足がかりにすることで、器官、タンパク質、さらにはＤＮＡの起源までをも解明できるようになった。

ところで、魚や恐竜やヒトの体は卵が受精した瞬間に完璧な姿で現れるわけではない。生物の体は、親から子へと受け継がれるレシピに基づいて、世代を経るごとに新しくつくられる。発明の種（たね）はこうしたレシピに潜んでいる。さらに、ダーウィンが予見したように、レシピがある条件下で生じ別の条件下で転用されることにも発明の秘訣（ひけつ）がある。そのことを次章で見ていこう。

（1）ヴィクトリア女王が統治していた１８３７年から１９０１年までを指す。産業革命による経済発展と文化の成熟を特徴とする、イギリス帝国の絶頂期。
（2）聖公会（イギリス国教会）の中でも、教会の権威より聖書の記述を重視する人々のこと。
（3）博物学とは、動植物や鉱物、地質などの記載・分類を行った総合的な学問。生物学、地質学などの諸分野が派生する前の時代の呼称。
（4）イエス・キリストが、聖霊によって懐胎（かいたい）した処女マリアから生まれたとする考え方。
（5）代謝とは、生物が外界から物質を取り込み、化学反応によって必要な物質やエネルギーを取り出すこと。
（6）ある生物の分類群を定義する際に、その主な特徴をすべて記述すること。
（7）液体（あるいは気体）内の物体が上昇も下降もせず、一定の深さを維持する程度の浮力のこと。
（8）ある器官のもとになる細胞群のこと。原基が成長して器官になる。
（9）発現とは、遺伝子の情報に基づいて主にタンパク質が合成されることをいう。

(10) 生物の実体ではなく、その型だけが残ったもの。体（やその一部）が堆積物に押しつけられるなどして出来る。
(11) 普通の鳥では、胸骨の中央に大きく張り出した突起があって、そこに翼を動かすための胸筋がくっつくようになっている。「平坦」ということはその突起がないということ。
(12) 左右の鎖骨が融合したもの。翼の羽ばたきを補助する役目を果たす。
(13) 文字どおり、軟（やわ）らかい組織のこと。一般的には、骨や歯などの硬い組織と違って、化石になりにくい。
(14) 「1本－2本」の部分は、ヒトで言うなら、肩からひじにかけての上腕骨と、ひじから手首にかけての橈骨（とうこつ）・尺骨（しゃっこつ）に当たる。
(15) 動物が、求愛や威嚇（いかく）のために、自分の目立つ特徴を誇示すること。

第2章　発生学の胎動

近代分類学の父と呼ばれるカール・リンネ（1707〜78）は、その生涯を通じてあまたの動物や植物を研究した。彼の構築した分類体系に感情の入り込む余地はない。ただ一つの例外を除いては——。数千種類の動物を調べた中で、リンネが唯一軽んじ、あざけった動物がいたのだ。サンショウウオやイモリと言えば、目がくりっとしておとなしくて、大きな頭と四肢と長い尾を持つ生き物として子供たちにもおなじみだ。ところがリンネは、どういうわけか、それらのことを「汚らしくて忌まわしい動物」とみなし、「神がその御力をもって大量に創造されなくて」幸いだったとまで言い放っている。

リンネが最低の被造物とみなしたサンショウウオのことを、自然の力を宿した、魔法生物のような存在と捉えた人たちもいた。大プリニウスから聖アウグスティヌスにいたるまでの哲学者が、イモリやサンショウウオのことを「溶岩や地獄、炎から生まれる生き物」と思っていた。アウグスティヌスにとって、サンショウウオは、地獄の業火の実在を示す生きた証しだった。その考えは、「サンショウウオは炎に強い」だとか「篝火から湧いて出てくる」だとかいった伝承を受けてのものだった。そうした超自然的な伝承が生まれた背景には、サンショウウオの生態があったのかもしれない。水族館の職員や愛好家であれば知っているように、サンショウウオの中には倒木の腐りかけの底部を好む種がいる。そうした湿った生息環境に、アウグスティヌスの時代に薪拾いをしていた人々が気づくことはあまりなかっただろう。かくして、サンショウウオまみれの薪に火を付けると、何ともおぞましい光景に腰を抜かすことになった。畏れを抱いた人々が臆測を働かせ、そうした光景を魔術のたぐいと結びつけたことは、まず間違いない。

世界に生息するサンショウウオの種数は比較的少なく、最近の推計ではおそらく500種ほどではないかと見積もられている。そんなサンショウウオだが、実は「ヒトのヒトたるゆえん」を解明する鍵を握っていて、そこには「生理的に気持ち悪い」だとか「地獄を連想させる」だとか「炎から生まれる生き物」だとかいったイメージをはるかに超える価値がある。何しろ、サンショウウオに触発されて、生命史上の大進化を理解するための新たな手法が誕生したくらいなのだから。

1800年代は、動物学の遠征隊が世界中を駆け回り、平原、山脈、密林を探検した時代だった。隊員は何千種類もの新しい鉱物、生物種、人工遺物を記録した。遠征隊の船にはたいてい博物学者が乗っていて、行く先々で遭遇する生物種や岩石を収集・研究したり、地形を調べたりしていた。各地の港やロンドン、パリ、ベルリンの駅には遠征隊が収集した標本が届いた。当時の科学界の大御所は、母国にいながらにしてそうした標本を解析し、発表できる立場にいた。

もし「生まれながらの動物学者」が存在しうるとしたら、パリ自然史博物館の教授を務めたオーギュスト・デュメリル（１８１２〜７０）をおいて他にはいない。やはり自然史博物館の教授を長年務めていた父親のアンドレと同じく、デュメリルも爬虫類と昆虫に思い入れを持っていた。父と息子は共同で研究を進め、２人で協力して博物館に飼育舎を建て、防腐処理を施した標本だけでなく生きた動物も観察できるようにした。父のアンドレが息子の解剖学的記載をもとに考案した動物界の分類体系は、後世に大きな影響をおよぼした。１８６０年にアンドレが他界すると、デュメリルはすさまじい勢いで新種を記載しはじめた。

１８６４年1月、メキシコシティ近郊の湖を調べていた調査隊から、デュメリルのもとに6匹のサンショウウオが送られてきた。その6匹は大型の成体で、当時知られていたいかなるサンショウウオの成体とも違い、まるで鳥の羽根のように伸びる、ひとそろいのヒラヒラしたエラを首に生やしていた。背中には隆条（キール）もあり、それがヒレ状の尾まで伸びていた。その体のつくりの意味するところは明白だった。エラと水棲に適した体形を備えたその6匹のサンショウウオの成体は、水中で暮らしていたのだ。

調査隊員らは知らなかったが、そのサンショウウオはアステカの文化に古くから根づいていた。科学界にとっては新種の生き物でも、メキシコでは人気の高い珍味であり、よくあぶり焼きにして宴会や特別な儀式に供されていた。

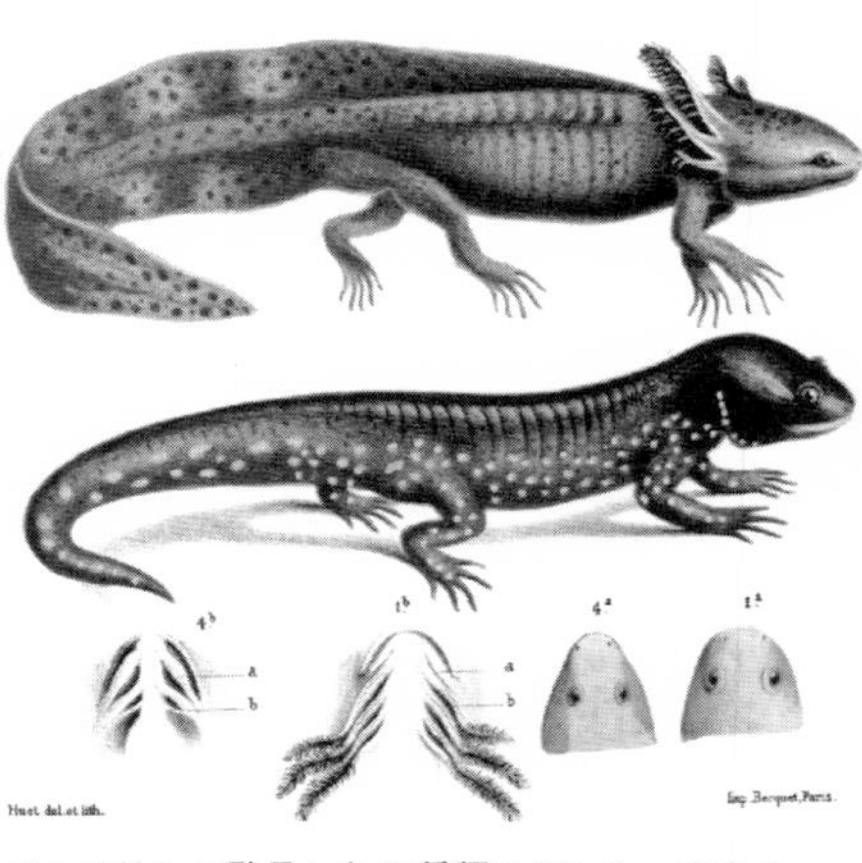

デュメリルが発見した２種類のサンショウウオ

デュメリルは、ダーウィンが新たに提唱した進化論に触発され、この水棲の両生類を調べれば、魚が進化して陸上に進出した経緯を解き明かせるのではないかと考えた。そこで、この新入りを父と協力して建てた飼育舎に入れた。幸い、６匹の中にはオスもメスもいて、約１年後に交配させて受精卵を得ることができた。１８６５年、卵から健康そのものの幼体が孵った。サンショウウオは飼育が簡単で、環境さえ整えてやればあまり餌を与えなくても長期間生き続ける。飼育がいたって順調だったものだから、デュメリルはサンショウウオを放っておいた。

その後、年が明けないうちに再び檻を覗いてみた。この時、デュメリルは真っ先に、誰かにいたずらされた可能性を疑ったに違いない。何しろ、檻の中に２種類のサンショウウオがいたのだから。まず、大型でエラを持った水棲の成体である、卵の両親がいた。しかし、そのすぐ隣に別の種類のサンショウウオもいた。大型なのは同じだが、その外見は完全に陸棲型で、エラや水棲に適した尾をはじめ、水中に暮らしていることを示す特徴を何ひとつ持っていない。その体のつくりをじっくりと観察し、すでに論文に記載されている種のものと比べてみたところ、この新しく出現したサンショウウオがもう何年も前に命名されていたことが分かった。特徴が完全に一致したのはトラフサンショウウオ属（*Ambystoma*）という種類で、完全な陸棲型のサンショウウオとしてよく知られていた種類だった。

2種類のサンショウウオは、違いが大きすぎて、リンネの分類法にしたがえば種が異なるどころか属を分けないといけないほどだった。例えるなら、ある年に数頭のチンパンジーを檻に入れておいて、翌年見に戻ったら、檻の中でゴリラとチンパンジーが仲良く暮らしていたようなものだ。

新種の生物が降って湧いたとでもいうのか。それとも、パリのデュメリルの檻の中で大進化が起きたとでも？　さて、この時、サンショウウオはどんな手品を披露していたのだろう。

発生学が発生してゆく

卵から成体にいたる過程のどこかに、生物種どうしの違いを生み出す法則が隠れているのではないか。人類は、何百年も前から、そんな直観を抱きながら動物の胚を観察してきた。さらに、デュメリルがサンショウウオのことで頭を悩ませていた頃には、胚の発生を観察することで、それが魚の胚であれカエルの胚であれニワトリの胚であれ、地球上の全動物種の間に見られる多様性を考察することができるだろうと考えられていた。

アリストテレスが鶏卵の中を覗いてからというもの、ニワトリの胚はずっと探究の対象になってきた。ヒヨコは卵という個別の容器に発生するし、その容器は窓のように開けることができる。つまり、側面に光を当てながら卵の殻に穴を開け、顕微鏡の下に置けば、中にある胚を観察することができる。最初は白い細胞から成る小塊が黄身の真上に載っている。その後、発生が進むと、頭、尾、背中、肢などの目立つ器官がそれと分かる形で徐々に姿を現す。発生は、厳密に振付けられたダンスのようなものだ。まず、受精卵が卵割を始め、1つの細胞が2つに、2つが4つに、4つが8つに、という具合に増えていく。そうして細胞が倍々に増えていくと、やがて胚は球状の細胞塊になる。その後数日をかけて、中空になった球状の細胞塊から単純な円盤状の細胞塊へと変わり、同時に、胚の保護・栄養補給・生育環境の整備を担う構造に取り囲まれる。この単純な円盤状の細胞塊から完全な個体が姿を現すわけだ。そう考えると、胚発生が諸々の臆測を呼んだり、科学研究の対象になってきたりしたのも、当然のことに思える。

シャルル・ボネ（1720～93）は、「胚の正体は小さいながらも完成された個体である」と説いた。ボネによると、子宮内での時間は、すでに存在する諸々の器官を成長させることに費やされるらしい。こうした「ホムンクルス」と呼ばれる存在が、ボネの進化観の基礎を成していた。動物のメスはその体内に未来永劫にわたる諸世代を宿している。メスの体内に宿るホムンクルスは災厄を生き延びることができ、やがて新たな種類の生物が前の世代のメスから生まれてくる。そして、いずれ訪れる最終段階では、ヒトの子宮に宿るホムンクルスから天使が生まれてくるという。

19世紀に入ると、多様な胚が研究施設に持ち込まれ、新たな光学技術を用いて観察されるようになった。研究者が本物の胚を観察しはじめるとボネの説は自然と廃れていったが、ゾウや鳥や魚などの多様な動物の体がつくられる仕組みを探る試みが廃れることはなかった。

1816年、2人の医学生が他に先駆けて、胚の内部に潜む生物の多様性についての深遠な知見を明らかにした。カール・エルンスト・フォン・ベーア（1792~1876）とクリスティアン・パンダー（1794~1865）は、ともにバルト諸国のドイツ語圏の貴族の出だった。2人はドイツのヴュルツブルクにある大学の医学部に入ると、アリストテレスに着想を得て、ニワトリの胚を観察しはじめた。パンダーは何千個もの卵を育て、発生の各段階で殻を開け、胚を拡大鏡の下に置き、諸器官がつくられていく様子を観察した。彼は、この発生学の黎明期において、友人のフォン・ベーアにはない際立った強みを持っていた。実家が裕福だったのだ。おかげで、何千個もの卵を置ける棚をつくらせたり、助手を雇って胚のスケッチを描かせたり、発表用の高精細な版画の制作を委託したりすることができた。パンダーのような資金源を持っていなかったフォン・ベーアは、傍観するしかなかった。

技術の進歩がパンダーにとって追い風になった。最高級の拡大鏡を手に入れて、組織や細胞をつぶさに観察することができるようになったのだ。発生の諸段階にある多数の胚と、それらを観察するための新しい拡大鏡がそろったことで、パンダーは、人類にとって初めての観察像に遭遇した。最初期段階の胚には、視認できるような器官がなかった。ましてや、ボネが思い描いたホムンクルスなど影も形もない。初期段階の胚は、成体とは似ても似つかず、単純な円盤状の細胞塊が黄身に載っているだけだった。

カール・エルンスト・フォン・ベーア

パンダーは胚の外形だけに興味を抱いたわけではなく、胚の内部で起きていることも知りたいと思っていた。拡大鏡で観察したところ、胚発生の出発点が砂粒数個分の大きさの単純な円盤であることが分かった。その円盤は発生の過程を通して大きくなり、やがて、積み重なったシートのような、3枚の組織層で構成されるようになった。この段階の胚は、まるで3層の生地から成る円盤形のケーキのようだった。

数千個の胚の蓄えがあったパンダーは、3枚の層のそれぞれに何が起きるのかを追跡することにした。ニワトリの胚が成長し、単純な3層の円盤から頭、翼、肢を持つ成鳥になるまで、観察し続けた。拡大鏡を覗き、発生過程をできるだけ細分化して詳細なスケッチを描いたところ、この複雑な過程のうちに潜む単純かつ統一的な法則が見えてきた。ニワトリの体を構成するどの器官や組織も、元をたどれば3枚の層のいずれかに行き着くことが分かったのだ。内側の層からは最終的に消化器系の器官とそれらに付随する腺[1]が生じる。中間の層は骨と筋肉に変わる。外側の層は皮膚や神経系になる[2]。パンダーと、こうした発見の良き理解者だったフォン・ベーアにとって、この三胚葉はニワトリの体がつくられる際の大原則であるように思えた。

フォン・ベーアは、「三胚葉を調べればもっと奥深い知見が得られるはず」と直感した。残念ながら、資金不足のせいで自分の研究をできずにいたが、10年後にケーニヒスベルク大学の教授に就任すると、状況が一変する。新たな地位に伴う収入を得て、謎に満ちた種々の動物の胚を調べられるようになった。時には、研究に打ち込むあまり、常識を逸脱することもあった。哺乳類の卵を生み出す器官を明らかにしようとして、所属先の研究所の所長の愛犬を手にかけてしまったのだ。フォン・ベーアが、哺乳類の卵が卵巣内の卵胞で生じることを発見し、その名を永遠に歴史に刻むことになった一方で、所長が部下の実験手法についてどう感じていたかは、もはや永遠に分からない。

フォン・ベーアは、「どのような仕組みが働いて、動物どうしに違いが生じているのか」という疑問を持った。そこで、魚からトカゲやカメにいたるまで、多様な種の胚を集められるだけ集めた。卵や子宮から胚を取り出し、防腐剤のアルコールを入れたガラス瓶に保存した。すると、友人のパンダーがかつてニワトリの胚に発生の原則を見いだしたように、すべての動物の発生に共通するものと、それぞれの動物に独自性をもたらすものが見えてきた。

拡大鏡でさまざまな種の胚を観察したところ、動物の多様性についての根本的な事実が明らかになった。どの種も、例外なく、内胚葉、中胚葉、外胚葉という3枚の胚葉から発生を始めていたのだ。その三胚葉の発生を追っていくと、各胚葉のたどる運命が種によらず同一であることも分かった。円盤の底にある一番下の胚葉の細胞は、消化器系の器官とそれらに付随する腺になった。中胚葉は腎臓、生殖器官、筋肉、骨になった。外胚葉は皮膚と神経系の器官になった。パンダーが最初に成し遂げた発見は、実はニワトリだけでなく、もっと多くの動物に当てはまるものだったのだ。

この単純明快な発見により、既知のすべての動物種のすべての器官に潜む普遍的な結びつきが露わになった。深海に棲むチョウチンアンコウだろうと、空を舞うアホウドリだろうと、心臓は中胚葉、脳と脊髄は外胚葉、腸と胃とその他の消化器官は内胚葉から発生する。この法則はあまりにも普遍的なので、この地球上に生息するどの動物のどの器官を選ぼうとも、どの胚葉から発生したかを言い当てることができる。

その後、フォン・ベーアはミスを犯した。数種の胚を収めた数本のガラス瓶にラベルを貼り忘れてしまったのだ。おかげで、どの種をどの瓶に入れたのかが分からなくなり、じっくり観察して見分けないといけなくなった。ラベルを貼り忘れた胚について回想する中で、フォン・ベーアは次のように書いている。「トカゲか、小さな鳥か、はたまた幼い哺乳類か。これらの動物の頭部や胴体の形は酷似している。どの胚にもまだ四肢は認められない。ただし、たとえ発生の初期段階に四肢が存在していたとしても、それで見分けがつくとは思えない。トカゲや哺乳類の四肢も、鳥の翼と後肢も、ヒトの手足も、皆、同じ基本的な形態から生じるからである」。

フォン・ベーアは、ラベルを貼り忘れた一件で、動物が発生のさなかに見せる秩序に気づいた。成体ばかり見ているとなかなか気づけないが、各種の動物は発生の初期段階では驚くほど似ている。成体、あるいは生まれたての個体でも外見がまったく異なっていることがある一方で、発生が始まったばかりの段階では本当によく似ているのだ。

各種の動物の胚が似ているという傾向は、細部まで調べても変わることがない。成魚の頭を成体のカメ、鳥、ヒトの頭と比べても、ちっとも似ているようには見えない。しかし、発生開始後間もない時点では、どの動物の胚も頭の付け根に4つの膨らみを持っている。この膨らみは鰓弓と呼ばれるもので（外側から見ると、鰓弓どうしは裂け目により隔てられている）、頭骨を持つ動物であれば必ず形成される。この鰓弓こそが、多種多様な頭骨の発生の出発点なのである。魚では、鰓弓内の細胞が、筋肉、神経、動脈、そしてエラの骨になる。また、鰓弓どうしを隔てていた裂け目は鰓孔に変わる。ヒトはエラを持たないが、胚の段階では鰓弓と裂け目を持つ。鰓弓内の細胞は、下あごの一部・中耳・のど・喉頭の、骨・筋肉・動脈・神経になる。裂け目は貫通することなく塞がれて、耳やのどの一部になる。ヒトも（大人になると失われるものの）胚の段階では鰓弓や裂け目を持っているのだ。

同様の例は他にも枚挙にいとまがなく（腎臓、脳、神経、背骨など）、それだけにフォン・ベーアの主張には説得力があり、容易には揺るがなかった。一部のサメや魚では、頭から尾にかけて、脊髄の下を結合組織の棒が走っている。内部にゼリー状の物質が詰まったこの棒は、体を支える柔軟な器官である。一方、ヒトの背骨には数十個の椎骨があり、そのブロック状の骨どうしの間には椎間板が挟まっている。私たちの体に頭から尻にかけて走る棒はない。しかし、胚の段階では、サメや魚の胚と根本的に似ている点がある。そう、その棒があるのだ。棒は発生の過程で細分化されていき、最終的には椎間板の内部を満たす組織になる。もしあなたが、あの激痛を伴う損傷である椎間板ヘルニアを患ったことがあるなら、あなたは、ヒトがサメや魚と共有する太古の発生のなごりを傷めていたことになる。(3)

さまざまな種の初期の胚が似ているというフォン・ベーアの発見には、ダーウィンも注目した。フォン・ベーアの研究は1828年に発表され、ダーウィンはそのことを3年後に知った。ちょうど、ビーグル号に乗って自身の人生を変える世界一周の旅に出た頃のことだ。30年後に『種の起源』を出版した際には、自らの進化論の証拠として胚を持ち出した。ダーウィンにとって、魚やカエルやヒトなどの多様な動物が共通の出発点を持っていることは、動物たちが共通の歴史を持っていることの証しだった。果たして、胚発生の過程で共通の段階を経ていること以上に、多様な種が共通の祖先を持っていることの証しとなるものがあるだろうか。

フォン・ベーアの一世代後に登場したドイツ人科学者のエルンスト・ヘッケル（1834～1919）は、フォン・ベーアの胚についての発見を踏まえ、胚発生と進化史との間につながりを見いだそうとした。ヘッケルはいったん医師になったが、顔色の悪い患者を診察する日々に耐えられず、イェーナに移って当代きっての比較解剖学者のもとで学びはじめた。その人生が転機を迎えたのは、ダーウィンの著書を読み、さらに本人に面会した時だった。

ヘッケルは動物界を探索してさまざまな種の胚を集め、100篇を超える論文を著して、多様な種の胚発生の諸段階を記載し、図示した。ヘッケルにとって、芸術と生命は垣根なくつながっていて、生命の多様性は一種の芸術だった。その色彩豊かなリトグラフは古今東西に類を見ないほどに美しい。彼が残したサンゴ、貝、胚などの豊富な図版を見ても分かるとおり、当時は精緻な生物画が科学と芸術の橋渡しをしていた時代だった。動物の胚は、美しいうえに、ダーウィンの新しい理論とも関わり

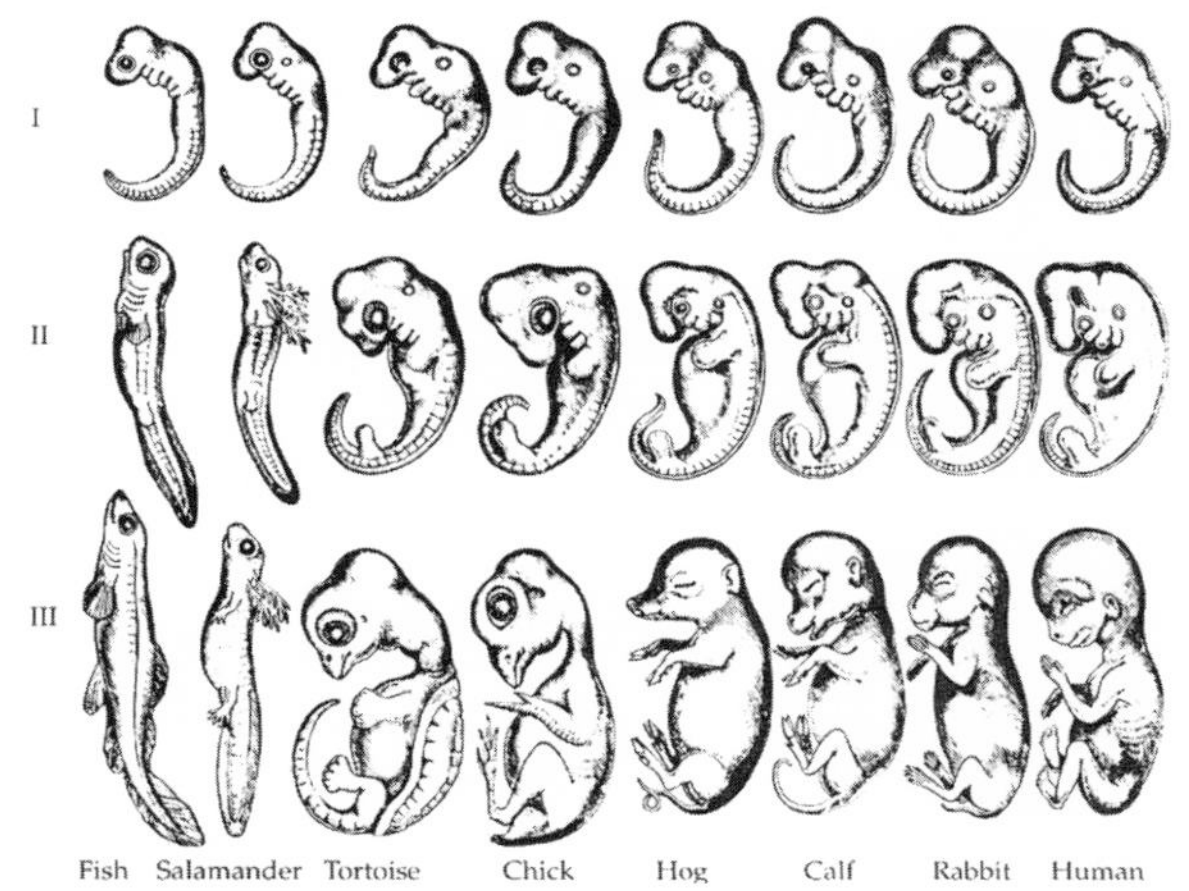

ヘッケルによる多様な種の胚発生の比較。この図は後世の研究者に多大な影響を与えたが，批判も多かった。ヘッケルが各種の胚の類似性を過剰に強調し，図を加工していたと訴える向きもあった

があったため、特に重宝された。息をするように名言を吐いていたヘッケルは、胚とダーウィンの理論を結びつける名文句も残している。20世紀に生物学を学んだ多くの人にとって、次の言葉はCMソングのように耳に残るものだったに違いない。「個体発生〈動物の発生〉は系統発生〈生命の進化史〉を繰り返す」。

ヘッケルは、動物の胚は発生の過程でその動物の進化史をなぞる、と説いた。例えば、ネズミの胚は、虫から、魚、両生類、爬虫類へと、見かけが順に変わっていく。上記のような諸段階が生じる理由は、進化の過程で新たな特徴が生じる際の仕組みにある。ヘッケルによれば、新しく進化した特徴は、発生の終点に付け加わる。例えば、魚の祖先の発生の終点に両生類特有の特徴が付け加わって両

生類が進化し、両生類の特徴に爬虫類特有の特徴が付け加わって爬虫類が進化する、という具合だ。こうした過程が繰り返されたことで、胚発生が進化史をなぞるようになったと、ヘッケルは考えた。

もし、ヘッケルが唱えるように、動物の胚から生命史を読み取ることができるなら、生命史を追跡するための中間型の化石など必要ないではないか。ヘッケルの考えが科学界に広まると、多様な種の胚を入手すべく、世界各地に探検隊が派遣されることになった。そうした探検のうちの一つ、1912年に南極点に到達したロバート・ファルコン・スコット隊による南極探検では、3人の隊員が血眼になってコウテイペンギンの卵を探した。3人の考えでは、当時原始的と考えられていたコウテイペンギンの胚に、鳥類が爬虫類から進化してきた経緯を知る手がかりがあるはずだった。コウテイペンギンの胚発生のどこかに、祖先である爬虫類のような姿をした段階があるに違いない。

南半球の真冬の時期に、3人は1か月におよぶ犬ぞりの旅に出発し、基地からコウテイペンギンの営巣地があるクロジール岬を目指した。漆黒の闇に、マイナス50度を下回る寒さ。テントが吹き飛ばされたり、クレバスに落ちたりして、数回死にかけた。それでも、3人のうちの1人、アプスレイ・チェリー゠ガラードが著した紀行文の傑作『世界最悪の旅――スコット南極探検隊』(加納一郎訳、中央公論新社、2002年)によると、3個のコウテイペンギンの卵を基地に持ち帰ることに成功したという。しかし、スコット探検隊は、南極点には到達したもののその後に悲劇的な結末を迎え、スコット隊長と4人の隊員を失った。その中には、チェリー゠ガラードとともにペンギンの卵を探しに行った他の2人も含まれていた。その後、チェリー゠ガラードはイギリスに戻り、ロンドン自然史博物館にペンギンの卵を届けに行った。博物館側は彼を玄関先で数時間待たせ、卵を受け取るかどうかを協議したあげく、しぶしぶ引き取った。のちにチェリー＝ガラードは博物館の館長に宛てた手紙の中で次のように書いている。「3人が死にかけ、1人が健康を害しながら手に入れた卵を手渡した時……あなた方の担当者はお礼一つ言いませんでした」。

アプスレイ・チェリー＝ガラード（右）。ペンギンの卵を手に入れるための最悪の旅から帰還した後の様子

博物館側はなぜ卵の受け取りをしぶったのだろうか。それは、探検隊が南極に出発しチェリー＝ガラードが帰国するまでの間に、ヘッケルの反復説(4)が学界での評判を大幅に落としていたうえに、新たな知見によって「ペンギンは原始的」とする考えにも疑念が持たれていたからだった。ヘッケルのおかげで発生学への関心が高まったことが、皮肉にも本人を貶(おとし)める結果を招いた。動物の胚に進化史を見いだそうと、研究者らは多様な種の胚発生を調べた。各種の胚が似ているというフォン・ベーアの考えは、多少の例外はあったものの、大筋において支持された。しかし、ヘッケルの反復説のほうは、説を支持する証拠ではなく、否定する証拠が出てきた。胚発生のどの段階にも、祖先は姿を現さなかったのだ。ヒトの胚は、フォン・ベーアの指摘どおり、いくつかの点で魚の胚と似ていたが、ヒトの祖先の

姿に似ることは発生の過程を通して一度もなく、つまり四肢を持った魚にも、アウストラロピテクス属[5]（*Australopithecus*）の一種にもついぞ似なかった。あるいは、鳥の胚が発生の過程でアーケオプテリクスに似ることもなかった。

ヘッケルの考えは、間違ってはいたが、無数の研究者の研究の道しるべになった。それに、科学研究の主題ではなくなってからもう100年以上経っているにもかかわらず、一部ではいまだに信じられている。たぶん、ヘッケルにもっとも長く影響されていたのは、その考えをもっとも嫌っていた人物だった。

アホロートル

ウォルター・ガースタング（1868〜1949）は、ヘッケルの考えを忌み嫌い、その学説を批判するうちに、生命史についての新たな考え方を編み出すにいたった。ガースタングが長年追究したものは、酔狂に聞こえるかもしれないが、オタマジャクシと詩だった。幼生を研究していない時は、幼生を題材にして五行詩や短い詩を創作していた。ガースタングの熱意が一冊の本に結実したのは、彼が他界してから2年後のこと。『*Larval Forms and Other Zoological Verses*（幼生形態と動物にまつわる他の詩）』の中で、自身の研究者人生を詩に落とし込んだ。

「アホロートルとアンモシーテス」は、詩の題名としては冴えないものかもしれない。「アホロート

ル」はサンショウウオ、「アンモシーテス」はオタマジャクシに似た生き物を指している。しかし、この詩で表現された考えは、この研究分野を変革し、その後数十年の研究を方向づけることになった。ガースタングの説のおかげで、デュメリルの不思議な檻の中で起きた現象が解明され、さらに、この地球上に人類が誕生する契機となった変革のいくつかも説明された。ガースタングにとって、幼生という段階は成体にいたるまでの単なる回り道ではなく、生命史の所産と未来への可能性に満ちた段階だった。

サンショウウオの大半の種はその成長過程をもっぱら水中で過ごし、岩陰にいたり、小川の落枝にいたり、池の底にいたりする。その幼生は、幅の広い頭、小さなヒレ状の肢、幅の広い尾を持って孵化してくる。頭部の付け根からは、まるで羽根ばたきの柄から羽根がふさふさと広がるように、一群のエラが突き出ている。エラは、水中の酸素を取り込むために表面積が最大化されていて、幅広で平べったい。ヒレ状の肢、ヒレ状で幅広の尾、そしてエラを見ても分かるとおり、サンショウウオの幼生は明らかに水中生活に適した体のつくりをしている。サンショウウオの幼生は黄身に乏しい卵から生まれるため、正常に成長・発達するには、とにかく大量に食べないといけない。幅広の頭は大きな吸引漏斗（ろうと）として機能する。つまり、口を開き、大きく開けていけば、水や食物の粒子を吸い込むことがで

『幼生形態と動物にまつわる他の詩』の冒頭に登場するウォルター・ガースタングの写真

きる。

やがて、変態の時が訪れると何もかもが一変する。幼体はエラを失い、頭部、四肢、尾をつくり変え、水棲動物から陸棲動物になる。新たな器官系が生じ、新たな環境に棲むことが可能になる。水中と陸上では獲物の捕まえ方が違う。水中で獲物を吸い込むのに役立っていた頭部の構造は、陸上では役に立たない。そこで、頭部の構造をつくり変え、舌を突き出して獲物を引っ張り込めるようにする。単純な変化により、エラ、頭部、呼吸器系などの全身の器官が影響を受ける。水中から陸上への進出という、私たちの祖先が魚だった頃に数百万～数千万年かけて起きたことが、サンショウウオでは数日間の変態のうちに起きるのだ。

こうしためくるめく変化が、先述のデュメリルの飼育舎のサンショウウオにも起きていた。デュメリルはサンショウウオの一生を最初から最後まで追ってみることにした。メキシコサンショウウオ（ガースタングの詩に詠われたアホロートル）は、通常であれば、水棲の幼生が変態することなく成体になる。しかし、デュメリルがのちに知ったように、それが鉄則というわけでもない。2つの進路を持っていて、幼生の時に生息していた環境に応じ、どちらかを選ぶこともある。乾燥した環境で育った幼生は、水棲に適した特徴をすべて失って陸棲の成体になる。一方、湿潤な環境で育った幼生は、ずっと変態せず、水棲の幼生が大型化したかのような姿になり、ひとそろいのエラ、ヒレ状の尾、水中での食事にうってつけな幅広の頭部を残す。当時のデュメリルは知らなかったが、メキシコから届いた個体は、湿潤な環境に生息していたために変態しなかった大型の成体だった。ところが、その子供たちは乾燥した飼育舎で育ったため、変態し、その過程で水棲に適した幼生の特徴をすべて失っていたのだった。

デュメリルの檻で繰り広げられたマジックは、サンショウウオの発生方式に単純な変化が生じた結果だった。今では、変態の主なきっかけが甲状腺ホルモンの血中濃度の上昇であることが分かっている。甲状腺ホルモンが増えると、ある細胞は死に、ある細胞は増え、またある細胞は性質を変えて異なる種類の組織になる。もし、ホルモンの濃度が上がらなかったり細胞がホルモンに応答しなかったりすると、変態は起こらず、幼生の特徴が成体にまで持ち越される。発生方式が変化すると、たとえそれが小さな変化でも、全身が協調的に変容するのだ。

サンショウウオは，発生を遅らせたり止めたりすることで，その体を劇的に変えることができる

ガースタングは、デュメリルの研究のことを知ると、ある一般原則を提唱した。[6] それは「発生のタイミングに小さな変化が生じると、生物の進化に多大な影響がおよびうる」というものだ。例えば、ある動物の祖先種が一連の発生過程を経て成体になっていたとしよう。その後、成長の速度が鈍ったり成長が早めに停止したりするようになると、その動物の成体は祖先種の幼生に似た姿になる。サンショウウオでこうした変化が起きると、成体が水棲の幼生のような姿になり、外鰓（そとえら）が保持され、手足の指の数が少な

くなる。逆に、成長の速度が速まったり成長の期間が延びたりすると、過度に発達した器官と体が新たに姿を現す。例えば、カタツムリは成長の過程で巻きを付け足していくことで殻を大きくする。一部の種は、成長の期間を延ばしたり成長の速度を速めたりすることで進化した。そうした種では祖先種に比べて巻きの数が多くなっている。こうした原理に基づけば、ヘラジカの枝角やキリンの長い首をはじめ、大型化したり過度に発達したりしたさまざまな器官のことを説明できる。

胚発生をいじれば、まったく新しい種類の生物が出来上がる。ガースタング以降の研究者は、発生のタイミングの変化によって進化が起きる際の仕組みを分類してきた。発生の速度が鈍ることと発生が早めに停止することとでは起きている現象が違う。どちらも似た結果（幼生化した子孫種）をもたらすのだが、原因が異なるのだ。この「原因は違うけれど結果は似ている」という関係は、発生の速度が速まるか発生の期間が延びるかして体の器官が過度に発達したり大型化したりする現象にも当てはまる。

研究者らは、これらの現象の多様な原因を調べる中で、その司令塔役になりうる遺伝子や、引き金になりうるホルモン（甲状腺ホルモンなど）を探してきた。発生や進化を解き明かすためのこうしたアプローチのことを「異時性（ヘテロクロニー）」と呼ぶ（ギリシャ語で「異なる」という意味の「ヘテロ」と「時間」という意味の「クロノス」を組み合わせた言葉）。ヘテロクロニーはそれ自体で一つの小さな研究分野となっている。動物学者や植物学者は１００年以上にわたり多様な種の胚と成体を比べてきた。そして、発生過程のタイミングが変化することで、動物や植物に新しい種類の体が出現することを示してきた。

ガースタング自身も、ヒトの由来にまつわる驚くべき事例を明らかにしている。それは、私たちの祖先がニョロニョロした生き物だった頃の話だ。

アンモシーテス

ガースタングの詩「アホロートルとアンモシーテス」では、進化の過程を通して幼生の特徴を保持することで起きた変革の中で、特に際立っている2つの事例が検討された。そのうちの1つがアホロートルであり、成長が早めに停止することでどれほどの変化が起きうるのかということを示している。この事例では、サンショウウオの一生において途中の段階であるはずの幼生が、発生の終点になった。もう1つの事例であるアンモシーテスは、小さくてニョロニョロとした生き物で、背骨を持っている。川底の泥を吸い込みながら暮らしている地味な生き物だが、その生態からはもっと壮大な物語が見えてくる。

今から2000年以上前、アリストテレスは、カタツムリ、魚、鳥、哺乳類などの数百種を特定し、記載した。さらに、体内に血液を持つ動物（enhamia）と持たない動物（anhamia）を区別した。この両者は、おおむね、今で言うところの脊椎動物と無脊椎動物に等しい。地球上には、背骨を持つ動物と持たない動物という、2種類の動物が存在している。ヒト、爬虫類、両生類、魚の体は、ハエや二枚貝の体とは根本的に異なる。脊椎動物の体の構造の中核を成しているのは、フォン・ベーアが魚や両生類、爬虫類、鳥類の体に見いだしたもの、つまり、どの脊椎動物にも胚発生のどこかの段階で現れる、鰓裂(さいれつ)(7)、体を支える結合組織の棒、その棒の上を走る神経索である。フォン・ベーアの時代以後知られているように、この3つの特徴は、成体では不明瞭になったり消失したりすることもあるが、胚の段階では確かに存在している。そのため、脊椎動物の祖先である単純なニョロニョロとした生き物にもこの3つの特徴が備わっていたのではないかという推測がなされてきた。

ガースタングと同世代の多くの研究者にとっての重要な問いは、「この体制(ボディプラン)(8)はどのようにして生じたのか」というものだった。3つの特徴を何らかの形で備えていた無脊椎動物がいたのだろうか。そうだとしたら、生命の系統樹において、私たちの枝はその無脊椎動物の枝からどう分岐してきたのか。ミミズは胚の段階でも成体になっても鰓裂や結合組織の棒を持たない。同じことは、昆虫にも二枚貝にもヒトデにも、それどころか背骨のないほぼすべての動物に言える。先ほどの重要な問いへの答えは、これ以上ないほど意外な動物からもたらされた。その動物はアイスクリームの塊のような形をしていて、その生涯をもっぱら海中の岩に固着して過ごしている。

世界の海には、今までに分かっているだけで約3000種のホヤがいる。一部の種はひとすくいのアイスクリームの上に大きな煙突形の構造が載ったような形である。ホヤは、時には何十年も動かず、海面下の岩肌に固着したまま、ただ水を吸ったり吐いたりしている。頂上部の大きな管から水を吸い、体内を巡らせ、体の中ほどにある管から吐く。そうやって体内に水を巡らせるうちに、食物の粒子を濾し取って食べる。ホヤは、塊状、曲がりくねった管状などの無数の形をとるが、頭も尾も、背中も腹も判然としない。ヒトの進化史の根幹を成す事件の一つを語るのに、これほど似つかわしくない生き物もなかなかいない。

ガースタングはホヤの幼生に注目した。追究したのは、１８００年代後期にロシアの生物学者が発見した驚異、すなわち、孵化したてのホヤが遊泳性のオタマジャクシ形幼生であるという事実だった。ホヤが海底に潜って岩に固着するのは変態後のことなのだ。これほど人の好奇心をそそるオタマジャクシが他にいるだろうか。その自由に泳ぎ回る姿は成体とは似ても似つかない。大きな頭を抱えながら、長い尾を左右に振って器用に泳ぐ。体内では、神経索が背中を走り、結合組織の棒が頭から尾にかけて伸びている。頭部の付け根に鰓裂さえある。つまり、研究者らが想定した背骨を持つ動物の祖先に欠かせない三大特徴を、ホヤの幼生は全部持っているのだ。

その後、ホヤの幼生はすべてを失う。正確には、少なくとも私たちヒトからすれば大切に思える特徴のすべてを。孵化してから数週間後、幼生は海底に向かって潜りはじめる。この潜水の間に尾と神経索を失い、結合組織の棒もほぼ失う。さらには鰓裂を

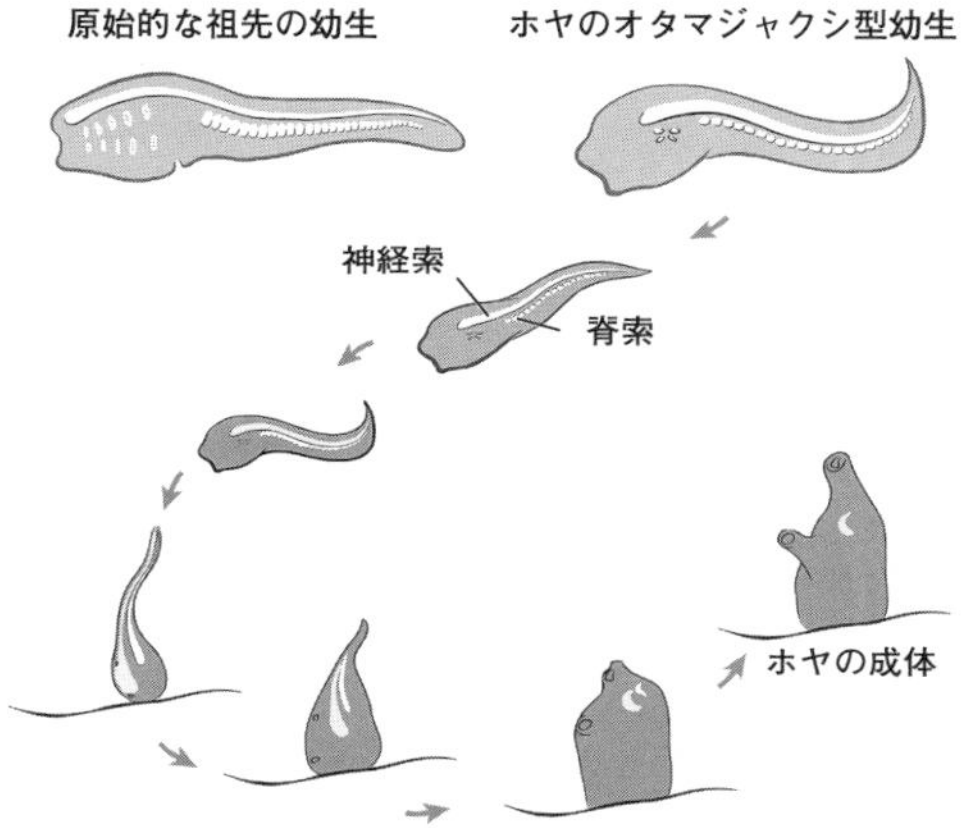

不定形の塊に見えるホヤも，私たちと多くの特徴を共有した状態から発生を始める

つくり変え、水の吸入・排出を担う器官の一部にする。あとは岩に固着して、同じ場所で水を吸ったり吐いたりしながら、残りの日々を過ごす。私たち脊椎動物の体制（ボディプラン）を持ったオタマジャクシが、植物と見紛うような生き物に変貌する。

ガースタングは、無脊椎動物から脊椎動物への進化は、発生のタイミングの変化が最初の大きなきっかけとなって起きたと提唱した。ヒトや魚の成体はホヤとはまるで似ていないし、そうして比べられること自体、不愉快に感じる人も多いだろう。しかし、ホヤの幼生は脊椎動物に欠かせない特徴を持っている。すべての脊椎動物の祖先が進化した経緯は、ホヤ似の祖先が発生を早めに停止し、幼生段階の特徴を凍結し、それらを温存したまま成熟するようになった、というものだった。その結果として、ホヤ似の祖先の幼生に似た成体が誕生した。そして、神経索と結合組織の棒と鰓裂を備えたこの遊泳性の動物が、すべての魚、両生類、爬虫類、鳥類、哺乳類の祖先になったのだ。

変化を活写する

発生のタイミングの変化により進化が起きた事例は多々存在する。昨今の科学雑誌を適当に選んでみれば、必ずと言っていいほど、そうした事例についての論文が載っているはずだ。後世への影響がもっとも大きかった事例の一つは、まず間違いなく、研究者の主観がもっとも入り込んだ事例の一つでもあった。

1820〜1930年は、生物学の壮大な仮説が次々と提唱された時代だった。フォン・ベーア、ヘッケル、ダーウィン、ガースタング、その他大勢の研究者が、動物の体、化石、胚を調べ、動物が今のような姿をしている理由を説明する法則を明らかにしようとした。同時に、生命に多様性をもたらした仕組みも徐々に明らかになりつつあった。

そうした知の潮流の中で、スイスの解剖学者であるアドルフ・ネフ（1883〜1949）は、大学内で出世の階段を上りながら、スイスとイタリアにいた当代の碩学（せきがく）とともに研究を行った。ネフの目標は、1911年に弟に宛てた手紙に書いたように、「生物の形にまつわる総合科学」を立ち上げることで、「その分野に関しては新しい考えをたくさん持っている」とのことだった。

几帳面な解剖学者だったネフは、科学的な議論を展開するうえで一枚の優れた絵や写真が大きな力を持ちうることを理解していた。一方で、ネフの人生には議論がつきものだった。弟への手紙で次のように記している。「この性格のせいでほとんど誰も近寄ってこない。それでも私のことを評価してくれる人もいるが、しぶしぶ「純粋な天才」だと認める人もいるだろう。今後も友人より敵のほうが多いと覚悟している」。また、それ以前に書いた手紙では「スイスには私のような一流の知識人があまりいない」とも断じている。こうした態度をとっていたものだから、スイスで職に就けるわけもなく、エジプト・カイロの大学に職を得て、そこで研究者人生の大半を過ごすことになった。

ネフがカイロ滞在中に打ち立てた生物の多様性についての理論は、2000年前にプラトンが構築した哲学を下敷きにしていた。プラトンが『国家』（藤沢令夫訳、岩波文庫、1979年）で説いた考えは次のようなものだった。すべての物理的実体は、イデア界[9]にある本質が現実界に顕現したものにすぎない。本質とは、すべての多様性の基礎を成す永遠不変の性質である。プラトンによれば、コップから家にいたるまでのあらゆる事物の多様性は、元をたどれば、各物理的実体の大元である天上界の本質に行き着く。ネフはこの考えを生物の多様性に応用した。「観念論的形態学」として知られるようになった彼の理論では、動物もまた現実界での多様性のうちに本質を宿している。そして、ネフの考えでは、この本質は胚発生の途上にある動物どうしの類似性に見て取れるはずだった。

チンパンジーの子供と大人を比べたネフの写真は後世に大きな影響をおよぼした。子供はおそらく剝製標本で，ヒトらしいプロポーションと姿勢が際立つように撮影されている

ネフの理論の枠組みはおおかた忘れ去られ、遺伝学や系統学からの新たな知見に取って代わられた。ネフの業績の中で一番根強く残ったのは、絵や写真を重視した彼らしく、のちに瓦解する自説を展開する際に用いた写真のうちの一枚だった。その写真はチンパンジーの新生児と大人を写していた。ネフは、新生児の大きな頭蓋円蓋部[10]、直立した頭、小さな顔に衝撃を受け、「今までに見た動物の写真の中で、これが一番ヒトに近い」と言い切った。初期の発生段階にヒトの本質が現れていることを示そうとしてのことだった。ネフの理論は間違っていたが、この写真の影響力はすさまじく、1926年に発表されてから数十年間、数々の研究を促す契機となった。

大人のヒトは、大人のチンパンジーと比べて、眼窩上隆起(11)が小さく、体の大きさのわりに脳が大きく、頭骨が華奢で、あごが小さい。さらに、両者では頭骨のプロポーションも異なっている。一方、これらの特徴についてヒトと子供のチンパンジーを比べてみると、どれをとっても大人のチンパンジーと比べた場合よりも似ている。ヒトではどうも成長の速度が鈍っているようで、妊娠期間も幼児期もチンパンジーより長い。ヒトは、成長の速度を遅らせることで、(ネフが多くの点でヒトに酷似していると示した)祖先の幼児期のプロポーションや形状の多くを保持している。

こうした考えは、ヒトの進化の多くの点を考察する際の新たな視点になった。のちに古生物学者のスティーブン・ジェイ・グールドと人類学者のアシュレイ・モンターギュが主張したところによると、ヒトをヒトたらしめている諸々の特徴は、発生や成長の速度が変わるだけで立ち現れてくるらしい。体の大きさのわりに大きな脳と、学びの機会に満ちた幼児期が延びたことを考え合わせると、私たちを特別な存在にしている特徴の多くが発生のタイミングの変化と関係している可能性があるという考察が成り立つ。ヒトの進化についてのこの説明は簡潔かつ美しいものだが、ヒトとチンパンジーを比べた新たな研究によると、事はそう単純ではなく、単に発生の速度が全般的に鈍ったわけではないらしい。ヒトの特徴が子供のチンパンジーの特徴に似ている場合もあれば、ヒトの二足歩行を可能にした脚や骨盤の形状のように、似ていない場合もある。一つの仮説としては、体の各部位が発生の速度をそれぞれに調整して進化してきたということが考えられる。例えば、頭骨が発生の速度を鈍らせて進化してきた一方で、脚や二足歩行はそれとは反対の方法で進化してきたというわけだ。

解剖学についてのこうした考えなどを用いながら、ダーシー・ウェントワース・トムソン（１８６０～１９４８）は、生物の多様性を理解するのに数学的なアプローチを用いることを提唱した。その目標は、生物どうしの形の違いを単純な図や数式に落とし込むことだった。

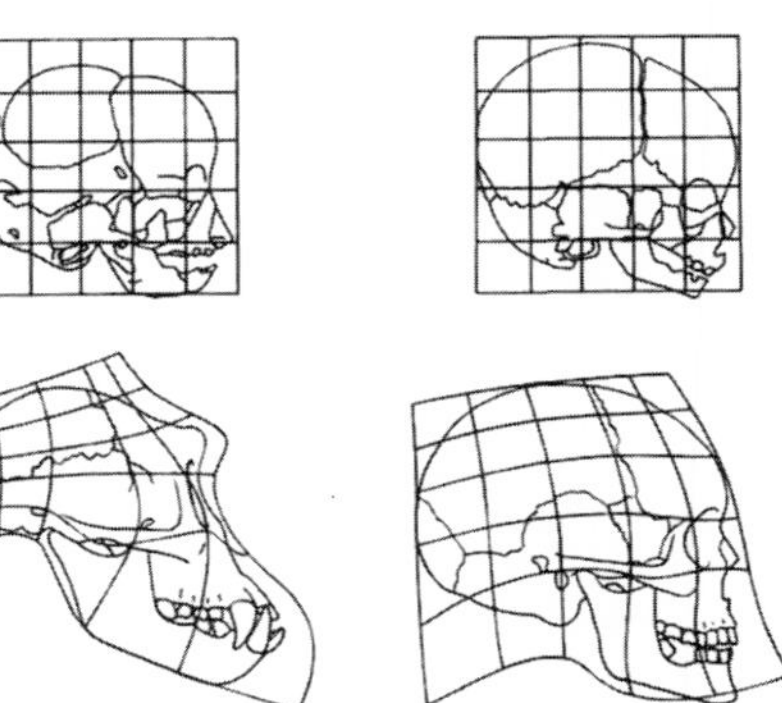

ダーシー・トムソンの格子を使うと，ヒトとチンパンジーを比べたこの図を見ても分かるように，骨格の形状の違いの多くがプロポーションの変化に起因していることが分かる

トムソンが第一次世界大戦期に執筆した『生物のかたち』（柳田友道他訳、東京大学出版会、１９７３年）は、多くの人に解剖学者を志すきっかけを与えた。その本に描かれた図は、簡潔ながらも画期的だった。まず、ヒトとチンパンジーの新生児の頭骨に格子をかぶせ、格子の線がだいたい同じ箇所を通るようにする。次に、両種の大人の頭骨にも同じことをして、格子の線が新生児の時と同じ箇所を通るようにする。

すると、新生児では整然としていた格子の線が大人ではぐにゃりと曲がった。この歪みは形状の変化を映し出している。その図からは、ヒトとチンパンジーが比較的似通ったプロポーションから成長を始めることが分かる。しかし、やがて、チンパンジーでは頭蓋円蓋部が他の部位と比べて縮んでいき、顔面下部と眼窩上隆起は膨らんでいく。ヒトでは頭蓋円蓋部が膨らんでいく一方で、顔面はほどほどにしか膨らまない。トムソンの考えでは、ヒトとチンパンジーの諸々の違いが生じた原因は、新たな器官が誕生したというより、体の各部位のプロポーションが変化したことだった。ちょうど、成長の速度が鈍ったり速まったりして生物種どうしの違いが生じたように。

1つの細胞がすべてを統べる

胚発生をいじることで進化を起こす方法は、発生のタイミングの変化以外にも存在する。パンダーが拡大鏡で胚を観察していた時代以来、体の各部位が往々にして大いに協調しながら発生していることが明らかになってきた。たった1個（あるいは数個）の細胞の働きに単純な変化が起きることで、成体の多くの部位に影響が出ることがある。その影響は発生障害の名前にも見て取れる。例えば、手足生殖器症候群は、1つの遺伝子変異により発生初期の細胞の挙動に異変が生じることで起きる。その1つの変異のせいで、手の指の大きさや形、足の形状、腎臓から尿を運ぶ管に異常が生じてしまうのだ。小さな変化がそうした広範な影響をおよぼすことを考えると、体づくりに関わる細胞に起きる変化は、生命史に起きた革新的な変化を解き明かす鍵を握っているのかもしれない。

この仕組みによる進化を理解するために、今一度ホヤに立ち返ろう。かつてガースタングが明らかにし、最近になってＤＮＡの証拠でも確認されたように、無脊椎動物から脊椎動物への進化における重要なステップは、ホヤ似の祖先の幼生の特徴が成体にまで持ち越されたことで、脊椎動物の祖先が誕生したことだった。このオタマジャクシ似の成体は、脊椎動物の体づくりの基礎となる基本構造を備えていた。しかし、脊椎動物が進化してくるまでには、もう一つのステップが必要だった。

ヒトや魚などの脊椎動物はホヤの幼生そのものではない。体を支える内骨格、神経線維を取り巻く脂質性の髄鞘(ずいしょう)、皮膚の色素細胞、果ては頭部の筋肉を制御する神経まで、脊椎動物にあって無脊椎動物にない特徴は何百とある。両者の違いを漏れなく表にしたら、頭から尾にかけての諸々の器官や組織がずらりと並ぶだろう。明らかに、無脊椎動物から脊椎動物への進化には、発生過程のタイミングの変化以外の要因も関わっている。

生後間もなくに父親を亡くし母親に女手一つで育てられたジュリア・バーロウ・プラット（1857〜1935）は、生物学の天才だった。バーモント大学を3年で卒業し、ハーバード大学の大学院に入ると、ニワトリ、両生類、サメの胚の研究に没頭しはじめる。さらに、自らの才能と野心の赴くままに、大胆な目標を立てた。動物の頭部は全身の中でもっとも複雑な部位であるに違いない。ヒトの頭骨を構成する骨は（歯を除いても）30個近くあるし、魚やサメの頭骨を構成する骨はもっと多い。頭部のつくりが複雑である理由は、各部位に連絡する特殊な神経、動脈、静脈が、比較的狭い容器の中に入り乱れていることにある。プラットは、あごや頬の骨などの成体の部位を、胚発生の最初の段階までさかのぼって調べた。頭骨の発生の仕方を調べれば、動物の成体に潜む核心的な類似性を明らかにできるかもしれない。知ってか知らずか、彼女は科学界でも一、二を争うほど論争の多い分野に足を踏み入れようとしていた。

当時の大学の雰囲気は、博士号の取得を目指す女性には厳しいものだった。ハーバード大学でくすぶっていたプラットは、ヨーロッパにもっと開放的な気風を感じ、ドイツの大学院に入る。かくして流浪の生活が始まり、ヨーロッパ各地を転々とした後、結局、マサチューセッツ州ウッズホールの海洋生物学研究所に行き着いた。そこで所長のO・C・ウィットマンに出会い、彼がシカゴ大学に移るとプラットもその後に続いた（ウィットマンはのちに動物学部の学部長になった）。

ウィットマンの自由闊達な研究室では、野心的な若手研究者が「年下の同僚」として扱われ、自分の思うままに研究を進めることができた。そうした環境で、プラットも躍動する。ウッズホールで集めた標本とシカゴでウィットマンに教わった技法を使って、サンショウウオ、サメ、ニワトリの頭部が形成される過程を調べた。その3種類の動物を選んだ理由はいたって技術的なもので、どの動物も卵の中で育つ大きな胚を持っていて、観察したり処理したりするのに手間がかからないからだった。

プラットは、ウィットマンの指導のもと、発生過程にある細胞を追跡するための、面倒ながらも精確な手法を開発した。その出発点は、１８２０年代にパンダーとフォン・ベーアが発見した例の三胚葉だ。プラットが研究を始めた頃、この三胚葉は「生物学の真理」のようにみなされていて、内胚葉の細胞は消化管とそれに付随する器官に、中胚葉は骨格と筋肉に、外胚葉は皮膚と神経系に必ずなるものと考えられていた。プラットは、外胚葉と中胚葉では、細胞の大きさと、細胞内にある脂肪顆粒（かりゅう）の数が異なることに気づいた。そして、この違いを目印にして、各胚葉の少数の細胞が頭部のどこに行き着くのかを追跡した。この手法のおかげで、頭部のどの構造がどの胚葉に由来するかを知ることが可能になった。

当時の定説にしたがえば、サンショウウオの頭骨を成す骨はすべて中胚葉に由来するはずだった。しかし、プラットが着目した脂肪顆粒からは、それとはまったく異なる事実が浮かび上がってきた。頭部の骨の一部は、歯の象牙質までも含めて、皮膚や神経組織にしかならないはずの外胚葉に由来していたのだ。一部の研究者にとって、この発見は異端だった。一流の研究者が続々と彼女に異を唱えた。ある著名な研究者は次のように記している。「数々の発生段階の胚を観察したが、ミス・プラットの結論を支持する証拠は何ひとつ得られなかった」。こうした声が集まって批判の大合唱が起きた。それは、1800年代の若手女性研究者にとって、まだ始まってもいないキャリアに終止符が打たれかねないほどのものだった。

プラットにとって幸いだったのは、イタリア・ナポリの臨海実験所の所長であり、学界の権威だったアントン・ドールン（1840〜1909）が彼女の研究に目を留めてくれたことだった。ドールンは、当初は彼女の発見に懐疑的だったが、その詳細な分析に感心し、同じ目印を使ってサメの発生を調べてみることにした。ドールンは次のように記している。「私はミス・プラットの見解に全面的に同意する。（中略）自分の意見を変えるのだから、ミス・プラットの発見に批判的なすべての論文や意見に私が反対の立場をとることは言うまでもない」。

プラットの時代、女性が自然科学系の学部の教員になれる見込みはほとんどなく、ましてや長年の定説に逆らう考えを表明した女性となれば、それはなおさらだった。大学の研究者になれなかったプラットは、カリフォルニアのパシフィック・グローブに移り、自前の小さな研究グループを立ち上げる。そこでも次々と発見を重ねながら、当時創設されたばかりのスタンフォード大学で学長を務めていたデイヴィッド・スター・ジョーダンに手紙を書いた。研究職への未練と、画期的な発見を成し遂げた自負をにじませながら、彼女は手紙をこう締めくくっている。「仕事がなければ、人生は生きるに値しません。もし自分の望む職に就けないなら次善の策を講じなければなりません」。

研究者になれず、今後もなれそうにないと感じたプラットは、科学界を去った。その後、持ち前の強靭な意志と強烈な独立心を携え、新たな挑戦を始めることになる。時を置かずして、プラットはパシフィック・グローブの史上初の女性市長になった。そして、モントレー湾を乱開発から守るべく、自然保護区の設定を主導した。モントレーの住民や訪問者は、ジュリア・バーロウ・プラットの影響力を今に感じることができる。

カリフォルニア州パシフィック・グローブの市長としての任期を終えた後のジュリア・プラット

プラットは1935年に他界したため、胚発生についての彼女の最初の論文が発表されてから約43年後に自説の正しさが証明されるのを見届けることはできなかった。研究者らが、プラットの後に続き、発生中の細胞に目印を付けるための高度な技法を開発した。胚の細胞に色素を注入し、その後の発生段階で行き着く部位を追跡するというものだった。また、別の技法では、ウズラから細胞塊を取り出し、ニワトリの胚にさまざまな発生段階で移植した。ウズラの細胞はニワトリの細胞と容易に見分けがつくため、どの器官がウズラの細胞から発生したのかを知ることができる。この2つの技法で確認したところ、プラットが調べていた頭部の構造は、フォン・ベーアゆかりの中胚葉には由来していなかった。実際は、発生途上の脊髄から出発した細胞が頭部の鰓弓に移動し、鰓弓の骨を形成していた。(12)

細胞が胚葉間を移動するという発見は、三胚葉期の胚の細胞配置に生じた突飛な例外というわけではない。そこには、新たな構造が出現する仕組みを理解するうえで欠かせない、もっと奥深い意義がある。先述の細胞は発生途上の脊髄を離れると胚全体に拡散していく。新たな部位に着くと、そこで各種の組織を形成する。色素細胞、神経線維の髄鞘、頭部の骨、などなど。どれも脊椎動物ならではの特徴ばかりだ。ガースタングの祖先動物が脊椎動物に進化した際には、大きな変化が起き、新たな組織が全身のあちこちに出現した。その大きな変化は、元をたどると、たった1種類の細胞が誕生したことに端を発する。それこそが、フォン・ベーアとパンダーゆかりの外胚葉に由来する新たな細胞だ。自分がこれほど核心を突いていたとは、プラット本人もまったく思っていなかったに違いない。何しろ、彼女が発見した細胞は、脊椎動物を特別な存在にしているすべての組織の前身だったのだから。

ガースタングが解き明かしたのは、脊椎動物の誕生に向けた第一歩の内容だった。発生のタイミングが変化し、ホヤ似の祖先が幼生の特徴を残したまま成体になるように進化したのだった。プラットは、次の一歩、すなわち新たな種類の細胞の出現を解明する手がかりをもたらした。どちらの場合も、種々の器官や組織に起きた複雑な変化の原因を、より単純な発生過程の変化に求めることができる。一歩目で発生のタイミングが変わり、二歩目で新たな種類の細胞が出現すれば、新たな体制（ボディプラン）が生まれるというわけだ。

こうした見解を知ると、当然のことながら、次のような疑問が浮かんでくる。そもそも、発生過程の変化はどのようにして起きるのだろう。また、胚発生そのものは、生命にどのような変革が起きて進化してきたのだろうか。

生き物は頭骨や背骨や胚葉を祖先から受け継ぐわけではない。それらをつくるための方法を受け継ぐのである。一家相伝のレシピが代々受け継がれるうちに変わっていくように、体づくりのための情報も、祖先から子孫へと悠久の時をかけて受け継がれるうちに、絶えず変わっていく。台所で見るレシピとは違い、世代ごとに一から体をつくるためのレシピは、文字ではなくDNAで書かれている。生命のレシピを理解したいなら、このまったく新しい言語を学ぶとともに、生命史における新たなタイプの先駆者に会いに行く必要がある。

（1）独自の化学物質を分泌する臓器のこと。消化器系では唾液腺、胃腺、腸線などがある。
（2）内側の層、中間の層、外側の層はそれぞれ、内胚葉、中胚葉、外胚葉と呼ばれる。

（3）この結合組織性の棒とは脊索（せきさく）のことである。
（4）前出の「個体発生は系統発生を繰り返す」という考え方のこと。
（5）約400万〜200万年前にかけてアフリカ大陸に生息していた初期人類。
（6）脊椎動物の首の辺りにある内分泌腺。
（7）前出の、鰓弓どうしを隔てる裂け目のこと。
（8）諸々の器官の配置などを含めた、生物の体の基本構造のこと。
（9）イデアとは現実の事物の雛形（ひながた）となる本質であり、イデア界とはそうしたイデアが存在する天上の世界を指す。
（10）おおむね頭蓋骨の上半分を指す。
（11）眼窩（眼球の収まる部分）の上に張り出している、骨の高まりのこと。
（12）脊髄は外胚葉由来の組織。

「生命の神秘を解き明かしたぞ！」という、本当に言ったかどうか疑わしい大言を吐いて、フランシス・クリック（1916〜2004）はジェームズ・ワトソンをケンブリッジのイーグル・パブに連れ込み、私たち人類をDNAの時代に連れ込んだ。翌1953年にこの発見を科学誌に発表した際には、言葉の調子がだいぶ変わっていた。ワトソンとクリックは、権威ある「ネイチャー」誌上で（後世の研究者が踏襲することになる）飾り気のないイギリス風の控えめな表現で論文を切り出した。2人いわく、その発見は「生物学的に見て大いに興味深い新しい特徴を備えて」いた。

パブでの大言と科学誌での発表でほのめかされていたのは、のちの世代の常識となった見解だった。2人は、DNAの構造を解明し、それが2本鎖として存在していること、その2本鎖がほどかれるとタンパク質やDNAの鋳型（いがた）になることを明らかにした。DNAは、この機能を駆使して2つの驚くべきことを成し遂げている。それは、体づくりに関わるタンパク質を合成するための情報を保持することと、その情報を次世代に伝えることだ。

ワトソンとクリックは、ロザリンド・フランクリンやモーリス・ウィルキンズの研究を踏まえ、個々のＤＮＡ鎖を構成しているのが数珠つなぎになったある分子であることを突き止めた。この分子は「塩基」と呼ばれるもので、４種類が知られ、たいていＡ、Ｔ、Ｇ、Ｃの4文字で表される。１本のＤＮＡ鎖は最大で数十億個の塩基を持ち、ＡＡＴＧＣＣＣＴＣといったように、４文字がいかようにも組み合わさって配列を構成している。

こんなことを言うとみじめな気持ちになるだろうが、ヒトのヒトたるゆえんの多くは、化学物質の鎖に並ぶ分子の順番で決まっている。ＤＮＡを情報保有分子とみなすなら、私たちは体内の各細胞に数百万台のスーパーコンピューターを持っているようなものだ。ヒトのＤＮＡは約32億個の塩基対から成っている。ＤＮＡ鎖は数十本の染色体に分かれていて、グルグル巻きの状態で各細胞の核に収まっている。核内に詰め込まれていて、巻きつけを解いて伸ばせば１・８メートルほどの長さになる。ヒトの体にある数十兆個の細胞のそれぞれに、その１・８メートルの分子がきつく巻きつけられた状態で、極小の砂粒の10分の1の大きさになって収まっている。もしあなたが、体内の40兆個の細胞からＤＮＡを取り出し、すべてつなげたら、そのＤＮＡ鎖は冥王星まで行って戻ってこられるほどの長さになるだろう。

妊娠の際に精子と卵が融合すると、その結果出来た受精卵は両親のＤＮＡを持つ。そうして、遺伝情報は世代間を伝わっていく。私たちのＤＮＡは私たちの生物学的な両親に由来し、その両親のＤＮ

Aも2人の生物学的な両親に由来し、この関係性は悠久の過去までいくらでもさかのぼっていける。DNAは時を超えて生き物どうしを分かちがたく結びつけている。この家系という単純な概念をもっと大規模な生命史に当てはめたいなら、ダーウィンの優れた洞察の一つを活用すればいい。ダーウィンの考えをDNAという分子に当てはめると、どんなことが言えるだろうか。もし、私たちが他の生物種と共通の祖先を持つなら、その祖先種のDNAが私たちに脈々と受け継がれていることになる。DNAは、人間の親から子へ、世代から世代へと伝わってきたように、祖先の種から子孫の種へも、40億年の生命史を通じて伝わってきたはずだ。そうだとしたら、DNAは、地球上の全生物の全細胞にある書庫だということになる。くだんのA、T、G、Cの配列には生物界に起きた変化の数十億年分の記録が詰まっている。問題は、その記録をどう読み取るかということだった。

エミール・ツッカーカンドル（1922〜2013）はオーストリアのウィーンに生まれ、著名な解剖学者、哲学者、芸術家、外科医がそろう有力な親戚に囲まれて育ち、おのずと思想、科学、芸術の世界に引き込まれていった。ナチスがドイツで政権を握ると、家族とともにフランスのパリに亡命し、さらにアルジェリアのアルジェに逃れた。青年期には家族の友人のつてでアルベルト・アインシュタインに会い、アメリカで研究ができるように口を利いてもらった。アメリカに移住し、イリノイ大学に入ると、タンパク質の生理機能を調べる研究室に入った。海が好きだったことから、夏の間はアメリカやフランスの海洋研究所に滞在するようになった。海洋研究所ではカニに興味を持ち、小さな胚が成長・脱皮を経て完全な成体になるまでに働く諸々の分子に注目した。

ツッカーカンドルが生化学の門を叩いたのは、この分野がまさにこれから花開こうかという時期だった。1950年代後期、国立衛生研究所の研究者やフランシス・クリックその人がA、T、G、Cの連なりの意味を解明しようとしていた。DNAの配列は、また別の分子の連なりをつくるための指示書になっている。自らが置かれた状況に応じ、タンパク質を合成するための鋳型になったり、あるいは自らのコピーをつくったりする。タンパク質をつくる場合は、A、T、G、Cの配列を翻訳し、アミノ酸という別の分子の連なりにする。アミノ酸の配列が異なれば、それが折り畳まれて出来るタンパク質も異なるものになる。アミノ酸は全部で20種類あり、どのアミノ酸が配列のどの位置に来ても構わない。こうした方式でつくられるタンパク質の種類は膨大なものになる。簡単な計算をしてみよう。全部で20種類あるアミノ酸を好きなように連ね、100個ほどのアミノ酸から成るタンパク質をつくるとする。すると、創作しうるタンパク質の数は1の後に130個のゼロが付く数字になる。しかし、実際の数字はもっと大きい。なぜなら、「タンパク質が100個のアミノ酸から成る」という前提は、ずいぶん控えめなものだからだ。ヒトの体内にある最大のタンパク質、タイチンは、3万4350個のアミノ酸から出来ている。

こう考えると覚えやすいかもしれない。DNAは4つの文字で表される塩基の連なりで、その塩基の連なりがアミノ酸の連なりをコードしていて[1]、そのアミノ酸の連なりがタンパク質を構成すると。アミノ酸のさまざまな配列がさまざまなタンパク質になるわけだから、DNAの配列は多様なタンパク質をコードしているわけで、生命はそうしたタンパク質を用いて、世代を経るごとに新たな個体を生み出している。

1950年代後期には、多様なタンパク質のアミノ酸配列を解読することが可能になり、タンパク質の体内での働きを解明できるようになりはじめていた。そうした発見を嚆矢（こうし）とし、研究者がタンパク質の構造を調べて病気を理解する時代がやって来た。例えば、鎌状赤血球貧血では、赤血球が異常をきたし、健康な赤血球の約10分の1にあたる10〜20日間しか生存しない。さらに、鎌状赤血球はその名前からも分かるとおり特徴的な形をしている。そのせいで、円盤形をしている普通の赤血球よりもはるかに脾臓（ひぞう）で破壊されやすい。そのため、極端な場合、3歳になるまでに7割近くの患者が死亡する。では、健康な赤血球のタンパク質と鎌状赤血球のタンパク質とでは何が違うのか。なんと、配列上のたった1つのアミノ酸が違っているだけなのだ。配列の6番目に連なるグルタミン酸というアミノ酸がバリンというアミノ酸に置き換わっているだけなのである。アミノ酸配列の些細な違いが合成されるタンパク質に甚大な影響をおよぼし、ひいてはそのタンパク質を持つ細胞にも、そうした細胞を持つ個人の生命にも影を落とす。

この新しい生物学の威力に触発され、ツッカーカンドルは海洋研究所で扱っていた生き物に目を向けた。カニが脱皮を繰り返して小さな胚から完全な成体になるまでに、何か特定のタンパク質が働いているのではないか。そうした仮説を立てると、種々のタンパク質の構造を調べ、それらのタンパク質がカニの呼吸、成長、殻の脱皮をどう制御しているかを解明しようとした。

やがて、〝科学の神の導き〟とでもいうべきものにより、彼の人生に転機が訪れる。ノーベル化学賞受賞者のライナス・ポーリング（1901〜94）がフランスを訪れ、友人に会いに海洋研究所に立ち寄ったのだ。ツッカーカンドルは、タンパク質とカニへの愛を携えて、ポーリングの居所を突き止めた。そのさまは、新たな研究テーマを探している研究者というより、ロックスターに駆け寄る一介のファンのようだった。そして、この出会いがツッカーカンドルを変え、ひいては科学自体を変えることになる。

ポーリングは、1950年代の中頃までに、イオン化合物の結晶構造を解明し、原子や分子の結合の基本的な性質を突き止め、果ては全身麻酔が効く仕組みを分子レベルで説く理論まで打ち立てた。ただし、DNAの構造を解明するという競争ではワトソンとクリックの後塵を拝してしまう。後年は「ビタミンCを摂取すれば風邪などの感染症を予防することができる」という自説を広めることに尽力した。

ポーリングはオレゴン州に生まれ育ち、長じてオレゴン農業大学に入った[2]。その恐れ知らずの研究姿勢は私の憧れだ。私が選考委員を務めているニューヨークの財団では、キャリアの節目を迎えている芸術家や科学者を財政的に支援している。奨励金の交付事業が始まったのは1920年代のことで、これまでに受理した申請書はすべて保管されている。パークアベニューに建つ事務所は、ノーベル賞受賞者、小説家、ダンサー、各分野の研究者が記した手紙、資料、申請書の宝庫だ。その事務所には私の関心事を心得た同僚がいて、ある朝出勤すると、古びてヨレヨレになったファイルが机の上に置かれていた。それは、１９２０年代にポーリングが提出した申請書だった。当時は、大学の成績証明書や医師の診断書など、今日では決して求められない書類を添付する必要があった。私が特に気になったのは、ポーリングのオレゴン農業大学時代の成績証明書だった。特徴的だったのは、科目ごとのばらつきが大きかったこと。幾何学、化学、数学がA評価なのは当然だろう。「キャンプ料理」なる科目は平凡なC評価だった。体育はF評価が何年も続いていた。2年次には、「爆薬」という選択科目でクラス最上級の評価を獲得している。後年、ポーリングはノーベル賞を2度受賞した。タンパク質の理解に貢献して１９５４年に化学賞を、核実験に反対して１９６２年に平和賞を受け取っている。大学時代の「化学」と「爆薬」でのA評価は、彼の将来を正確に占っていたと言えるだろう。

ポーリングは、二言三言交わしただけでツッカーカンドルに非凡なものを感じ、自身の所属するカリフォルニア工科大学への移籍を勧めた。しかし、その提案は一癖も二癖もあるものだった。当時、反核運動に熱心で大学にいないことが多かったポーリングは、自分の研究室を持っていなかった。そこで、生化学の実験ができる研究室を持っていた同僚をツッカーカンドルに紹介した。さらに、ツッカーカンドルからカニのタンパク質を研究したいという願望を打ち明けられると、即座に却下した。10年以上前から、「原子核から出る放射線を浴びると、細胞はどうなるのか」ということに関心を持っていたからだった。この研究の標的の一つは、血流に乗って肺から全身の細胞に酸素を運んでいるヘモグロビンというタンパク質だった。ポーリングはツッカーカンドル青年を（控えめに言えば）諭し、カニのことを理解したいという願望はあきらめて、じっくりとヘモグロビンについて考えてみてはどうかと言った。おかげでツッカーカンドルの計画はすっかり狂ってしまったが、実はこの助言は先見の明のあるものだった。

ツッカーカンドルは多様な種のヘモグロビンを調べたが、その当時は使える技術がかなり限られていた。各種のヘモグロビンのアミノ酸配列を解読することができなかったので、ヘモグロビンを抽出した後、比較的単純な手法を用いて、全体的なサイズと電荷を評価することにした。「アミノ酸配列が全体的に似ているタンパク質どうしは重量と電荷も似ているはず」という安全な仮定をして、これらの比較的入手しやすい測定値を、タンパク質どうしの全体的な類似性を示す指標とすることにした。

ツッカーカンドルが調べたところでは、ヒトと類人猿のヘモグロビンは、サイズの面でも電荷の面でも、両者をカエルや魚のヘモグロビンと比べた場合より、互いによく似ていた。この単純な測定結果に何か重大な事実が潜んでいる予感がした。ヒトと類人猿のタンパク質に見られるこの類似性は進化の結果なのではないか。つまり、ヒトと類人猿の血液のタンパク質が似ているのは両者が近縁だからなのではないか。この初期の研究結果を研究室の教授に見せたところ、何ともすげない反応が返ってきた。その教授は熱烈な創造論者で(3)、自分の研究室で進化の話をされることを極度に嫌っていたのだ。研究は自由にやらせてくれたが、この教授のもとでは、ヒトとサルに類縁があることをほのめかす論文など発表できそうになかった。成功の兆しが見えたのも束の間、扉は閉ざされてしまったかに思えた。

ところがここで幸運が舞い込んだ。ノーベル賞受賞者でポーリングの親友でもあるアルベルト・セント・ジェルジに記念論文集を捧げる企画が持ち上がり、ポーリングにその論文集への寄稿依頼が舞い込んだのだ。記念論文集とは、高名な研究者の退職を記念して編纂される、雑誌の特別号や書籍のことである。一般的には、友人や長年の同僚が本人の研究者としての業績を称える論文が掲載される。この話のキモは、こうした論文集に重要な知見が載ることはほとんどない、ということだ。論文の紙面はたいてい本人との思い出話で占められ、新規のデータはちらほらとしか出てこない。記念論文集はたいてい査読[4]に回されないので、本人へのおべっかを長々と書き連ねることもできるし、あるいは、よそでは発表できないデータを載せることもできる。こうした事情に知悉（ちしつ）し、なおかつ親友を称えたい気持ちも持っていたポーリングは、恐れ知らずの研究者らしく、一計を案じた。ツッカーカンドルに「何か過激なもの」を書いてはどうかと持ちかけたのだ。

この突飛かつ大胆な思いつきのおかげで、20世紀を代表する科学論文が誕生することになった。生化学で何か大胆なことを成し遂げる機が熟していた。ツッカーカンドルがポーリングの一門に入った1950年代後期には、すでに多様なタンパク質のアミノ酸配列が公開されていて、ポーリングの研究室もそのデータを入手できる立場にあった。今日のようなDNA塩基配列決定法（シーケンシング）は望むべくもなかったが、諸々のタンパク質のアミノ酸配列を決定することであれば、複雑で時間もかかったが、可能だった。ポーリングは、ゴリラ、チンパンジー、ヒト、その他の多くの種のタンパク質のアミノ酸配列を入手しつつあった。この新しい情報を得て、ツッカーカンドルとポーリングは、「多様な動物のタンパク質から、動物どうしの関係について何が分かるのか」という重要な問いに挑みはじめた。

タンパク質のサイズと電荷を大まかに分析したツッカーカンドルの初期の研究結果を見るかぎり、タンパク質が生命史について多くのことを語ってくれるのではないかという期待が持てた。

人類がＤＮＡやタンパク質の配列のことを知る一世紀前、ダーウィンの説はのちにそれらにも関係してくる特別な推論をしていた。ダーウィンがＤＮＡやタンパク質のことを知っていたら、こう推論していたに違いない。もし、諸々の生物が一本の系統樹を共有しているなら、ヒト、その他の霊長類、哺乳類、カエルのタンパク質のアミノ酸配列は、それらの生物の進化史を反映しているはずだと。ツッカーカンドルの初期の研究は、この推論が正しいことをほのめかしていた。

やがて、ヘモグロビンがこの手の研究にとって理想的な研究素材であることが分かった。どの動物も代謝に酸素を使っている。ヘモグロビンは、その酸素を呼吸器（肺やエラ）から全身の器官に届けている血中タンパク質だ。ツッカーカンドルとポーリングは、多様な種のヘモグロビンのアミノ酸配列を比べて、各種のヘモグロビンが互いにどのくらい似ているのかを見積もることができた。

２人が新しい種を分析に加えるたびに、ダーウィンの〝予言〟が具体性を帯びていった。ヒトとチンパンジーのアミノ酸配列はウシのものより互いのものに近かった。同様に、同じ哺乳類である上記３種のヘモグロビンはカエルのものより互いのものに近かった。ツッカーカンドルとポーリングは、生物種どうしの類縁関係、ひいては生命史全般を、タンパク質から解き明かすことができると確信した。

２人はこうした考えをさらに一歩進めて、大胆な思考実験を展開した。もし、タンパク質が長きにわたって一定のペースで変化しているとしたら？　もしそうなら、ある2種のタンパク質が大きく異なっているほど、両種が共通の祖先から分かれて独立に進化するようになってから、長い時間が経っていることになるのではないか。この理屈でいくと、ヒトとサルのタンパク質がカエルのものより互いのものに似ている理由は、ヒトとサルの共通祖先のほうが両者とカエルの共通祖先より新しい年代に生息していたから、ということになる。この考えは古生物学の知見とも合致する。実際、ヒトとサルの共通祖先である霊長類の種は、両者とカエルの共通祖先である両生類の種より新しい年代に生息していたはずだ。

もし、ポーリングとツッカーカンドルの推測どおり、タンパク質が一定のペースで変化しているなら、タンパク質のアミノ酸配列の違いをもとに、ある2種の共通祖先が生息していた年代を割り出すことができるに違いない（xix～xx頁でその手法を検討している）。そうであれば、各種の体内にあるタンパク質を一種の時計として使えることになり、生命史にまつわる年代を解き明かすのに地層や化石は必要ない、ということになる。提唱された当初、極めて過激とみなされたこの考えは、今では「分子時計」として知られ、多様な種の誕生年代を割り出すために多くの事例で使われている。

ツッカーカンドルとポーリングは、生命史を推測するためのまったく新しい方法を編み出そうとしていた。生命史は、100年以上前から、太古の化石を比較することで解明されてきた。ところが今や、各動物のタンパク質の構成を知ることで、動物どうしの類縁関係を評価することが可能になったのだ。そうと分かれば研究材料には事欠かない。何しろ、動物の体には何万種類ものタンパク質があるのだから。各種の諸々のタンパク質が有する情報は、化石のそれに引けを取らない。こうした、いわば〝体内の化石〟は、地層に埋まっているわけではなく、地球上に生息するすべての動物の、すべての体の、すべての器官や組織、細胞に眠っている。その情報の見方さえ分かってしまえば、多様な種を擁する動物園や植物園で生命史を解明することができる。かくして、化石が未発見の種も含めて、あらゆる生物の歴史を知ることが可能になった。

タンパク質、ひいては体をつくるための情報を保持しつつ、DNAは世代間を伝わっていく。個体や体はいずれ滅びるが、DNAという分子がつくる結びつきは悠久の時を経ても途切れない。その結びつきを調べれば調べるほど、あらゆる生物どうしの関係性が分かってくる。

1960年代初頭に例の記念論文集が発表されたことで、ツッカーカンドルとポーリングはついに、分子を使って生命史をたどる新たな研究分野を誕生させた。しかし、当時の科学界の反応は、2人の論文が後世に与えた影響を微塵も感じさせないものだった。「私たちの論文は、分類学者には嫌われ、生化学者には役立たずと思われた」。ツッカーカンドルは論文発表50周年の節目に当時のことをそう振り返っている。分類学者も古生物学者も、生物の体の構造を重視する研究者は皆、2人の考えを忌み嫌った。生命の進化史の復元は、もはや分類学と古生物学の専権事項ではなくなった。ツッカーカンドルとポーリングによれば、生物の体内にあるほぼすべての分子が過去の出来事を語りうる。古生物学者は、2人の論文を、自分たちの存在意義を脅かすものと考えた。一方、生化学者は2人の論文のことなどこれっぽっちも気にしなかった。進化の研究など、金持ちの道楽にしかならない時代遅れの分野だと考えていたからだった。当時の彼らの認識は、「真面目な生化学者はタンパク質の構造や病気、機能を研究するもので、ヒトとカエルの関係性を探ったりはしない」というものだった。

分子生物学革命

化学反応と科学理論には通底するものがあって、どちらも基本的には触媒[5]がないと事が進まない。ツッカーカンドルとポーリングの考えを採り入れ、生命史に新たな視点から迫る研究者を多数輩出したのも、ある一人の人物だった。

1960年代初頭、ニュージーランド出身の天才数学者アラン・ウィルソン（1934〜91）は生物学に転向し、カリフォルニア大学バークレー校の生化学の教員になった。当時は大学闘争が活発だった頃で、バークレー校では特にかまびすしく、ウィルソンも他の教授陣をしのぐほど熱心に政治運動に取り組むようになった。何かにつけて波乱を起こすのが好きな人で、所属の学生が政治抗議活動を「研究室のミーティングの一種」と言うほどだった。

ウィルソンは、56歳の若さでこの世を去るまで、ある単純明快な信念の下に研究を続けた。その信念とは「複雑な現象は構成要素に分解できてはじめて理解したことになる」というものだ。元数学者らしく、生物にまつわるパターンの背後に簡潔な法則を探し求め、続いてその法則を検証するための厳格な手段を考案した。生命史に潜む複雑なパターンを、大胆かつ驚くほど簡潔な仮説で説明することに喜びを見いだした。仮説を立てたら、次は徹底的にデータを集めて反証を試みた。その仮説がデータの集中砲火に耐えるようなら、もう世間に発表しても構わない。こうした手法を採用したおかげで、ウィルソンの研究室はにぎやかな一大研究拠点となり、１９７０～８０年代のバークレー校を代表する頭脳の持ち主が集まった。さながら〝研究者の養成所〟と化し、その自由奔放で熱烈な気風に惹かれて世界中から若くて優秀な学生が集い、その多くがのちに一流の研究者として名を馳せることになった。

私がカリフォルニア大学バークレー校に移ってきたのは、新米の古生物学博士だった１９８７年のこと。ちょうど、ウィルソンのチームが次々と発見を成し遂げていた頃だった。当時の私の軸足はまだ地層と化石にあって、タンパク質やＤＮＡにはなかった。ウィルソンの講義は当時すでに、大学中から聴講生が押し寄せるほどの人気だった。一方、解剖学者と分子生物学者との間にはすでに戦線が敷かれ、深い溝が出来ていた。ある日の講義を古生物学者の仲間と一緒に受けていた時のこと。ウィルソンが話を進めながらスライドを切り替えるたびに、仲間の表情はどんどん曇っていった。その不満が頂点に達したのは、ウィルソンが３つの変数を使った単純な数式を示した瞬間だった。ウィルソンいわく、その数式を使えば、多様な種がどのくらいの速さで進化するかが分かるという。そのスライドを見て、仲間の一人が私を小突いて皮肉っぽくこう尋ねてきた。「じゃあ、古生物学のほとんどの問題をあの数式で解けるってこと？」。

ウィルソンにすれば、進化生物学という分野には、そろそろ自分が起こすような波乱が必要だった。

ツッカーカンドルとポーリングの、タンパク質を生命史の道しるべにするという考えは、ウィルソンの研究の流儀にぴったり合っていた。その考えは簡潔だったし、新しいデータで検証することもできたからだ。動物は多くのタンパク質を持っていて、諸々のタンパク質がひっきりなしに発見されつつあった。そのデータに生命史についての強烈なシグナルが潜んでいるというなら、ただ見つけるだけではなく、そこから可能な限り多くの推論を引き出してやろうと、ウィルソンは考えた。

ウィルソンは高みを目指し、「ヒトは他の霊長類とどのくらい近縁なのか」という問いを立てた。これほど物議を醸しそうな問いもなかなかないだろう。生命の系統樹におけるこの領域は化石記録に乏しいほうだったから、生体分子を使う手法がとりわけ重宝されそうだった。

ウィルソンは教育者としての超人的な能力を発揮し、多くの学生を惹きつけ、彼らの才能を育み、画期的な発見を成し遂げるよう導いた。メアリー＝クレア・キングもそのうちの一人だ。彼女は中西部の大学を出た後、統計学を学ぶため西海岸に移った。ところが、１９６０年代中頃にカリフォルニアに来たものの、数学への情熱を失い、新たな興味の対象を探すことになる。そんな折、カリフォルニア大学バークレー校の上席研究員による遺伝学の講座を受け、情熱に火が灯（とも）った。遺伝学の世界に足を踏み入れ、ある研究室で一年間実務に携わる。しかし、自分が実験作業に向いていないことを悟るだけに終わった。研究者としての将来を悲観したキングは、大学を一年間休学し、ラルフ・ネーダーと消費者運動に打ち込んだ。この時、ネーダーに「ワシントンで一緒に活動しないか」と誘われ、大学院を中退するかどうかの決断を迫られる。この誘いについて考えるかたわら、バークレー校での抗議運動にも参加した。抗議運動に没頭するうちに、新たな人々と強烈な個性に出会った。その強烈な個性のうちの一人がアラン・ウィルソンだった。

　ある抗議活動の後、ウィルソンから「大学院に戻ってこい」と説得された。博士号を取って、その修了証を政治運動に利用するということでも構わないからと。キングはたちまち、ウィルソンが科学界で唱道していたデータ中心主義の虜になった。しかし、ウィルソンの研究室に入ったことで、新たな課題に向き合う必要も生じた。数式と数字の世界を離れた以上、血液やタンパク質や細胞の扱い方を学ぶ必要があった。

　さらに気がかりだったのは、ウィルソンが彼女に高度な実験をさせようとしていたことだ。ツッカーカンドルとポーリングがタンパク質についての初期の研究を行ってからというもの、多くの研究室が必死になって「どの現生の類人猿がヒトにもっとも近いのか」ということと、「その類人猿とヒトが枝分かれしたのはいつか」ということを解明しようとしていた。ウィルソンのチームは、答えを導くためには新しいデータをできるだけ多く集める必要があると考えていた。キングは、ウィルソンの長年の流儀にのっとり、ヘモグロビンだけでなく、彼女が入手しうるタンパク質を片っ端から調べることにした。さまざまなタンパク質から同じシグナルが見つかれば、それは進化についてのかなり確かなシグナルになるはず。キングとウィルソンは、各地の動物園からチンパンジーの血液を、各地の病院からヒトの血液を譲ってもらった。実験作業をこなす能力がないなら、とにもかくにも獲得するしかない。チンパンジーの血液はすぐに固まってしまうので、すばやく作業をこなすか、それが無理なら新たな手法を開発するしかなかった。結局、彼女はその両方を成し遂げた。

キングは、迅速な手法を使って、各種のタンパク質の違いを検証することにした。その手法のコンセプトは、ツッカーカンドルが10年前に用いたものを簡略化したものだった。２つのタンパク質があって、そのアミノ酸配列に違いがあったら、両者は重量も違うと考えられる。さらに、異なるアミノ酸から構成されているということは、帯電の状態も異なるということだ。技術的に言えば、その２つのタンパク質を支持体であるゲル(6)に入れて、そのゲルに電気を流せば、２つのタンパク質は自らの電荷と反対の極に向かって移動することになる。似ているタンパク質どうしは同じような速度で移動するが、似ていないタンパク質どうしだとそうはならない。ゲルを一種のレーストラックに見立てるなら、電気を流すことでレースが始まる。似ているタンパク質どうしは、同じくらいの距離を、同じくらいの時間で移動するだろう。タンパク質どうしの違いが大きければ大きいほど、ゲル上での両者の移動距離に差が出るはずだ。

キングは自分の技量に不安を抱きながら研究を始めた。すると今度は、それに追い打ちをかけるように、ウィルソンがアフリカに旅立ってしまう。おかげで、彼の一年間のサバティカル休暇(7)の間、実質、独りで研究を進めないといけなくなった。毎週電話をかけて自分のデータを評価してもらおうとしたが、毎回ろくに助言をもらえないまま数日間放置された。

研究は出だしからつまずいた。チンパンジーとヒトのタンパク質を抽出し、ゲルに載せるところまではいい。しかし、どのタンパク質を電気泳動(8)にかけても、必ずと言っていいほど移動距離にほとんど差が出ない。キングは、ヒトとチンパンジーとの間に有意義な差を一切見いだせなかった。タンパク質の抽出の仕方が間違っていたのだろうか。それとも、電気泳動のやり方がまずかった？　画期的な発見を成し遂げる望みは、絶たれてしまったかに思えた。

定期的な打ち合わせでは、キングがデータを示し、ウィルソンがその結果を例のごとく質問攻めにした。まるでまだバークレーにいるかのように、技術的な点を問い詰めた。しかし、ウィルソンが考えうるかぎりの指摘で攻め立てても、結果は揺らがなかった。ということは、ヒトとチンパンジーのタンパク質はアミノ酸の配列がほぼ同じということなのだ。しかも、その事実を物語っているのは、たった1つのタンパク質ではなく、40種類以上のタンパク質なのである。実は、キングは見当違いの研究をしていたわけではなかった。それどころか、遺伝子、タンパク質、そしてヒトの進化にまつわる重大な事実を明らかにしかけていたのだ。

キングは次にヒトとチンパンジーを他の哺乳類と比べてみた。すると、彼女の発見の重要性がはっきりしてきた。ヒトとチンパンジーの遺伝的な類似性は、2種のネズミどうしの類似性よりも高かった。さらに、外見上はそっくりな2種のショウジョウバエのほうが、ヒトとチンパンジーより遺伝的な違いが大きかった。つまり、ヒトとチンパンジーは、タンパク質や遺伝子のレベルではほとんど違いがないのである。

キングによる電気泳動で深遠な謎が露わになった。ヒトとチンパンジーの体のつくりの違いは、ヒトならではの特徴の最たるもの（大きな脳、二足歩行、顔・頭骨・四肢のプロポーション）も含めて、タンパク質やそれをコードしている遺伝子の違いに基づくものではなかったのだ。では、タンパク質やそれをコードしているDNAにほとんど違いがないのなら、両種の違いをもたらしているものは何なのか。キングとウィルソンには心当たりがあったが、当時はそれを検証する技術がなかった。

次の進展をもたらしたのは、学生と指導教官の2人きりのチームではなかった。その主役はビッグサイエンス（大統領や首相により結果が発表されるようなサイエンス）だった。

ゲノムは遺伝子の不毛地帯

アメリカのビル・クリントン大統領とイギリスのトニー・ブレア首相がヒトゲノムの解読を競った2チームのトップ（公的な支援を受けたチームのフランシス・コリンズと民間チームのクレイグ・ベンター）とともに記者会見を開いた時、彼らの手元にあったのは、完成にはほど遠いヒトゲノムの下書き版(ドラフト)だけだった。2000年の発表時点では、大々的な喧伝とは裏腹に、ゲノムのかなりの部分が未解読で、ヒトの健康や発達にとってどの部分が重要なのかもほとんど分かっていなかった。

ヒトゲノム計画の初期の成果はゲノムそのものより技術との関連が深い。ヒトゲノムの解読競争は、今日なお続く熾烈な技術開発競争のきっかけになった。ゴードン・ムーアが1965年に「マイクロプロセッサの処理速度は2年ごとに倍増する」と予言したことはよく知られている。その倍増の成果は、私たちがIT機器を購入するたびに感じているとおりだ。パソコンも携帯電話も年を追うごとに高性能かつ安価になっているではないか。しかし、ゲノム技術の進歩のペースはそれをはるかに上回る。ヒトゲノム計画は、10年以上の歳月と38億ドル以上の費用を費やし、数部屋分の機器を使ってようやく完了した。それが今日では、塩基配列決定（シーケンシング）用のアプリが開発され、携帯型のＤＮＡシーケンサーもすでに出回っている。

ヒトゲノムが解読されると、他の種のゲノムも毎年お目見えするようになった。ゲノムの発表ペースは今やすさまじく、科学雑誌の発刊ペースがそれに追いつかないほどだ。マウスのゲノム計画、ユリのゲノム計画、カエルのゲノム計画など、ウイルスから霊長類にいたるまでの多様な生物にゲノム計画が存在している。当初、ゲノム計画の成果を発表するというのは大事（おおごと）で、結果が一流雑誌に掲載され、メディアでも華々しく報道されていた。それが今では、何か重要な生理現象や健康問題でも関わっていないかぎり、新たなゲノムを発表してもほとんど取り上げてもらえない。

ゲノム関連論文の輝きが褪せてしまったからといって、それらが貴重な情報の宝庫であることに変わりはない。エミール・ツッカーカンドル、ライナス・ポーリング、アラン・ウィルソンが読んでいたら、歓喜してその虜になっていたに違いない。ハエやマウスやヒトのゲノムが手に入ったことで、それらを調べて生命の核心的な問いに挑めるようになった。「生物種どうしはどう関係しているのか」という問いと、「各種に違いをもたらしているものは何なのか」という問いだ。

私たちの体には（筋肉、神経、骨などの数百種類から成る）数十兆個の細胞があって、そのすべてが極めて適正に配置・連結された状態で、互いに連携しながら働いている。一方、線虫のカエノラブディティス・エレガンス（*Caenorhabditis elegans*）は、たった９５９個の細胞ですべてをやりくりしている。これぐらいでは驚かないという人は、次の事実について考えてみてほしい。ヒトと線虫は、細胞の数も体内の器官や部位の複雑さもまるで違うのに、遺伝子の数は同じくらいで、どちらもおよそ２万個なのだ。しかも、線虫は序の口にすぎない。ハエもヒトと同じくらいの遺伝子を持っている。もっと言えば、動物などずいぶんケチなほうで、イネ、ダイズ、トウモロコシ、キャッサバなどの植物にいたっては、どれも遺伝子の数がヒトの倍近い。動物界に複雑な器官、組織、行動を新しくもたらすものが何であるにしろ、それが遺伝子の数の増加でないことは確かだ。

　もっと不可解なのはゲノムそのものの構成だ。先ほども説明したように、遺伝子とは塩基の配列であり、それが翻訳されるとアミノ酸の配列になり、それが折り畳まれるとタンパク質になる。要するに、遺伝子とはタンパク質用の分子サイズの〝鋳型〟である。遺伝子の配列を発表する際、論文の著者はそのデータを公開するとともに、国のデータベースに登録することになっている。遺伝子研究には何十年もの歴史があり、データベースには何千種もの生物の何千個もの遺伝子が収められている。今では、パソコンの前に座って配列を打ち込むだけで、その配列がどの種のどの遺伝子と一致するかが分かる。ある生物種の全ゲノムをこうしたデータベース上の遺伝子群と対照し、そのマッチングの結果を見れば、ゲノム内にどんな遺伝子があるかをおおまかに把握することもできる。過去20年間に各生物種のゲノムが相次いで発表されてきた結果、一つの逃れようのない事実が浮かび上がってきた。それは「遺伝子はゲノム内でまれな存在である」というものだ。遺伝子がタンパク質をコードするゲノム領域だとするなら、ゲノムの大部分はタンパク質の合成に関わっていないように見える。タンパク質をコードしている遺伝子配列はヒトゲノム全体の2パーセントに満たない。つまり、残りの98パーセントほどには遺伝子が一切含まれていないのだ。

遺伝子はDNAという海原に散在する島でしかなかった。わずかな例外を除いて、この傾向は線虫からマウスにいたるまでの多様な種に当てはまる。では、ゲノムの大部分がタンパク質をコードする遺伝子を含んでいないのなら、それらの領域は一体何をしているのか。

細菌が謎を解く

第二次世界大戦期にフランスのレジスタンス運動に参加した2人の生物学者、フランソワ・ジャコブ（1920〜2013）とジャック・モノー（1910〜76）は、戦後、細菌の研究を始め、細菌が糖を消化する仕組みを解き明かそうとした。これほどマニアックかつヒトの本質と関わりがなさそうなテーマもそうそうない。

ジャコブとモノーは、ありふれた細菌である大腸菌（*Escherichia coli*）がグルコースとラクトースという環境中の2種類の糖を消化できることを示した。大腸菌のゲノムは比較的単純だ。塩基の長い連なりに、各糖を消化する各タンパク質を合成するための、各遺伝子が含まれている。環境中にグルコースが多くラクトースが少ないと、ゲノムがグルコースを消化するタンパク質を合成する。逆の状況では、ラクトースを消化するタンパク質がつくられる。こうした出来事は単純で明白なことのように思えるかもしれないが、実はこの研究が生物学に変革を起こす基盤になった。

ジャコブとモノーは大腸菌のゲノムに2種類の領域を見いだした。まずは2つの遺伝子があり、2種類の糖を消化するタンパク質の構成についての情報を有している。これらの遺伝子はA、T、G、Cの配列であり、翻訳されてアミノ酸の配列に、折り畳まれてタンパク質になる。その隣にはA、T、G、Cの短めの配列があり、こちらはタンパク質をまったくコードしていない。この領域に別の分子が付着すると、遺伝子がオンになったりオフになったりする。こちらが2つめの領域だ。この短めの領域は、遺伝子を活性化しタンパク質を合成するタイミングを制御する分子スイッチだと思ってもらえればいい。細菌では、遺伝子と、遺伝子の活動を制御するスイッチがゲノム内で隣り合っている。環境中にどちらの糖が存在するかに応じ、分子の反応が起こり、どちらの遺伝子を活性化しどちらのタンパク質を合成するかが決まる。

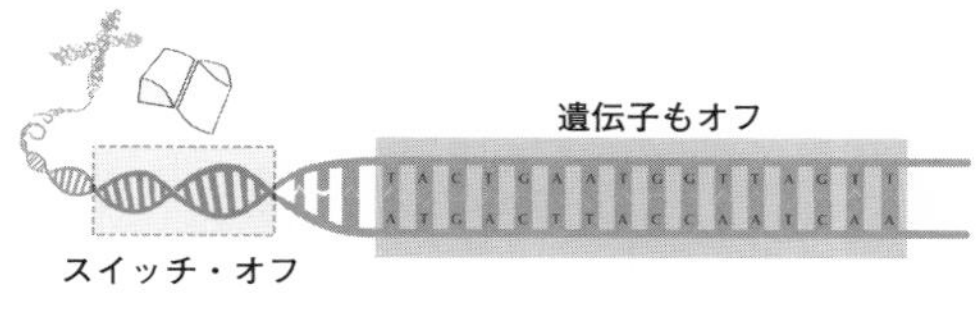

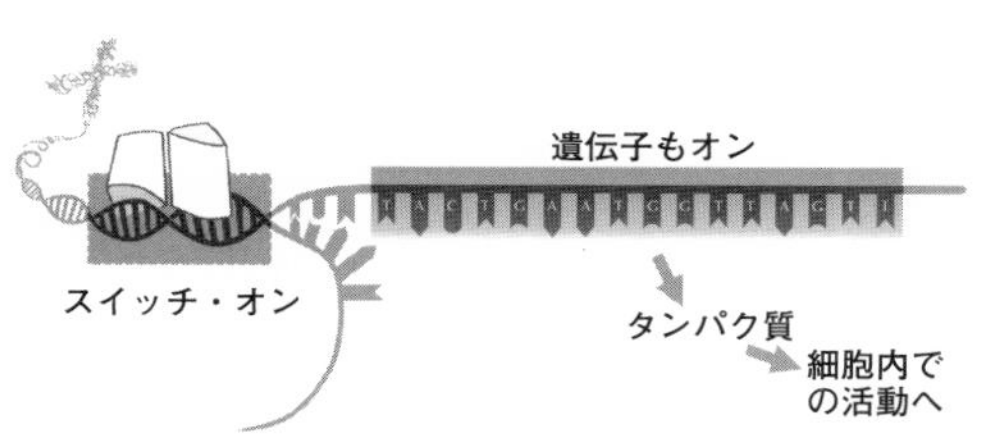

遺伝子スイッチがオンになると（たいていタンパク質がくっつくことでオンになる），遺伝子が活性化され，タンパク質がつくられる

ジャコブとモノーは、大腸菌のゲノムが、諸々の

タンパク質を適切な場所に適切なタイミングで合成するための生物版の〝製法〟であることを明らかにした。その要素は2つ。タンパク質をコードしている遺伝子と、遺伝子がいつ・どこで活性化するかを決めるスイッチである。2人はこの研究が評価され、1965年にノーベル医学生理学賞を受賞した。

ジャコブとモノーがノーベル賞をもらってから数十年の間に、この2部構成のタンパク質製造工程があらゆる生物のゲノムに共通する特徴であることが分かってきた。動物も植物も真菌も、タンパク質をコードする遺伝子と、遺伝子のオン・オフを切り替える分子スイッチを持っている。

2人の発見をヒントにすれば、諸々の細胞、組織、器官に違いをもたらしているものを理解することができる。ヒトの体とは、要するに、約40兆個の細胞が高度に組織化された集合体だ。200種類の細胞がそれぞれに組織としてまとまり、骨、脳、肝臓、骨格などを構成している。軟骨組織は、コラーゲンやプロテオグリカンなどの成分を産生する細胞から成っていて、それらの成分が体内の水やミネラルと結合し、軟骨に柔軟かつ丈夫という特性をもたらしている。神経細胞を構成するタンパク質群は、軟骨や筋肉、骨などを構成するタンパク質群とは違っている。

ここで問題になってくるのが、「すべての体細胞は、すべての始まりである受精卵に由来する同一のDNA配列を持っている」という点だ。神経細胞のDNAは、軟骨、筋肉、骨の細胞のDNAとほぼ違いがない。すべての細胞が同じ遺伝子群を持っているわけだから、種々の細胞に違いをもたらしているのは、「どの遺伝子がタンパク質を合成するべく発現しているか」の違いということになる。

ここで、ジャコブとモノーが発見したスイッチが、ゲノムが種々の細胞、組織、体をつくる仕組みを理解するうえで、欠かせない要素となってくる。

ゲノムを料理のレシピに例えるなら、遺伝子がコードしているのは原材料で、スイッチが含んでいるのは各材料をいつどこに加えるかという手順になる。ゲノムの2パーセントがタンパク質をコードする遺伝子であるというなら、残りの98パーセントの領域は遺伝子をいつ・どこで活性化するかという情報を含んでいる。

では、ゲノムはどのようにして生物の体をつくっているのだろう。また、生命史において、どのようにして生物種に変化をもたらしてきたのか。ヒトゲノム計画の時点では知る由もなかったが、遺伝子の数の少なさとゲノム内での希少性は、その後に訪れる数々の驚きの一端でしかなかった。

指に導かれて

昔の船乗りにとって、6本指のネコは船に幸運を招く存在だった。このいわゆる「ミトンキャット」[9]は、足の幅が広いおかげで海上でも体のバランスを保つのが得意だから、ネズミ捕りの名手になると考えられた。ある船の船長をしていたスタンリー・デクスターは、6本指のネコのきょうだいを所有していて、当時フロリダのキーウェストに居を構えていた友人のアーネスト・ヘミングウェイに1匹を譲った。この「スノーホワイト」という名前の子ネコから6本指のネコの系統が生まれ、その

ヘミングウェイのネコ（別名ミトンキャット）は幅の広い足に６本かそれ以上の指を持っている

子孫は現在でもヘミングウェイの旧邸宅に暮らしている。それらのネコは、観光の目玉になるとともに、ゲノムの働きについての新しい考えを生み出すことにも一役買ってきた。

ヒトもまた、時として、手や足に過剰な指を持つ。手か足に過剰な指を持って生まれてくる子供の割合は、約１０００人に１人。極端な例では、２０１０年にインドに生まれた男の子が両手両足に34本の指を持っていた。過剰な指は親指側にも小指側にも生えてくるし、二股に分かれていることもある。このうち、親指側に生えてくる過剰な指（軸前性多指症）が生物学的に見て特に重要である。

１９６０年代、ニワトリの卵を調べていた研究者らは、胚発生の過程で翼や後肢がつくられる仕組みを探った。四肢は、小さな管のような姿の微小な肢芽として胚から現れる。数日のうちに（具体的な日数は種によって異なる）、肢芽は成長し、骨が形成されはじめ、成長する末端が肢芽を縁取るヒレのようになる。この膨張する体表の内部に、指、手首、足首の骨が形成されていく。

このヒレの領域内の細胞を除去したり移動させたりすると、生えてくる指の数を操作できることに、研究者らは気づいた。末端から小さな組織片を切除すると、肢芽の成長がそこで停止した。発生の初期に切除すると、胚の肢には少数の指しか生えてこないか、あるいはまったく生えてこない。もう少し後の段階で切除すると、胚が失う指は1本で済むこともある。大切なのは、発生のどの段階で切除を行うか。初期に切除したほうが、もっと後の段階で切除するより、胚に劇的な影響がおよぶ。

ウィスコンシン大学のジョン・サーンダーズとメアリー・ガッセリングは、今となっては分からない何らかの理由で、肢芽のヒレ領域の基部から小さな組織片を切り出した。この組織片はごく平凡なもので、どこにも変わった点はない。組織片があった部位は、ヒレの、ゆくゆくは小指が形成される側だった。研究者は、長さ1ミリに満たないこの組織片を切り出して、肢芽の反対側、つまりゆくゆくは親指が形成される側のヒレの基部に移植した。その後、胚を卵に戻して殻を閉じ、発生が完了するのを待った。

卵から孵ったヒヨコを見て、2人は言葉を失った。そのヒヨコは一見、普通のヒヨコに見え、クチバシも羽毛も翼も備えていた。しかし、翼をよく見ると、3本の長い指という配列を持つ通常の翼とは違い、なんと指が6本もある。どうも、移植した小さな組織片の細胞には、「指をつくれ」という指令を出す何かが含まれていたらしい。

間もなく、他の研究施設も参戦してきた。1970年代、イギリスのあるグループが、組織片の部位と肢芽の残りの部位との間に金属箔の小片を挿し込んだ。すると、通常より指の少ない翼が現れた。金属箔が、組織片の部位と残りの部位との間の障壁として機能したということだ。どうも、組織片の部位の細胞から何らかの分子が放出されていて、発生途上の肢全体に行き渡り、指の形成を促しているらしい。金属箔の障壁がその分子の拡散を防ぐと生えてくる指の数が減り、障壁を肢の別の部位に挿し込むと、生えてくる指の数が元に戻った。では、組織片の細胞から放出されている分子とは、一体何なのか。

1990年代初頭、3つの研究施設がそれぞれ別々に、新技術を用いて問題のタンパク質（分子）とそれをコードしている遺伝子を突き止めた。その遺伝子からつくられるタンパク質は、肢の発生中に産生され、肢芽のヒレ領域全体に拡散していく。また、その過程で、周囲の細胞群に「この指をつくれ」という指令を出していることも分かった。タンパク質の濃度が高いと小指（第5指）が、濃度が低いと親指（第1指）がつくられる。中間の濃度では中間の指が形成される。3つの研究グループのうちの1つは、他の種で働いている *hedgehog*（ヘッジホッグ）[10] という遺伝子と、当時人気だったテレビゲームにちなんで、問題の遺伝子を *Sonic hedgehog*（ソニック ヘッジホッグ）と名づけた。

では、その遺伝子に通常より少ない（または多い）指をつくらせているものは何なのか。*Sonic hedgehog* 用のスイッチが働いていて、それらが指の進化に影響をおよぼしたのだろうか。この謎を解くことができれば、諸々の遺伝子が体をつくる仕組みと、それらの遺伝子が進化した経緯を解明する道が拓けるに違いない。

生命や科学に訪れる重要な瞬間の常として、この謎解きも偶然をきっかけに始まった。

1990年代後期、ロンドンの遺伝学者のチームが、マウスのゲノムにDNAの断片を挿入し、脳の形成について調べようとした。この断片は研究者が作製する小さな分子装置の一部であり、研究者はこうした分子装置をDNAに結合させ、DNAの働きを追跡するための目印にする。しかし、こうした実験がいつもうまくいくとは限らない。ＤＮＡの断片はゲノムのどこにでも入り込みうる。生理機能にとって重要なゲノム領域に入り込めば、変異体が誕生することもある。ロンドンのチームが行った実験でも、まさにそうしたことが起きた。ＤＮＡの断片を挿入されたマウスの中に、脳の形成は正常である一方で、手足の指に奇形を生じた個体がいたのだ。そこには、ヘミングウェイのミトンキャットによく似た、過剰な指と幅の広い足を備えた個体もいた。ロンドンのチームはこの変異体の系統を樹立することに成功し、科学界の慣例にしたがって、名前を付けた。未確認生物ビッグフットの異名にちなみ、「サスクワッチ」と呼ぶことにした。

こうした変異体はもはや脳の研究には使えない。それなら、動物の肢を調べている研究者に興味を持ってもらえないかと、チームの研究者は考えた。そこで、ある学会の場でポスターを掲示して、自分たちの成果を示すことにした。「学会のポスターに載っているのはＢ級の成果ばかり。なぜならＡ級の成果は講演で発表されるものだから」と考える向きもある。でも、ポスター発表には社交の要素もあって、人だかりができ、そこで研究談義に花が咲くこともある。私の経験から言うと、講演の後よりもポスター発表のさなかのほうが、共同研究の話が持ち上がりやすい。

そのポスターに載っていたのは、*Sonic hedgehog* の変異により生まれることが知られていた多指症のマウスで、過剰な指が親指側に生えていた。この奇形は、*Sonic hedgehog* が肢の誤った側で発現することによって生じる。次にすべきことは、当然ながら、変異体での *Sonic hedgehog* の活性を調べることであり、ポスターにはその実験の結果も載っていた。チームの研究者らは、変異体を偶然に作出した後、発生中の小さな肢を顕微鏡で観察した。すると変異体では、このたぐいの多指症でまさに予想されるとおりに、*Sonic hedgehog* の活性領域が異常に拡張されていた。こうした観察結果から、サスクワッチ変異体が生じた原因は、例のＤＮＡ断片が *Sonic hedgehog* 遺伝子の内部かその近辺に入り込んだためである、と推論された。

ロンドンのチームの期待とは裏腹に、動物の肢を専門とする生物学者がポスターに目を留めることはなかったが、エディンバラ大学のロバート・ヒルという高名な遺伝学者が偶然通りかかり、サスクワッチ変異体の写真を見てくれた。それをきっかけに新たな研究プロジェクトが立ち上がった。ヒルの研究室は、目の発生におけるゲノムの働きを解明して名声を博していた。また、その研究を通して、若手研究者のローラ・レティスを含むヒルのチームは、ゲノム内の特定のＤＮＡ配列を探し当てる手法も開発していた。例のＤＮＡ断片の配列は分かっていたが、その断片がどこに入り込んだかを知るためには、ゲノムの全域をしらみつぶしに調べる必要があった。レティスは駆け出しの研究者で、まだ未熟だったが、この作業を完遂するのに必要な忍耐力とスキルを備えていた。

ヒルのチームは、簡単な手法を用いて、マウスのＤＮＡ配列の中から変異箇所のだいたいの位置を突き止めることにした。まず、サスクワッチ変異体の原因となった例のＤＮＡ断片と相補的な小さい分子に、蛍光色素をくっつけた。理論どおりにいけば、この分子が変異箇所に向かい、そこに結合してくれるはずだ。すると、蛍光色素がその場で光って位置を教えてくれる。例のＤＮＡ断片は *Sonic hedgehog* の働きを乱したわけだから、次の２つの領域のどちらかに見つかる可能性が高かった。つま[11]

り、遺伝子本体か、遺伝子に隣接する制御領域（ジャコブとモノーが細菌で発見したような制御領域）のどちらかだ。

実験をしても、*Sonic hedgehog* に変化はなかった。その領域が蛍光色素に照らされることはなかった。*Sonic hedgehog* の肢での働きを乱し、多指症を引き起こした原因が何であれ、それは、遺伝子の変異（ひいてはその産物であるタンパク質の変異）ではなかったわけだ。ヒルのチームは、かつてのジャコブとモノーのように、「遺伝子に隣接する制御領域の一つが影響を受けた」と結論した。ところが、実際に調べてみると、制御領域はいたって正常だった。遺伝子も、遺伝子に隣接するスイッチも影響を受けていないというなら、変異を引き起こした原因は一体何だというのか。

風の強い日におもちゃのロケットを回収しようとしたことのある人なら分かるように、本来はもっと遠い場所を探すべき時に近場ばかりを探していると、時間をだいぶ無駄にすることがある。ヒルとレティスとチームの他の面々も、ゲノムの全域を丹念に探しはじめて、ようやく手がかりを得た。例のＤＮＡ断片は、*Sonic hedgehog* から１００万塩基近く離れた場所に入り込んでいた。遺伝子の所在地から変異箇所までの間に、途方もない長さの遺伝的領域が存在していたというわけだ。チームの面々は、これは何かの間違いだと思い、同じ実験を繰り返し、何度も結果を検証した。しかし、いくら確かめても結果は同じだった。遺伝子から１００万塩基離れた短い領域が、何らかの方法で *Sonic hedgehog* の働きを制御していたというわけだ。これは例えるなら、フィラデルフィアの住宅の居間にある電灯のスイッチを、ボストン郊外の車庫の壁に見つけるようなものと言える。[12]

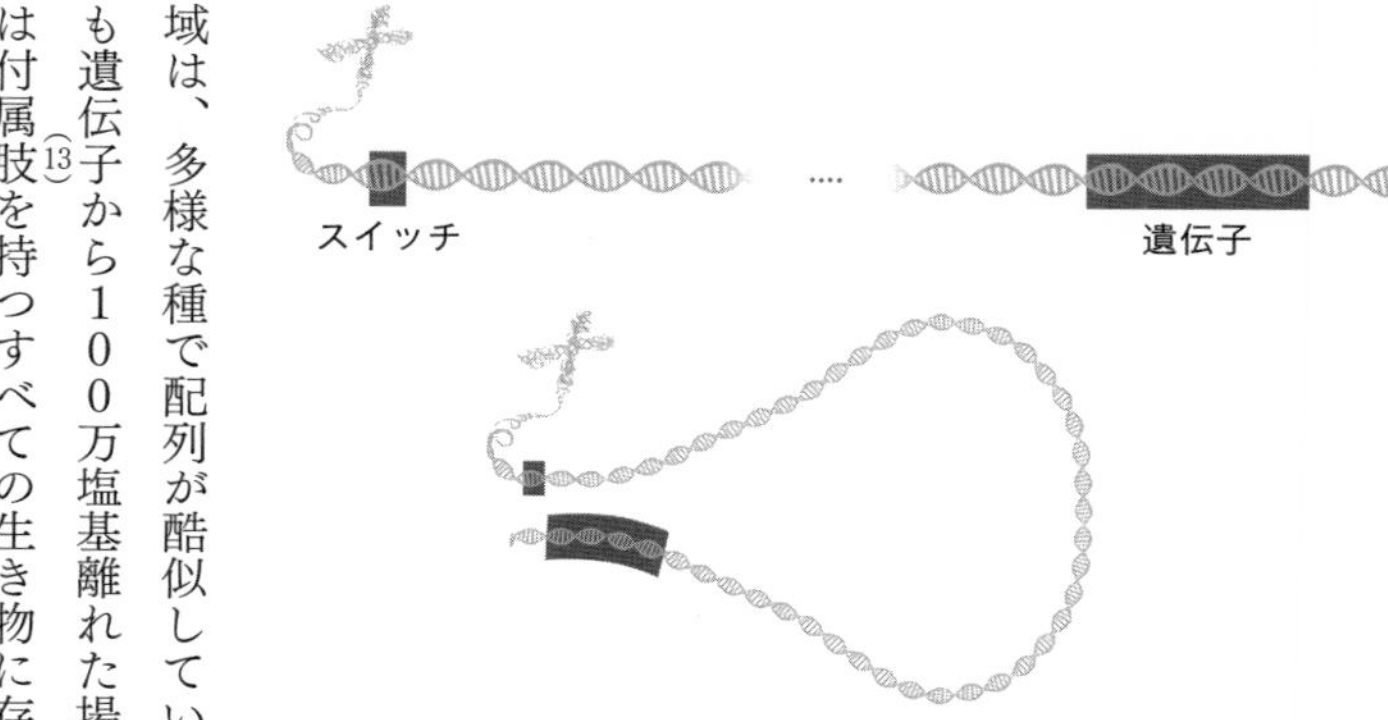

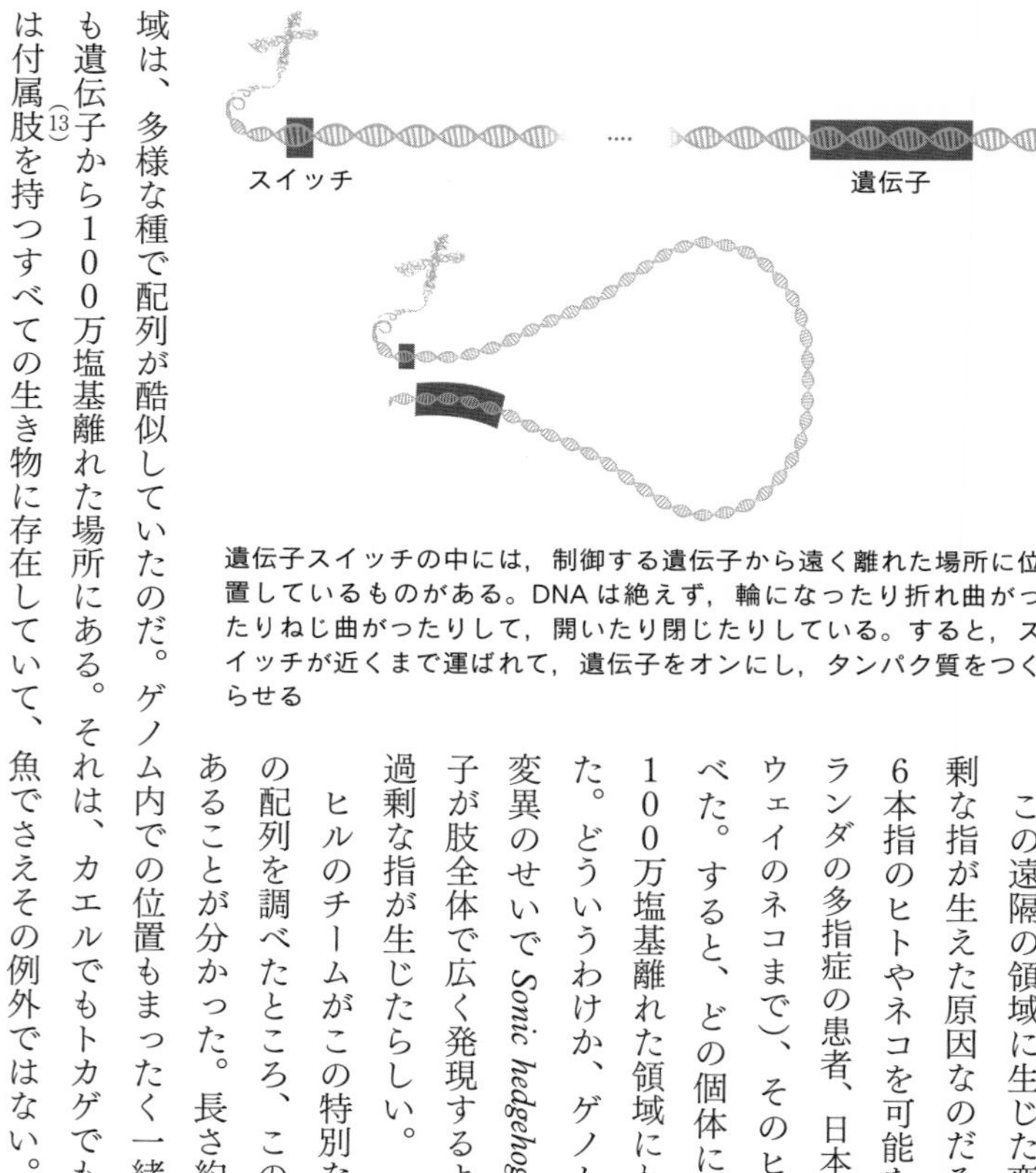

遺伝子スイッチの中には，制御する遺伝子から遠く離れた場所に位置しているものがある。DNA は絶えず，輪になったり折れ曲がったりねじ曲がったりして，開いたり閉じたりしている。すると，スイッチが近くまで運ばれて，遺伝子をオンにし，タンパク質をつくらせる

この遠隔の領域に生じた変異が、マウスの肢に過剰な指が生えた原因なのだろうか。ヒルのチームは、6本指のヒトやネコを可能なかぎり探し出して（オランダの多指症の患者、日本の子供、果てはヘミングウェイのネコまで）、そのヒトやネコのＤＮＡを調べた。すると、どの個体にも、*Sonic hedgehog* から100万塩基離れた領域にわずかな変異が見つかった。どういうわけか、ゲノムの端っこで起きたその変異のせいで *Sonic hedgehog* の活性が変化し、遺伝子が肢全体で広く発現するようになって、手や足に過剰な指が生じたらしい。

ヒルのチームがこの特別な領域のＡ、Ｔ、Ｇ、Ｃの配列を調べたところ、この領域が極めて特徴的であることが分かった。長さ約1500塩基のこの領域は、多様な種で配列が酷似していたのだ。ゲノム内での位置もまったく一緒で、ヒトでもマウスでも遺伝子[13]から100万塩基離れた場所にある。それは、カエルでもトカゲでも鳥でも同じ。その領域は付属肢を持つすべての生き物に存在していて、魚でさえその例外ではない。サケも持っているし、

サメも持っている。付属肢が発生する際に*Sonic hedgehog*が働く生き物はすべて、その付属肢が肢でもヒレでも、遺伝子から約100万塩基離れた場所にその制御領域を持っているのだ。自然界が、このゲノムの奇妙な構成を通じて、研究者に何か大切なことを教えてくれているようだった。

変化してゆくレシピ

一見、多指症のネコやヒトは、生きて生まれてくるだけで奇跡であるように思える。なぜなら、*Sonic hedgehog*は、胚発生の過程で肢だけを制御しているわけではなく、マスター遺伝子(14)として心臓、脊髄、脳、生殖器の発生も制御しているからだ。いわば汎用(はんよう)型のツールのようなもので、発生の過程でツールボックスから取り出され、多彩な器官や組織をつくる。したがって、*Sonic hedgehog*が変異したら、それが発現するすべての器官に影響が出るはずで、変異体の脊髄、心臓、四肢、顔、生殖器などに奇形が生じるはずだ。では、その結果として、どんな子供が生まれてくると考えられるだろうか。答えは、普通に考えれば「死んだ子供」で間違いない。何しろ*Sonic hedgehog*の変異のせいで、さまざまな組織に異常が生じるだろうから。

ところが、そんなことが起きないように発生過程の*Sonic hedgehog*は制御されている。どういうことか。肢の制御領域は肢にしか作用しない、というのがその答えだ。だからこそ、*Sonic hedgehog*のこのたぐいの変異を抱えた多指症のヒトは、通常の心臓、脊髄、その他の器官を持つ。つまり、この遺伝子の働きを制御するスイッチは特定の組織だけに作用し、他の組織には作用しない。
ある家に多くの部屋があって、各部屋にサーモスタットが付いていたとしよう。[15] もし中央の暖炉に異変が生じたら全部屋の室温に影響がおよぶが、サーモスタットの一つに異変が生じてもその部屋にしか影響は出ない。遺伝子と遺伝子の制御領域もこれと同じ関係にある。暖炉に異変が生じると家全体に影響がおよぶように、遺伝子（とその産物であるタンパク質）に変異が生じると、全身に影響がおよぶ。全般的な変化は破滅的なものであり、進化の袋小路にしかならない。一方、遺伝子の制御領域は特定の組織にしか作用しないため、部屋ごとに備わっているサーモスタットのように、ある器官の制御領域が変異しても他の器官に影響は出ない。変異体は生存可能で、したがって進化の起きる余地がある。

ゲノムに生じる2種類の変異が、生物の進化に貢献しうる。一つめは、新しいタンパク質を誕生させうる遺伝子の変異。DNAのA、T、G、Cの配列が変化すると、時としてタンパク質を構成するアミノ酸の配列も変化する。DNAが変異して、それまでとは異なるアミノ酸が配列に連なると、新しいタンパク質が誕生するわけだ。こうしたことは体内の主要なタンパク質の多くで間違いなく起きていて、ツッカーカンドルとポーリングが調べたヘモグロビンもその一例と言える。肝心なのは、タンパク質が変異すると、そのタンパク質が発現している体内のすべての部位に影響がおよぶという点だ。

ゲノムに生じるもう一種類の変異は、遺伝子の働きを制御するスイッチに起きる。カリフォルニア大学バークレー校のある研究室は、ロバート・ヒルの研究のことを知ると、*Sonic hedgehog* のスイッチが動物の肢の進化に関わっていたかどうかを調べることにした。まず、四肢を完全に失っているという理由で、ヘビを調べた。スイッチを含むヘビのゲノム領域を切り取り、それをマウスに移植すると、肢に指が生えてこなかった。やがて、ヘビの変異は、四肢の形成能力を制御するスイッチに生じたらしいことが分かった。ヘビのSonic hedgehogタンパク質はいたって正常で、心臓も脊髄も脳も同じくいたって正常である。四肢に働くスイッチに変異が生じたため、*Sonic hedgehog* の四肢での働きだけが変化することになったというわけだ。

この遺伝的な現象を手がかりにすれば、革新的な進化の一般的なメカニズムを解き明かせるかもしれない。過去15年間の研究がある程度的を射ているとしたら、脊椎動物や無脊椎動物の体に起きた大きな変化の背景には、遺伝子の働きを制御するスイッチに生じた変異があるに違いない。頭骨、四肢、ヒレ、翼、ニョロニョロとした胴体など、多様な器官にそうした進化が起きている。大いなる進化は、数々の事例において、遺伝子そのものの変化というより、「遺伝子が発生過程のいつ・どこで発現するか」が変化することで起きているのだ。

スタンフォード大学の遺伝学者デイヴィッド・キングスリーは、20年近くを費やして、世界中の海や川に生息するイトヨという小さな魚を研究した。イトヨの形態は実に多岐にわたる。ヒレが4枚の個体もいれば2枚の個体もいるし、あるいは普通とは違った体形や配色を示す個体もいる。こうした多様性を備えたイトヨは、「遺伝的な変化がどのようにして個体どうしに違いをもたらすのか」という問いを探るうえで、格好の研究材料になる。キングスリーは、ゲノム技術を駆使し、イトヨが抱える変異のほとんどについて、その基盤となるDNA領域を正確に突き止めることに成功した。ほぼすべての変異が、遺伝子の働きを制御するスイッチに起きていた。ヒレを2枚しか持たない個体は、ある遺伝子の働きが劇的に変化していて、後部のヒレの発生に必要な働きが阻害されていた。キングスリーの研究によると、変異が生じていたのは遺伝子ではなく、遺伝子の働きを制御するスイッチだった。では、ヒレが4枚の個体からスイッチを切り取り、ヒレが通常2枚しかない個体に移植したら、どうなるのだろう。この操作を行ったキングスリーは、ヒレが2枚の両親からヒレが4枚の変異体を誕生させ、後部のヒレを蘇らせることに成功したのだった。

私たちは今や、ゲノムの全域を調べて諸々の遺伝子やその制御領域の在りかを知ることができるほどの技術を持っている。制御領域はゲノムのあちこちに存在している。遺伝子の近くにある場合もあれば、*Sonic hedgehog* の制御領域のように、遠く離れた場所にある場合もある。多くの制御領域にその働きを管理されている遺伝子もあれば、制御領域を1つしか持たない遺伝子もある。どれだけ多くの制御領域がゲノムのどこに存在していようと、この分子機構が働く仕組みには一種の共通した優美さがあり、それはもはや神秘的と言えるほどのものだ。

新しい顕微鏡を用いれば、DNA分子をじかに観察することができ、遺伝子がオンになったりオフになったりする時に何が起きているかを知ることもできる。[16]

遺伝子が活性化するには、分子版のツイスターゲームが始まる必要がある。ゲノムの不活性な領域は高密度なコイル状になっていて、他の小さな分子に巻きついた形で細胞の核に収まっている。こうした領域は封鎖されていて、比較的活性が低い。ゲノムのある領域を活性化するには、この巻きつけを解き、タンパク質を産生できる状態にしなければならない。

これらの過程は、遺伝子のオン・オフを切り替えるための、厳密に振付けられたダンスの最初のステップにすぎない。ある遺伝子が発現するには、そのスイッチが他の分子と接着し、さらに遺伝子の隣接領域に結合しなければならない。こうした結合が起こると、遺伝子がタンパク質を産生しはじめる。*Sonic hedgehog* の場合、遠隔領域にあるスイッチが大きく折り畳まれて初めて、遺伝子が発現する。ではここで、遺伝子が発現する際に進行するダンスのステップをひととおり確認しておこう。ゲノムが巻きつけを解き、遺伝子とその制御領域が露わになり、結合が起きると、タンパク質が産生される。こうしたことが、すべての細胞で、すべてのタンパク質について起きている。

長さ１・８メートルのＤＮＡの鎖は、ぎっしりと巻かれ、針の頭より小さくなっている。想像してほしい。そのＤＮＡの鎖が１００万分の1秒ほどの間に開いたり閉じたりし、のたくったりねじれたりしながら毎秒数千個の遺伝子を活性化している様子を。卵が受精し、成長して、私たちが成年期を過ごす間、遺伝子は絶えずオンになったりオフになったりしている。ヒトはたった1個の細胞から始まる。やがて、細胞が増殖するとともに、種々の遺伝子が活性化されて細胞の活動を制御し、体内の組織や器官をつくり上げる。私がこの本を書いている間にも、あなたがこの本を読んでいる間にも、40兆個の細胞のすべてで遺伝子のスイッチが入っている。ＤＮＡには多数のスーパーコンピューターに匹敵する演算能力がある。そうした指令に基づき、全部で2万個という比較的少数の遺伝子が、ゲノムに散在する制御領域を用いて、線虫、ハエ、ヒトなどの複雑な体をつくったり維持したりしている。この驚くほど複雑で動的な機構に起きる変異こそが、地球上の全生命の進化の原動力になっている。絶えず巻かれたりほどけたり、あるいは折り畳まれたりしている私たちのＤＮＡは、さながらアクロバティックなマエストロであり、発生と進化をつかさどる指揮者である。

この新しい科学が、40年前にヒトとチンパンジーのタンパク質に違いを見いだそうとしたメアリー＝クレア・キングの苦闘を物語っている。キングとウィルソンは当時すでに遺伝子スイッチの重要性を認識していた。１９７５年の論文の題名「ヒトとチンパンジーにおける2段階の進化」にそのことが表れている。一つの段階は遺伝子、もう一つの段階は遺伝子の発現時期と場所を決めるメカニズムだ。ヒトとチンパンジーの主な違いは、遺伝子やタンパク質の構成にあるのではなく、それらが発生過程でどう働くかを決めるスイッチにある。こうした点を踏まえると、ヒトとチンパンジー、あるいは線虫と魚ほどに見かけが異なる生物どうしの間にある深い溝が、遺伝子のレベルでは浅くなる。あるタンパク質がある発生過程のタイミングとパターンを制御しているとしたら、そのタンパク質がいつ・どこで働くかということが変わると、成体に多大な影響のおよぶ可能性がある。

遺伝子の働きを制御するスイッチに変異が起きると、実にさまざまな形で、動物の胚、あるいは生命の進化に影響がおよびうる。例えば、脳の発生をつかさどるタンパク質について、発現する期間が延びたり発現する部位が変わったりすれば、それまでよりも大きくて複雑な脳が誕生するかもしれない。遺伝子の働きをいじることで、新たな種類の細胞や組織、あるいはこの後見ていくように、新たな種類の体を生み出すことができるのである。

(1) ここでの「コード (code)」とは、3つの塩基で1つのアミノ酸を指定する規則のこと。「コードする」とは、その規則に基づいてアミノ酸の配列（ひいてはタンパク質）をつくるための情報を保持していることを指す。

(2) 現在のオレゴン州立大学。

(3) 生物は神によって創造されたと信じ、進化論を否定する人々。

(4) ある論文が学術誌に掲載される前に、同分野の専門家による検証を受けること。

(5) それ自身は変化しないで、化学反応を促進させる物質のこと。

(6) 試料の拡散を防ぐ物質のこと。水溶液では拡散してしまうため、ゲルなどを用いる。

(7) 一定の年数を勤務した大学教員に与えられる長期休暇。講義や事務に煩わされることなく、研究などに専念することができる。

(8) 2つ前の段落で説明された、タンパク質をゲルに載せてそこに電気を流す実験のこと。

(9) ミトンとは、親指の部分だけが離れた手袋のこと。

(10) 遺伝学の世界では、遺伝子は斜体、タンパク質は正体で表記するという慣例があり、本書でもそれにならうことにする。

(11) あるDNA（あるいはRNA）の配列とぴったりくっつく配列であること。「AはT（RNAの場合はU）と、CはGと対合する」という規則があるので、例えばATTGCACに相補的な配列は、TAACGTGとなる。

（12）ちなみに、フィラデルフィアからボストンまでは直線距離で約４４０キロある。

（13）体節を持つ動物において、各体節に1対ずつ付属する肢のこと。「肢」と言ってもさまざまな種類があり、例えば節足動物では触角、口器、歩脚、遊泳脚などに変化している。

（14）他の多くの遺伝子を制御して特定の器官の形成などを促す、元締めのような遺伝子。

（15）欧米ではセントラルヒーティングが主流で、一箇所で発生させた熱を各部屋に送り、各部屋のサーモスタットで室温を一定に保っている。

（16）４色（赤・青・黄色・緑）の○印が描かれたシートの上に複数人が乗り、ルーレットによる指示（「左手を黄色の○に置く」など）をこなしながら、なるべく倒れないようにするゲーム。大きく体をひねるさまが、ＤＮＡの動きに喩えられている。

第4章　美しき怪物

自然の営みを推し測る試みには、怪物の影がつきまとう。ダーウィン以前の時代、「monster」という言葉にはかなり専門的な意味があった。[1]自然哲学者や解剖学者は、分類体系を考案し、双頭のヤギ、多肢のカエル、結合双生児を記載した。16世紀の主流の考えによれば、こうした奇形が生じる原因は、卵が受精する際に精子が多すぎることだったり、妊婦が取り留めのない思考にふけったりすることだった。

この分野に新時代が到来したのは1700年代のこと。ドイツの解剖学者ザムエル・トーマス・フォン・ゼンメリング（1755～1830）が「奇形が生じるのは、神秘的な理由からではなく、通常の発生に変化が起きたからではないか」と唱えた。彼いわく、奇形は「生殖能力の乱れ」だった。1791年に奇形についての論文を発表した際には、その表紙に頭部が重複したヒトを描いた。1つの首から2つの完全な頭部が生えている死産児と、顔だけが2つになっている死産児。ゼンメリングの考えでは、この2つの事例は通常の発生がそれぞれ異なる段階で乱された結果だった。2つの完全な頭部が生えている事例では初期に、顔だけが不完全に分かれた事例では後期に、それぞれ発生が乱されたと考えた。

数十年後、ジョフロア・サン＝ティレールは「奇形（monstres という言葉を彼はよく用いた）を見れば分かるとおり、生物にはある種から別の種に変貌する潜在能力がある」と唱えた。ナポレオンのエジプト遠征に同行し肺魚と遭遇した後（第1章を参照）、今度はニワトリを変異させる研究に日々没頭し、卵にさまざまな化学物質を加えてその発生を乱そうとした。サン＝ティレールの考えでは、諸々の化学物質を正しい割合で調合して発生途上の胚に与えれば、ある種の生物を別の種に変貌させることができるはずだった。「ニワトリは通常の発生過程で魚の段階を経験する」という古い考えにのっとって、ニワトリの卵から魚を孵化させようと、何十年も研究を続けた。この試みは失敗したが、息子のイジドールが研究を引き継ぎ、先天異常に関する3巻立ての書籍を製作した（この大著は現在も読まれている）。イジドールは先天異常の分類体系を構築し、その類型、影響を受けた器官、器官におよぶ影響の度合いに基づいて分類した。例えば、結合双生児を調べて、「いくつの器官に影響が見られるか」「諸器官がどの程度融合しているか」といったことを見定めて、仕分けた。このイジドールの研究は、後年の研究者が先天異常の起きる（神秘的な要因ではなく）生理学的な仕組みを解明しようとする際に土台となった。

ダーウィンは、『種の起源』の出版をもって、発生異常の研究を変革した。彼にとって、進化のエンジンを自然選択とするなら、その燃料は多様性(バリエーション)だった。ある生物種の個体間に多様性があり、外観や機能の異なる多様な形質[2]があったとしよう。また、それらの中に、特定の環境下で個体が生き延びて繁殖する確率を高めるものがあったとする。すると、そうした個体と形質は時とともに数を増やしていくに違いない。反対に、個体に害をおよぼす形質は次第に数を減らしていく。進化の真髄は個体間の多様性にある。もし、集団内の全個体にまったく違いがなかったら、自然選択による進化など起こりようがない。個体間の多様性は自然選択による進化の燃料であり、多様性が大きいほど進化が起きる速度も増す。（奇形として現れるようなものも含めた）多様性の潤沢な供給があるからこそ、自然選択が長い時間のうちに大きな変化をもたらしうるのだ。

ダーウィン以後に多様性の研究を積極的に支持したうちの一人に、ウィリアム・ベイトソン（1861〜1926）がいる。ベイトソンは、ダーウィンと同じく、子供の頃から博物学に興味を抱いていた。少年時代に「大人になったら何になりたいか」と訊かれ、「博物学者になりたいけど、才能がなかったら医者になるしかない」と答えたことは有名だ。1878年にケンブリッジ大学に入ったが、当初は冴えない学生だった。しかし、ダーウィンの『種の起源』に、ベイトソン青年は大いに触発される。一念発起し、自然選択が働く仕組みを解き明かすことにした。彼の考えでは、その答えを導く鍵は、種内の個体差が生じる仕組みを理解することにあった。一体、どのようなメカニズムの下で、生物どうしの姿形に違いが生じているのだろう。エンドウを調べて遺伝の法則を発見したグレゴール・メンデルの著作を読み、ベイトソンはひらめいた。ある世代から次の世代へと受け継がれる多様性こそが、進化の真髄であると。その後、メンデルの著作を英語に翻訳し、この分野を表す言葉として「genetics（遺伝学）」を考案した（由来はギリシャ語で「起源」を意味する「genesis」）。

ベイトソンは、先人のジョフロア・サン＝ティレールと同じように、種間や個体間の多様性を分類しようとした。彼には一つの強みがあった。遺伝学という新興分野の新しい概念を用いて、個体間の多様性がどのようにして進化の起きる仕組みに影響をおよぼすのかを探ろうとしたのだ。

ベイトソンはこの研究に10年近くを費やし、１８９４年に名著『*Materials for the Study of Variation*（多様性の研究のための諸資料）』を出版した。その中で、生物どうしに違いが生じるまでの過程を説明し、多様性の生成とその結果として起こる進化の道筋に潜む一般法則を探った。さらに、できるだけ多くの種を検討する中で、多様性の２つの形式を説明した。一つは器官の大きさや発達の程度に見られる多様性で、これは小さなものから大きなものまで連続的に変化している。例えば、ネズミの集団では四肢や尾などの器官の長さに個体差がある。このたぐいの多様性は、長さ、幅、体積といった尺度で簡単に数値化できる。もう一つの多様性はもっと劇的なもので、ある器官の有無が焦点となる。ヘミングウェイのネコの多指症がその一例だ。通常のネコが5本の指を持つのに対し、多指症のネコは6本以上の指を持つ。これらのネコは通常のネコと指の数が違っているのであって、例えば骨の長さが違っているわけではない。このたぐいの多様性の焦点は器官の類型であって、その発達の程度や大きさではない。

過剰な器官を持つ生物を探すことに、ベイトソンは情熱を傾けるようになった。彼が驚かされた自然界の珍妙な生物は、過剰な器官を持っていたり、誤った部位に器官を生やしたりしていた。触角の位置から肢が生えているハチ、肋骨を過剰に持っているヒト、乳首の数が普通より多い男性、などなど。これらの事例では、体中の器官が切り貼りされているかのようだった。完全な器官がそっくり複製されていたり、体の異なる部位に移っていたりした。これらの奇形の生物は謎の存在だったが、それらを理解できれば、体づくりの仕組みと体が進化する仕組みについての一般法則を解明できるかもしれなかった。

16世紀以降の自然哲学者は、奇形の背後に生物にとっての本質的な何かが潜んでいることを正しく見抜いていた。あとは、しかるべき種類の奇形と、それを理解するための研究ツールが必要だった。

ハエ

トーマス・ハント・モーガン（1866〜1945）がハエを研究すると決めたことは、生物学史上屈指の大英断だった。研究者になった当初は、フジツボやホヤ、カエルを研究し、その細胞や胚の内部に、ヒトの生理に迫る手がかりを探していた。それらを選んだのは、マニアックな好みからでも気まぐれでもなく、「小さな水棲生物で、体の部位を失っても完全に再生させられる生き物」という基準にのっとってのことだった。例えば、プラナリアは比類のない再生能力を持っていて、体を真っ二つにすると、やがて再生しはじめ、ついには2匹の完璧な個体になる。多くの生き物（プラナリア、魚、両生類など）が、外傷後に再生する能力を持っている。私たちヒトとしては、それらの動物界の仲間に羨望のまなざしを送るしかない。ヒトにいたる進化の道筋のどこかで、哺乳類の祖先はこうした能力を失ってしまった。

モーガンが研究者になった頃は、今日では常識とされていることの多くが、まだまったく分かっていなかった。チェコの修道士グレゴール・メンデルにより、生物の形質が世代間を伝わっていくことは明らかにされていたが、その遺伝を担う物質については謎に包まれていた。細胞の観察はすでになされていたが、「染色体が遺伝現象を担っている」という考えはまだなく、ましてやＤＮＡの存在などまったく知られていなかった。

モーガンの研究からは、従来の生命観を根底から覆す思想がうかがえる。その思想とは「プラナリアからヒトデにいたるまでの多様な生物が、ヒトの生理の一般的なメカニズムに洞察を与えてくれる」というもので、今日の生物医学研究全般の基盤になっている。モーガンの研究には、「地球上のすべての生物には深いつながりがある」という暗黙の前提があった。

モーガンは、生物の再生能力を調べる実験を数年間行い、その成果を名著『*Regeneration*（再生）』にしたためて１９０１年に出版した。その一方で、現状では、大きな進展を図ろうにも、そのためのツールがないことを悟った。そこで、新たな研究プログラムを探ることにした。再生能力、体のつくり、あるいは他の分野を見ても、その基盤には必ず遺伝という現象（情報が世代間を伝わる現象）が横たわっている。遺伝現象の担い手を突き止めることができれば、生物学の多くの謎をひも解く鍵になるに違いない。モーガンの考えでは、遺伝現象の核心に迫るには、まず適切な実験動物を見つける必要があった。実験動物は、繁殖や成長が速くて、小さくて、研究室で多数の個体を飼えるものでないといけない。さらに、遺伝物質を含んでいる（と提唱されていたが証明はされていなかった）染色体が顕微鏡で観察できる生物であれば申し分ない。こうした数多くの条件があったため、モーガンがもっとも理解したかった生き物、すなわちヒトは、選考から漏れてしまった。

その頃、モーガンの知らないところで、ある昆虫学者が（モーガンとは正反対の方向から）同様のミッションに挑んでいた。カリフォルニア大学バークレー校のチャールズ・W・ウッドワース（1865〜1940）は、ハエなどの昆虫を分類するために、生涯をかけて昆虫の体の細々とした構造を明らかにしようとしていた。その研究を続けるうちにハエの生態などにすこぶる詳しくなり、キイロショウジョウバエ（*Drosophila melanogaster*）という種に実験動物としての可能性を見いだした。そこで、1900年代初頭（正確な年は不明）にハーバード大学の生物学者ウィリアム・E・キャッスル（1867〜1962）に声をかけ、「ショウジョウバエを使って実験をしてみてはどうか」と提案した。

キャッスルは、ベイトソンと同じく、遺伝や多様性の仕組みを解明したいと考えていた。当時はモルモットを研究していて、毛色や体のパターンがどのように世代間を伝わっていくかを調べていた。しかし、もどかしいことに、モルモットは1回にせいぜい8匹しか子供を産めないうえに、妊娠から出産までに2か月近くもかかる。そのため、遺伝の研究をするには、モルモットが繁殖して複数の世代がそろうまで、何か月も待たないといけなかった。「ハエを使ってはどうか」というウッドワースの提案には明白な魅力があった。ショウジョウバエは、平均寿命が40〜50日と短く、その間に数千個の卵（胚）を産む。ハエを使って遺伝の実験を行えば、モルモットでは数年がかりでもこなせないほどの回数の実験を1か月でこなせるはずだと、キャッスルは悟った。

キャッスルは実験動物をハエに切り替え、その繁殖と飼育の方法を確立した。彼が1903年に発表したハエの実験についての論文が皆の記憶に残っているのは、研究成果のおかげというより、学界に与えた影響の大きさゆえだ。モーガンを含む他の研究者は、ハエを研究することの利点と可能性を知った。

ショウジョウバエは、一見、画期的な発見をもたらす有力な候補には見えない。体長は3ミリほどで、腐った果実を好む。普通は生ごみの周りで見かける虫であり、咬んではこないけれどブンブンと飛び回っていてうっとうしいコバエと言えば分かるだろうか。しかし、害虫になるほどの繁殖力を持っているからこそ、ショウジョウバエは科学にとって有望な生物たりえている。

モーガンは、奇形学の伝統にのっとり、変異体を見つけて調べることにした。変異体は正常な遺伝子の機能を解明する手がかりになる。例えば、目を欠いている変異体がいたら、それは目の形成を制御する1つないし複数の遺伝子に欠陥があるということだ。このように、変異体を道しるべにすれば、さまざまな器官の発生に関与している種々の遺伝子を突き止めることができる。変異体はまれだったから、何千匹ものハエを繁殖させて、ようやく1匹の変異体を得られるという具合だった。モーガンのチームは、何百ものハエの繁殖コロニーを維持・管理して、ハエの各個体を顕微鏡で観察し、何か異常な点がないかを調べた。

一般には知られていないが、顕微鏡下のハエの体は複雑で美しい。中程度の倍率にすると、各体節から剛毛やトゲ、付属肢の伸びている様子が視野いっぱいに広がる。モーガンのチームはその複雑さに順応し、どんな些細な異常も見逃さず、新しい変異体を分析できるようになった。何時間もぶっ続けで顕微鏡を覗き込み、異常な形の翅や、目新しい縞模様、変化した付属肢などの奇妙な特徴を持つハエを探した。

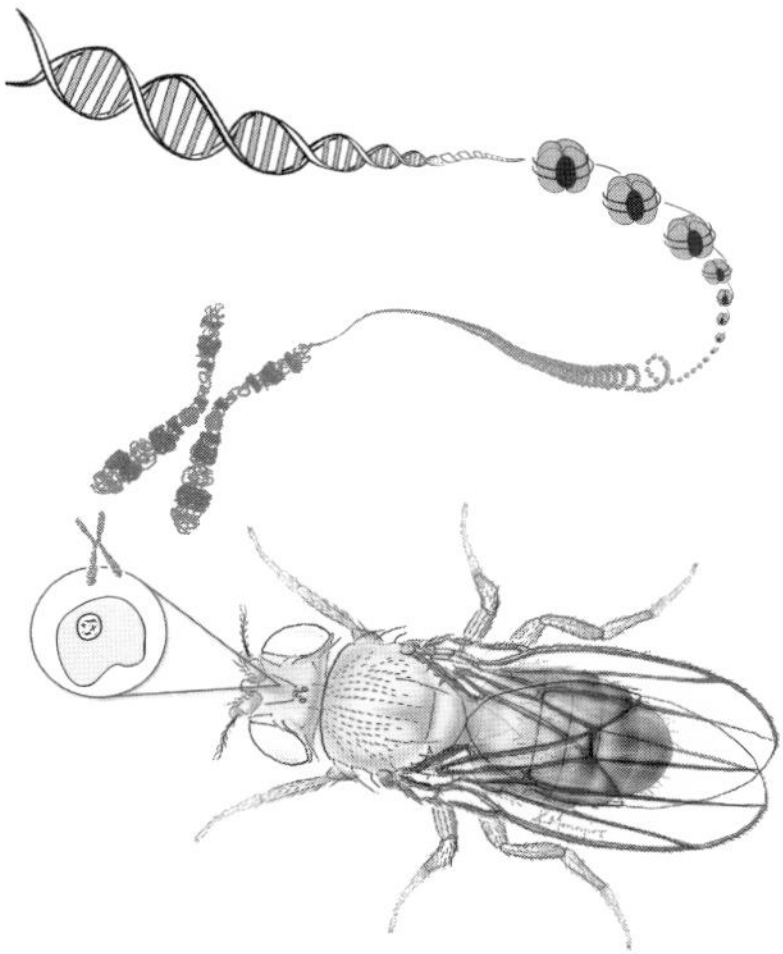

遺伝子はDNAの一部であり，巻きつけられ，ぎゅっと凝縮されて染色体となり，細胞の核に収まっている。染色体の縞模様に注目

今では分かっているように、遺伝子はDNAの配列であり、きつく束ねられて染色体を構成している。染色体は細胞の核にあり、条件さえ整えば顕微鏡で見ることができる。モーガンは、DNAのことは何も知らなかったが、染色体を観察することはできた。染色体が遺伝子の実態を覗くための窓になった。

モーガンは、独創的な手法を編み出し、変異体の体のつくりと遺伝物質との対応関係を明らかにしようとした。彼のチームは、ハエの唾液腺に巨大な染色体があることを発見した。その染色体を抽出し、天然の地衣類に由来する赤い色素で染色すると、厚薄さまざまな白黒の縞が浮かび上がってきた。モーガンは、正常なハエと変異体のハエのそれぞれで、その白黒の縞のパターンを記録した。そして、縞のパターンを比べ、両者の間で違いのある染色体上の領域を突き止めた。要するに、変異をもたらした遺伝的変化の起きた部位を明らかにしたわけだ。

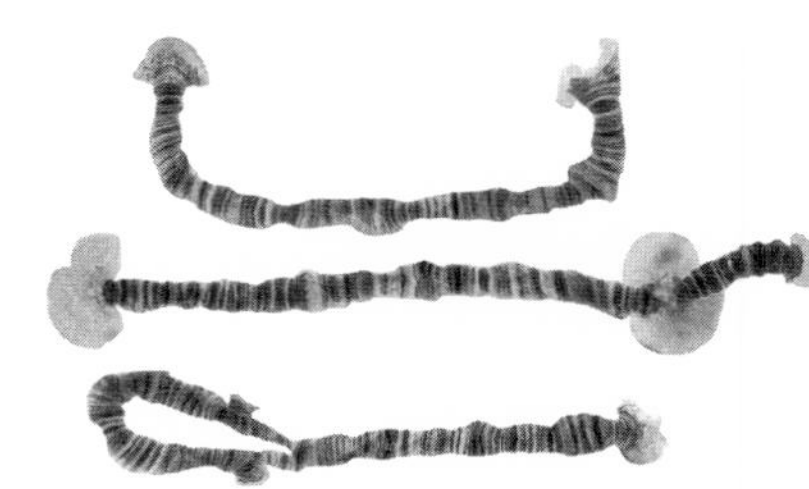
ユスリカの一種（*Chironomus prope pulcher*）の染色体。白黒の縞が見える

ハエの餌は腐ったバナナだったから、モーガンの研究室には生ごみの臭いが立ち込めていた。それに、そこで働くには、顕微鏡を何時間も覗き続けなければならない。こうした条件があったから、モーガンのチームで成功を収めるには、特殊な部類の人間である必要があった。具体的には、何はさておき、ハエの体と染色体の縞と変異体に意識を集中していられる人間だ。「情報はどのようにして世代間を伝わっていくのか」という、生命についての最大級の謎の一つを解けるかどうかが懸かっていた。

当初、モーガンの研究室はコロンビア大学の窮屈な部屋にあり、そこでハエの諸系統を保存し、飼育し、顕微鏡で観察していた。通称「ハエ部屋」とも呼ばれた研究室には、モーガンに惹かれて当代きっての頭脳が集まり、やがて20世紀初頭の錚々たる生物学者がそろった。モーガンは、コロンビア大学で14年間を過ごした後、１９２８年に研究活動の一切をカリフォルニア工科大学に移し、１９３

3年にはノーベル賞を受賞した。

モーガンの初期の教え子の一人に、語り草になるほどハエの扱いに長けた学生がいた。カルビン・ブリッジズ(1889〜1938)は、変異体のハエを見分ける研究室随一の目を持ち、さらに、それらを見つけるために何時間でも顕微鏡を覗いていられる忍耐力も備えていた。おかげで、他人には区別がつかないハエどうしの些細な違いも見分けることができた。ブリッジズは技術面でも貢献した。双眼顕微鏡を導入して視野を広げたことと、その双眼顕微鏡を用いてハエが寒天を好むという事実を発見したことだ。後者の発見は研究室に重大な変化をもたらし、ハエ部屋から腐ったバナナの臭いが消えた。

フサフサの髪が物理法則を無視するかのように逆立っていたブリッジズは、せわしない男だった。研究室で延々と作業をこなすか、そうでない時はしばらく消息を絶つことが多かった。姿を現したと思ったら、自分で設計した新車の宣材写真に写っていたこともあった。好色な噂が絶えず、その私生活のせいでモーガンに眉をひそめられていた。そうした女性関係の噂のせいで、カリフォルニア工科大学の教員にはついになれなかった。40代で他界した際には、「嫉妬深い愛人の配偶者に殺された」という噂が研究室に広まった。悲しいことに、真相はその噂に負けないくらい痛ましい。最近、私の同僚

カルビン・ブリッジズ。頭髪に注目

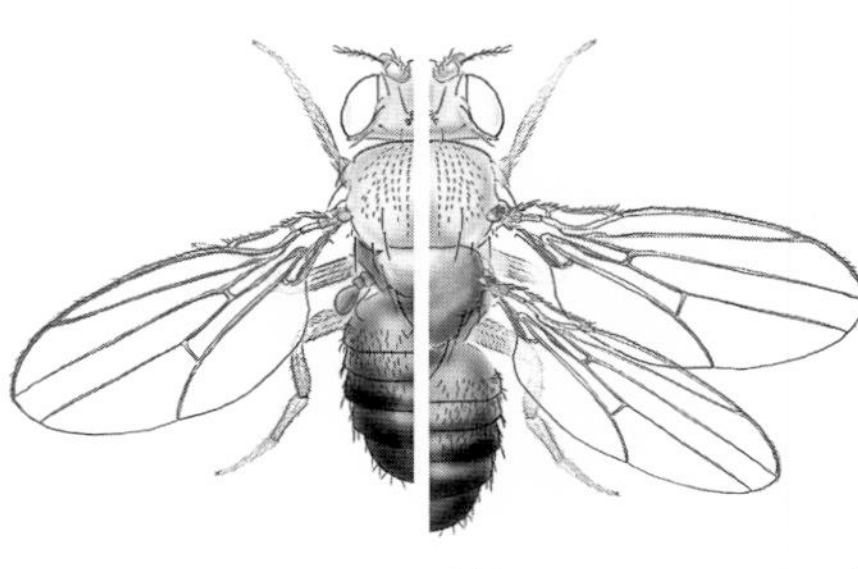

通常のショウジョウバエ（左）とバイソラックス変異体（右）

の遺伝学者がロサンゼルスの地区検察官を務めているブリッジズの兄弟にお願いし、本人の死亡証明書を探してもらったところ、死因は「梅毒の合併症」だった。

ブリッジズの私生活について、研究室は世間に対し沈黙を貫いた。しかし、モーガンの研究における彼の貢献度は高く、その早すぎる死の後、モーガンはノーベル賞の賞金の一部を彼の遺族に譲渡した。

ブリッジズは体色や翅の形、剛毛の配列の些細な違いから変異体のハエを見分けることで知られていたが、その一方で、彼の代表的な発見の一つは比較的見つけやすいものだった。その違いは、ズブの素人でも見過ごさないに違いない。「双胸(バイソラックス)」という名称がすべてを物語っているように、その変異体は胸部体節の1つが重複し、翅の数が通常の2枚ではなく4枚になっている。要するに、体の一部が、翅も何もかもを伴って、まるごと重複しているわけだ。

ブリッジズはそのハエの体をスケッチし、体のつくりを細かく記載した。続いて、変異体を発見した遺伝学者なら誰もがそうするように、そのハエの系統を樹立し、カリフォルニア工科大学のハエ部屋で飼育しはじめた。変異体のコロニーをつくり、ずっと維持していられるようにしたわけだ。

ブリッジズは、バイソラックス変異体において、染色体のどの領域に変異が起きたのかを探ろうとした。そして、唾液腺の染色体を染色するというモーガンの手法を用いて、この二重の翅を持つハエの染色体に、通常のハエとは縞のパターンが異なる領域を見つけ出した。バイソラックス変異体が生じた原因は、染色体のある広範な領域に生じた変異だった。

モーガンとブリッジズがハエの一つの形質を理解しようとしたことで、難題と可能性に満ちた新たな世界が拓けた。2人や他の研究者が示したのは、ハエの多様な形質が遺伝しうるということだった。何らかの生体物質が世代間を受け継がれ、発生中のハエの胚に翅の正しい発生部位を教えている。ブリッジズの変異体は、この生体物質が染色体上に位置していることを告げていた。では、器官や体の形成に関わっているこの生体物質の正体は何なのか。そして、どのようにしてその離れ業をやってのけているのか。その物質を調べれば、生物の体づくりの仕組みと、生物の体が悠久の時をかけて進化してきた経緯を解き明かせるのだろうか。

ネックレスの真珠

エドワード・ルイス（1918〜2004）がハエに興味を持ったのは、ある雑誌広告を目にした時だった。ペンシルバニア州のウィルクス＝バリに生まれ育った彼は、その旺盛な好奇心を満たすべく、地元の図書館に入り浸るようになった。ある日、その図書館でショウジョウバエの譲渡を告知する広告を目にし、高校の生物学部の仲間にそのことを伝えた。生物学部はハエのコロニーを樹立し、

友人宅の居間でフルートを吹くエドワード・ルイス

ルイスはハエの研究をはじめた。

ルイスは、ブリッジズが他界した翌年の１９３９年、ハエ部屋で開発された遺伝学の手法を学ぶためにカリフォルニア工科大学に入った。物静かな彼の日常は、厳格な日課に支配されていた。研究室で早朝を過ごし、午前８時に体を動かしたら、再び独り研究に勤しむ。大学名物の教員向けクラブ「ザ・アテナイウム」で昼食をとったら仕事に戻り、その後は夕食の時間まで趣味のフルートを吹く。ルイスはブリッジズと同じように驚異的な忍耐力を持っていて、何時間でも顕微鏡を覗き込み、ずっとハエをいじっていられた。お気に入りは、何と言っても、夕食後の静寂に包まれた研究室で過ごす時間だった。変異体のハエを発見し飼育するという仕事は、ルイスにとって一種の瞑想だった。

ブリッジズが技術面で大いに貢献した舞台であるハエの飼育室はいまだ健在で、有名なバイソラックス変異体もそこで飼育されていた。ルイスは研究を始めた時点ですでにバイソラックス変異体のことを知っていて、その遺伝的な構成についても見当がついていた。ブリッジズの染色体地図[3]に示されていたように、バイソラックス変異体では染色体の縞数本分の領域に変化が生じていたため、ルイスは、その変異を含む領域には、発生に関わる遺伝子が１つではなく多数含まれているのではないかと推測した。

過剰な翅を生じさせた遺伝物質を突き止めようと、ルイスは、斬新ながらも手間のかかる手法を編み出し、バイソラックス変異体を調べた。この研究に数十年を費やし、時には10年余りにわたって論文を一本も出さずに、バイソラックス変異体の研究に打ち込んだ。1978年に発表した6ページの論文は、革新的かつ難解だった。何度か読み込まないと完全には理解できないその論文には、ハエとの静かな日常を何年も送るうちに得られた奥深い知見がぎっしり詰まっていた。

ルイスが開発した新手法は実に優れたもので、染色体の広い領域を切り取ってからハエを発生させ、その領域を欠くことで体にどんな影響が現れるかを見るというものだった。次に、その領域の各部分を順番に戻していき、それぞれの体への影響を調べた。この手法のおかげで、染色体の個々の部分が単独で何ができるのかを突き止められるようになった。

この手法の話になると、時折流行しては廃れていく「クレンズ」というダイエット法のことを思い出す。このダイエット法では、数日間断食した後、さまざまな食品群を順番に、あるいはいくつかを組み合わせて食事に採り入れる。例えば、一切の食事を控えた後に数日間乳製品だけを摂取するようにすれば、卵や牛乳やチーズがその人の活力や気分にどう影響するかを知ることができ、断食した後に各食品群をさまざまな組み合わせで試せば、その相互作用（例えば葉物野菜と乳製品の相互作用）が分かるというものだ。ルイスはこれと同じことを、例のバイソラックス変異体に関わる染色体の広い領域で試みた。つまり、広い領域をまるごと切り取ってからハエを発生させてその影響を記録したり、広い領域の各部分を個別に、あるいはいくつかを組み合わせて他の胚に戻し、その胚が成体になるまでに体にどんな影響が現れるかを見たりした。

染色体を切り貼りするルイスの研究では、バイソラックス変異体が1つの遺伝子ではなく多数の遺伝子から成る遺伝子群により生み出されていたことが分かった。これらの遺伝子は、まるでネックレスの真珠のように、染色体上に一列に並んでいる。この遺伝子群は連携して胚を形成し、各自が独自の機能を持っているのではないかと、ルイスは推測した。しかし、これがこの研究のもっとも目覚ましい成果というわけではない。

ハエの体は複数の体節が前後に連なって出来ていて、それらが頭部・胸部・腹部の3つに分かれている。各体節には付属肢があり、頭部には触角と口器が、胸部には翅と脚が、腹部にはトゲがある。ルイスは、バイソラックス領域などにある各遺伝子がそれぞれに異なる体節を制御していることに気づいた。ある遺伝子が頭部に触角を発生させ、別の遺伝子が胸部に翅を発生させる、といった具合だ。これらの遺伝子は、体の基本構造を構築することに一役買っていた。体の前後方向のつくりは遺伝的に決められている。そして、誰もが非常に驚いたことに、体の頭部・胸部・腹部の並びと、染色体上の各遺伝子の並びは対応していた。つまり、頭部で発現する遺伝子が一方の端に、腹部で発現する遺伝子が他方の端にあり、胸部で発現する遺伝子がその中間にあったのだ。体のつくりが各遺伝子の働きと並びに反映されていた。

ルイスの発見は心躍るものだったが、その一方で、生物学の多くの常識に照らせばハエにしか当てはまらない恐れもあった。まず、ハエの体節は、魚、ネズミ、ヒトなどの動物が持つ体の部位とは異なっている。それにハエの体には、背骨も脊髄も、ヒトなどの体に見られる他の器官もない。反対に、魚、ネズミ、ヒトの体には触角や翅、剛毛がない。

さらに、ひときわ大きな違いがハエの発生方式に潜んでいる。普通の動物の場合、発生過程の体には何百万個ものさまざまな細胞があって、それぞれが独自の核を持っている。それに対し、ハエの胚は多数の核を含んだ単一の細胞のように見える。さながら「遺伝物質が詰まった巨大な袋」といったところか。動物一般の発生と進化を語る際に引き合いに出す相手として、これほど意外な生物もなかなかいない。

怪物をすりつぶす

1978年にルイスがバイソラックスについての論文を発表した時、生物学界では技術革新が起きていた。モーガンの時代には、遺伝子は一種のブラックボックスだった。モーガンらが諸々の手がかりをつなぎ合わせて、遺伝子が体におよぼす影響とその染色体上の位置について明らかにしていたが、遺伝子が働く仕組みはほぼ分かっておらず、ましてや遺伝子がＤＮＡの一部であるなどということはまったく分かっていなかった。

1980年代、ルイスが論文を発表してから数年後には、生物学者は遺伝子の配列を決定することも、遺伝子によるタンパク質の合成が活発な体内の部位を特定することも可能になっていた。マイ

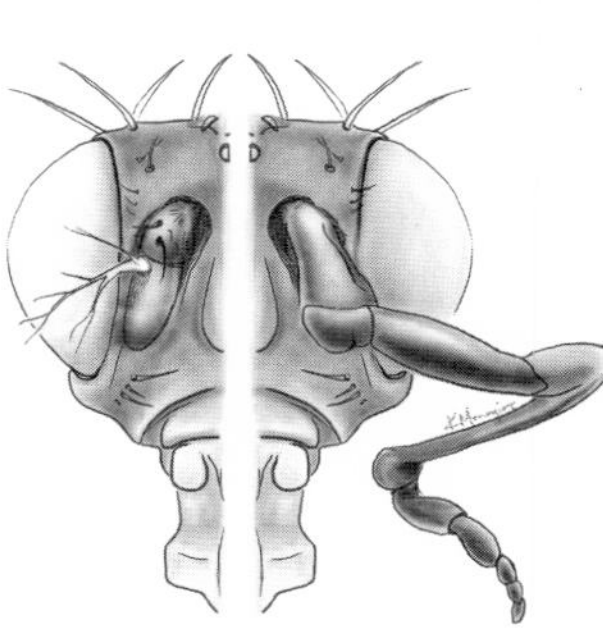

正常なハエ（左）と変異体のハエ（右）。アンテナペディアという変異体の名称は，本来触角（アンテナ）があるはずの場所に肢（ペディア）を生やしていたことに由来する

ク・レビンとビル・マクギニスは、スイスの故ワルター・ゲーリング（１９３９〜２０１４）の研究室に在籍していた時、頭部の触角があるはずの部位に肢を生やした変異バエを利用できる立場にあった。そのハエの頭部は正常に発生していたが、肢の存在だけが異常だった。過剰な翅を持つブリッジズの変異バエや体中の器官が切り貼りされたベイトソンの変異体と同じく、この変異体も体の部位が入れ替わっていて、頭部の体節に限定された欠陥を持っていた。

レビンとマクギニスは、ブリッジズには想像すらできなかったDNA技術を用いて、変異の原因遺伝子を特定することに成功した。次に、特殊なDNA断片を作製し、発生中にその遺伝子が体のどこで活性化しているかを調べた。「遺伝子が活性化すると、タンパク質が合成される」ことを思い出してほしい。タンパク質を合成する際、遺伝子は、RNAという分子を仲介役として利用する。したがって、遺伝子がオンになっている部位を調べたいなら、RNAが合成されている部位を調べないといけない。２人は、原因遺伝子のRNAがハエの体内のどこにあろうと見つけ出してくれる分子に、色素をくっつけた。この色素付きの分子を発生中のハエの胚に注入すれば、変異の原因遺伝子がオンになっている部位に色素が届き、顕微鏡下の胚に変色部位が現れるはずだった。

頭部に肢が生えるアンテナペディア変異体の原因遺伝子は、通常のハエでは、頭部という極めて限定された部位に発現していた。さらに、その遺伝子は頭部に発生する器官の種類を制御していて、触角を発生させたり、あるいは変異体の場合のように、肢を発生させたりしていた。この話に聞き覚えがあると思ったなら、それは、エドワード・ルイスがバイソラックスの染色体を調べていて気づいたことと同じだからだ。ルイスは、染色体上に数珠つなぎになった遺伝子群を発見したうえに、各遺伝子が各体節に対応し、そこに発生する器官の種類を制御していることに気づいたのだった。今回も、この頭部の遺伝子は今後に続く発見の先触れにすぎず、ハエの各体節の発生を制御する一群の遺伝子が見つかる可能性があった。

この結果を受けて、レビンはルイスの1978年の論文を読むことにした。長い間向き合い、50回以上読み返したが、本人いわく、それでも「完全に理解することはできなかった」。

レビンとマクギニスは、ルイスの論文を踏まえて、彼が唱えた主な予言の一つ「染色体には似た配列を持つ数珠つなぎの遺伝子群が存在するはずだ」を検証することにした。アンテナペディア変異体の原因遺伝子の配列は分かっていたから、その近くに似た配列の遺伝子がないかを探ってみることにした。その手法は少々荒っぽいもので、ハエの体をすりつぶしてペースト状にし、DNAを抽出してゲルに移し、そこに色素付きの原因遺伝子を加えるというものだった。理屈からいけば、原因遺伝子が分子版の〝ハエ取り紙〟と化し、自らと似た配列の遺伝子に片っ端からくっついてくれるはずだった。あとは、色素を目印にしてそれらの遺伝子を見つけ、抽出してやればいい。

結果は明白だった。原因遺伝子と似た配列の遺伝子がゲノム内に多数見つかったのだ。各遺伝子を配列決定したレビンとマクギニスは、色素に染まったそれらの遺伝子に、配列がほぼ同一の短いDNA領域が含まれていることを発見した。また、偶然とは恐ろしいもので、インディアナ大学のマット・スコットも、2人とは別に同じ発見を成し遂げていた。

さて、遺伝子群の配列は分かった。それなら、同じ手法をもっと広く使えば、遺伝子群が発生中のハエの体のどこで発現しているか、また、染色体上のどこに位置しているかを突き止められるはずだった。こうして、すべての始まりとなった変異体に2人が使った手法を世界中の研究者が用いたところ、思いがけない美しい事実が明らかになった。遺伝子群は染色体上に数珠つなぎになっていて、各遺伝子がハエの異なる体節で発現していたのだ。

こうした実験が各地でこぞって行われていた頃、レビンは、雑談を交わしていた別の研究室の研究者から「ハエ以外にも体節を持つ動物はいるじゃないか」と指摘された。ミミズは、大ざっぱに言えば、口から肛門までがブロック状の体節で区切られた管のようなものだ。それなら、ミミズも調べてみればいい。たぶん、ミミズの遺伝子群も各体節を特徴づけているに違いない。

この何気ない指摘を受けて、レビンとマクギニスは研究棟の裏庭に走り、ミミズや昆虫やハエといった、もぞもぞと這い回っている生き物を片っ端から捕まえた。そして、各生物のDNAを抽出し、それらも配列の似通った遺伝子群を持っているかどうかを調べた。すると、やはり持っていた。しかも、2人はそこで立ち止まらなかった。その後の研究によって、カエル、マウス、さらにはヒトのD

NAにも、同様の配列が含まれていることが明らかになった。

ミミズ、ハエ、魚、マウスを対象にした後続の研究によって、動物の体についての普遍的な真理が明らかになった。ハエの体づくりの遺伝子群と基本的には同じものが、ミミズからヒトにいたるまでのほぼすべての動物から発見されたのだ。この遺伝子群はどの動物でも染色体上で数珠つなぎになっている。そして、各遺伝子は体の（頭部・胸部・腹部の）特定の体節でしか発現しないらしい。しかも、ルイスが発見したように、染色体上の各遺伝子の並びは、各体節の前後方向の並びと一致していた。

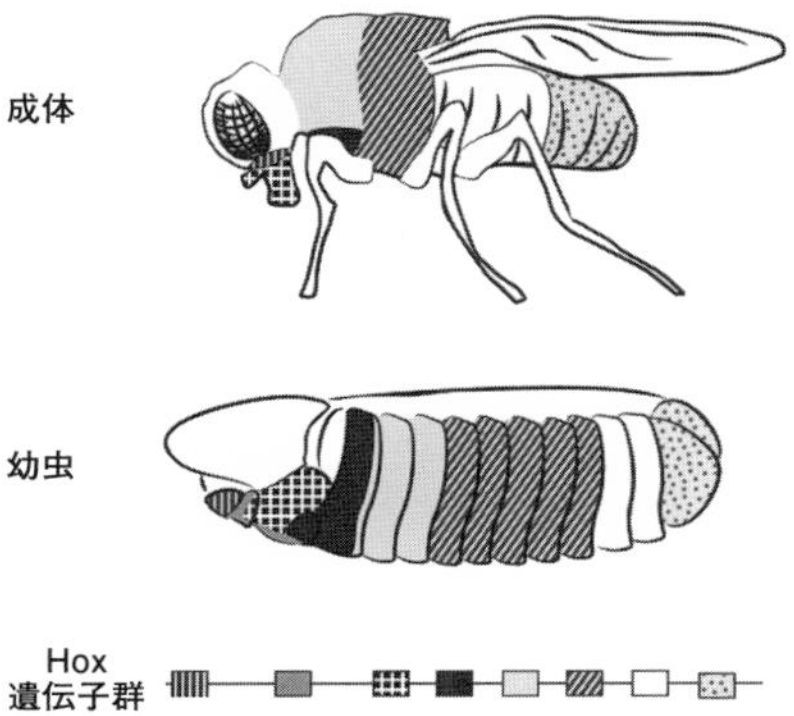

成体

幼虫

Hox
遺伝子群

Hox 遺伝子群は，ヒモに連なるビーズのように並んでいて，ハエやマウスの各体節で発現する

私が40年ほど前に遺伝学や分子生物学を志すきっかけとなった例の論文の山には、この遺伝子群についての論文も含まれていた。

1995年、ノーベル賞委員会は、エドワード・ルイスに生物学の新分野を切り拓いた功績を認めた。授賞式でのルイスは、いつもの彼らしく用意周到だった。受賞スピーチで、「ハエと研究」との初恋に比べたら、賞など取るに足らないと言ってのけたのだ。

虫やハエ、ミミズなどの世界は多種多様な生き物に満ちていて、体節の数も、体節から生える付属肢の種類も実に多岐にわたる。例えば、ロブスターを思い浮かべてみると、頭部から順に、触角、大きなハサミ、小さなハサミ、歩脚が生えている。それぞれの付属肢は必ず一つの体節から発生する。ムカデでは、各体節から同じ脚が生えている。空を飛ぶ昆虫では、一部の体節から脚の代わりに翅が生えている。ヒトでは、頭から尻にかけて、脊椎、肋骨、四肢が並んでいる。研究者らは、体づくりのための遺伝子群を知ったことで、動物の体の基本構造がどのようにして誕生し、どのように進化してきたのかを問うことができるようになった。

カルビン・ブリッジズは、ハエに過剰な翅をもたらす染色体の領域を大まかに特定した。エドワード・ルイスは、その領域に多くの遺伝子があり、各自が体内の特定の部位で発現していることを明らかにした。レビン、マクギニス、スコットは、その遺伝子群がすべての動物に共通するもので、すこぶる古い起源を持つことを示した。今度は、新世代の研究者がこれらの先人の研究に触発され、その遺伝子群が働く仕組みを解き明かす番だった。

付属肢の切り貼り

昔、まだ幼かった子供たちをマサチューセッツ州ケープコッドの砂浜に連れていくと、2人はよく、エビに似た小さな生き物を見つけていた。突っつくとジャンプするので、「ジャンピー」という愛称を付けていた。一般には「ハマトビムシ」として知られているこの生き物は、体長1センチほどで、透明な体を持ち、普段は浜辺の砂地に潜っている。突っつかれると、体を縮めてから30センチほど跳び上がる。砂浜でおなじみのこの種は、これまでに見つかっている約８０００種の端脚類（たんきゃくるい）のうちの１種にすぎない。どの種も驚くべき移動能力を備えていて、泳いだり、掘ったり、飛び跳ねたりと、その手段は実に多岐にわたる。これを可能にしているのはアーミーナイフさながらの脚で、大きいものもあれば小さいものもあり、前を向いているものもあれば後ろを向いているものもある。「amphipod（端脚類）」という名称は、前向きの脚と後ろ向きの脚を持っていることをギリシャ語で表したもので、(4)「amphi」が「二重」、「pod」が「脚」を意味している。

生物学者のニパム・パテルは、１９９５年に自分の研究室をシカゴに持つと、遺伝子が体をつくる仕組みを探るのにうってつけな動物を探すことにした。多種多様な脚を持つ端脚類などは、ルイスの遺伝子群を調べるのに格好の生き物になる気がした。その後何年もかけて19世紀のドイツの論文を読み漁り、研究対象として理想的な端脚類を探した。１８００年代は生物の図解と記載が花盛りだった頃で、書棚が並んだいくつもの部屋が諸々の分類群を扱ったその頃の論文で埋まっていた。パテルは、そうした論文の記載とリトグラフから重要な知見を得たうえで、研究材料探しの計画を練った。その計画は、彼の長年の趣味を存分に生かしたものだった。

シカゴにあるパテルの自宅を訪ねると、必ず、居間の中央に置かれた大型の海水水槽を一回りすることになる。熱心な海洋生物愛好家であるパテルは、自宅の水槽の濾過装置を保守するうちに、あることをひらめいた。濾過装置をきれいに保つには日頃の手入れが大切で、特にフィルターは放っておくと小さな無脊椎動物が付着して溜まっていくので、こまめに取り除いてやらないといけない。パテルが手入れをしていると、そのべっとりとした塊に、小さな無脊椎動物が潜り込んでいるのが目に付いた。どうも、そうした無脊椎動物は、そばを流れ過ぎる栄養たっぷりな食物粒子を好み、そこを安住の棲みかにしているらしい。

その様子を見て、パテルはあることを思いついた。微小な生物が自宅の小型の濾過装置を好むというなら、シカゴのシェッド水族館の巨大な海水水槽を調べてみたらどうだろう。フィルターに付着したべっとりとした塊に、多種多様な生き物が見つかるのではないか。水族館の大型水槽には、サメやエイに加えて50種を超える大型魚が飼われていたし、時折、潜水具を装着したヒトの飼育員も潜っていた。パテルは教え子の大学院生にバケツを持たせて水族館に向かわせ、各水槽の濾過装置を調べさせることにした。フィルターのべっとりとした塊に、研究に使えそうな丈夫な小動物が見つかりそうな気がした。

果たして、シェッド水族館のフィルターは、小型の無脊椎動物にとっての楽園だった。パテルの教え子は、来る日も来る日も、フィルターの表面をすくってはそこに生息している生物を顕微鏡で観察した。そのうちの一種類、ミナミモクズ属（*Parhyale*）という端脚類が、研究対象として実に有望だった。小さくて、繁殖が速く、すぐに成熟する。付属肢も持っていて、しかも種類が多い。実験動物としてうってつけに思えた。パテルはミナミモクズ属を研究室で飼育し、実験を始めた。モーガンがハエを使って遺伝の仕組みを解き明かそうとしたように、パテルは端脚類を使って遺伝子が生物の体をつくる仕組みを探ることにした。

シカゴのシェッド水族館でミナミモクズ属を入手して間もなく、パテルはカリフォルニア大学バークレー校に移り、そこでその端脚類を軸にした研究計画を立ち上げた。バークレー校、パテル、ミナミモクズ属というこの組み合わせは、幸運な巡り合わせだった。なぜなら、バークレー校には、新しいゲノム編集技術であるCRISPR－Cas9（クリスパー・キャスナイン）の開発者の一人であるジェニファー・ダウドナがいたからだ。ゲノムの特定の領域を標的にできるこの技術は、DNAを切断する分子サイズのメスと、そのメスを目的の領域に導くガイド役という、2種類のツールから成っている。2013年、ダウドナは世界各地の研究者仲間とともに、多様な種のDNAを高い精度で切断・編集することが可能であることを示した。CRISPRのメスを使えば、ゲノムから好きな遺伝子を切り出すことができる。遺伝子の一つを切り出してから胚を発生させれば、その遺伝子がないことの影響を見ることが可能だ。また、もっと込み入った操作にはなるが、遺伝子の配列を別のものに置換したり、あるいは編集したりすることもできる。

この技術の威力を知ったパテルに、ある考えがひらめいた。ミナミモクズ属の遺伝子を編集し、ある体節で発現する遺伝子の組み合わせを、別の体節で発現する遺伝子の組み合わせに似せたら、一体どうなるだろう。ひょっとして、付属肢や体の部位をあれこれと動かせるのではないか。

ミナミモクズ属の体には全長にわたって付属肢が並んでいて、体節ごとに種類が異なっている。頭部前方の体節には触角が、後方の体節にはあごが備わっている（無脊椎動物の大顎（おおあご）や小顎（こあご）は、歩脚などと同様に体節から発生しているため、「付属肢」と呼ばれる）。胸部には大きめの脚が生えていて、前に向いたものと後ろに向いたものとがある。腹部の脚はごく小さく、前方の体節では毛が多く、後方では太くて短い。

ルイスの遺伝子群のうちの6つが、ミナミモクズ属の体の前後軸が発生する際に発現している。多様な体節の属性は、ハエと同じく、生えてくる付属肢の種類と、6つの遺伝子のうちのどれが体節の発生中に発現するかで決まる。では、各体節で発現する遺伝子の組み合わせを変えることができたら、一体どうなるのだろう。例えば、胸部の体節で、本来腹部で発現するはずの遺伝子を発現させることができたら？　もしそんなことができたら、その胸部の体節に生えてくる付属肢の種類を変えられるのだろうか。パテルは、バークレー校の同僚が開発したゲノム編集技術を用いて、遺伝子を一つずつオフにしていった。

パテルの実験の優美さは、その細部に現れている。ルイスの遺伝子のうちの3つ、*Ubx*、*abd-A*、*Abd-B*は、発生中のミナミモクズ属の体の後部で発現している。さらに、この3遺伝子の発現パターンに基づいて、4つの領域を区別できる。頭部に近いほうから順に、*Ubx*が発現している領域、*Ubx*と*abd-A*が発現している領域、*abd-A*と*Abd-B*が発現している領域、*Abd-B*だけが発現している領域である。この4領域は、領域内部で発現している遺伝子の組み合わせで決まる、遺伝的な〝住所〟を持っていると考えてもらえればいい。そして、この遺伝子の組み合わせは、各領域に生えてくる付属肢の種類と対応している。*Ubx*だけが発現している体節では後ろ向きの脚が、*Ubx*と*abd-A*の体節では前向きの脚が、*abd-A*と*Abd-B*の体節では毛の多い脚が、*Abd-B*の体節では太くて短い脚が生えてくる。

パテルは、ゲノムから各遺伝子を切除し、各体節の住所を変えてみることにした。各体節の遺伝子の発現パターンを変えたら、一体どんなことが起きるのだろうか。

*abd-A*を切除すると、*Ubx*／*abd-A*という住所を持っていた領域で、*Ubx*だけが発現するようになった。住所が*abd-A*／*Abd-B*だった領域では、*Abd-B*が新たな住所になった。こうした住所変更により、実験動物が美しき怪物に変貌した。その怪物は、前向きの脚が生えるはずの体節に後ろ向きの脚を持ち、通常毛の多い脚が生える体節に太くて短い脚を持っていた。各体節の遺伝子の発現パターンを変えることで、各体節に生えてくる付属肢の種類が変わったのだ。

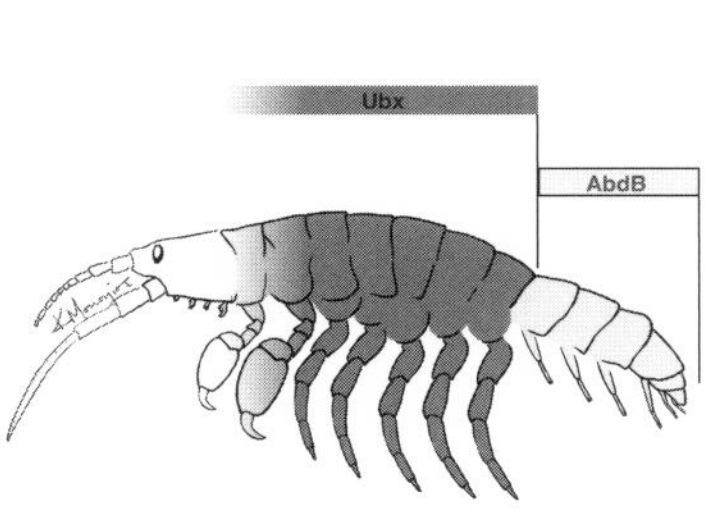

通常の遺伝子発現パターン（上図，発現領域を影で表示）。遺伝子を切除して各体節で発現する遺伝子の組み合わせを変えると（下図），体節に生えてくる付属肢の種類が変わる

パテルは、遺伝的な住所を変えることで、全身の付属肢を思うままに入れ替えられることを知った。それは、単に怪物を生み出す行為ではなく、自然界にある生命の多様性を模倣する行為でもあった。

端脚類を、類縁の近い等脚(とうきゃく)類と比べてみよう。ピンとこない人は、もっとも身近な種の一つであるダンゴムシを思い浮かべてほしい。「isopod（ギリシャ語で「同じ脚」を意味する）」という英名が示すとおり、等脚類は前向きの脚だけを持っていて、前向きの脚と後ろ向きの脚を持っている端脚類とはその点が違う。パテルが端脚類のゲノムから*abd-A*を切除すると、等脚類と同様に前向きの脚だけを持つ生物が誕生した。これは、自然の真似事をしたとも言える。なぜなら、等脚類の通常の発生でも、*abd-A*は発現しないからだ。

この遺伝子群の発現パターンに見られる違いが、ロブスターとムカデほどに異なる生き物どうしに違いをもたらしている。ロブスターでは、大きなハサミが生える体節と、脚が生える体節とで、発現している遺伝子の組み合わせが違っている。それに対し、ムカデのような生き物ではどの体節にも同じ種類の脚が生えていて、各体節で似たような遺伝子が発現している。昆虫でもミミズでもハエでも、この遺伝子群が体づくりの工程表になる。

内なる怪物

ミナミモクズ属やロブスターやハエはこの話の序章にすぎない。カエルもマウスもヒトも、この遺伝子群と基本的には同じものを持っている。ただし、ヒトなどの哺乳類では名前が違っている。*abd-A*や*Abd-B*といった名前ではなく、Ｈｏｘ遺伝子群と名づけられていて、その構成遺伝子は後ろに数字を付けて*Hox1*、*Hox2*などと呼ばれる。しかも、ハエやミミズや昆虫がこの遺伝子群を1つの染色体に1組しか持っていないのに対し、私たちは4つの染色体に4組持っている。

この遺伝子群はマウスやヒトの体の前後軸に沿って発現していて、ハエやミナミモクズ属とだいたい同じように、各遺伝子が異なる体節で発現している。私たちの体節からは、翅も、さまざまな方向を向いた脚も生えてこない。生じてくるのは椎骨や肋骨である。こうした違いがあることは承知のうえで、次の疑問を提示したい。果たして、私たちの発生方式は、ミナミモクズ属やハエのそれと同じなのだろうか。例えば、発生中に働く遺伝子の発現パターンを変えれば、肋骨や椎骨の数が通常とは異なる変異体を生み出すことができるのだろうか。

哺乳類の脊柱（背骨）は、配列がほぼ決まっていて、頸椎が7個、胸椎が12個（各胸椎に肋骨が付く）、腰椎が5個となっている。さらにその後ろに、仙骨（仙椎）と尾（ヒトでは小さな椎骨がいくつか融合して「尾骨」となっている）が続く。

ハエやミナミモクズ属と同じように、私たちの場合も体節ごとに発現する遺伝子の組み合わせが異なっている。例えば、バイソラックスのような遺伝子群のある組み合わせが頸椎部を、また別の組み合わせが胸椎部を特徴づけている。同様に、胸椎部と腰椎部でも、腰椎部と仙骨部でも、領域内で発現する遺伝子の組み合わせが異なっている。

では、ある遺伝的な住所が別の住所に変わったら、何が起きるのだろう。変異体の作製は、ハエやミナミモクズ属よりもマウスのほうが格段に難しい。世代時間が長かったり、変異させるべき遺伝子

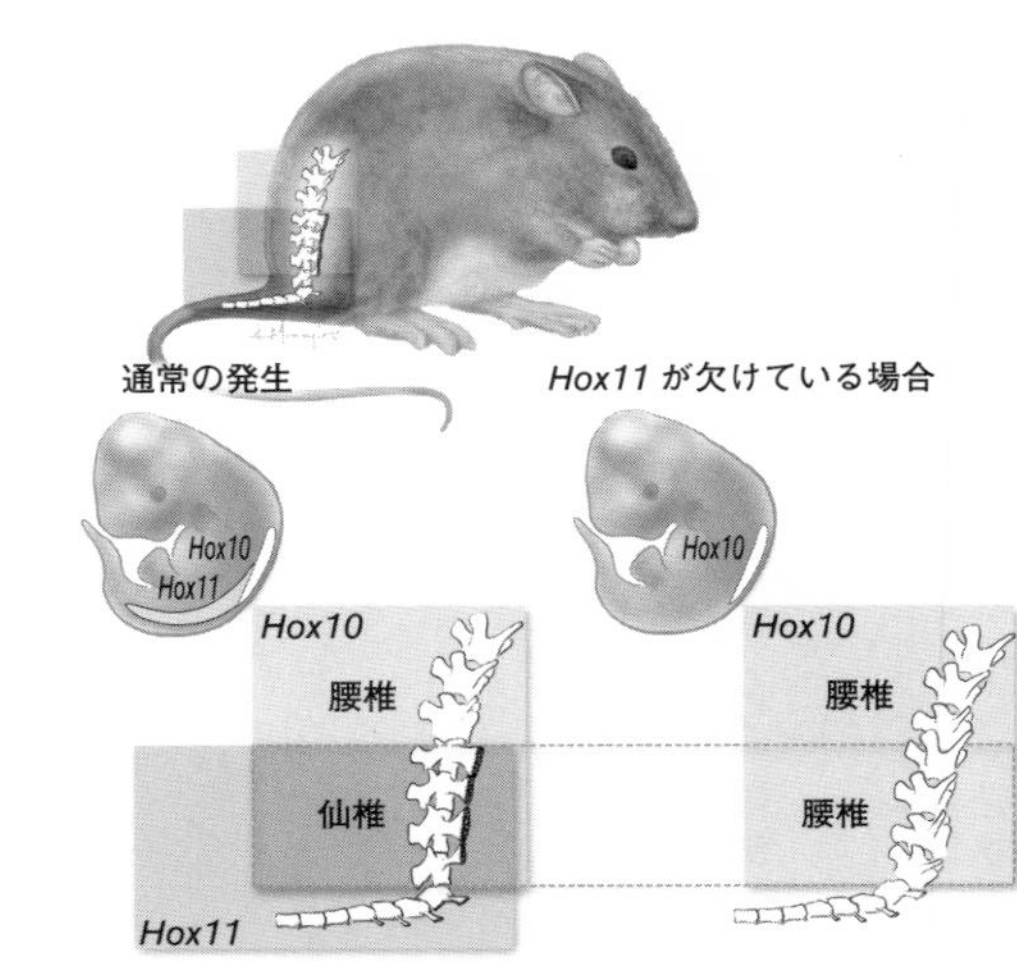

Hox 遺伝子群の発現パターンを変えると，思いどおりに，仙椎を腰椎に変えることができる

が多かったりして、作製に数年を要することもある。しかし、その結果は待っただけの甲斐のあるものだった。

腰椎と仙椎の場合を見てみよう。腰椎が形成される領域では*Hox10*という遺伝子が発現している。一方、その後ろに続く仙椎の領域では、*Hox10*と*Hox11*という2つの遺伝子によって遺伝的な住所が指定されている。そのため、*Hox11*を欠損させた変異体では、普通なら仙椎になるはずの体節に腰椎の遺伝的住所が割り当てられる。すると、それらの体節はどうなるか。実験の結果、生まれてきたのは、仙椎がまるごと腰椎に置き換わったマウスだった。

その後の実験によって、他の遺伝子や体の部位でも同様の結果を再現できることが分かった。胸椎には肋骨がある。いくつかの遺伝子を欠損させると、脊柱の後部全域に胸椎の遺伝的住所を割り当てることができる。すると、肋骨が尾のほうまでずらりと並んだマウスが生まれてくる。パテルがミナミモクズ属を使って示したように、遺伝子の発現パターンを変えると、体節とそこに発生する器官を変えることができるのだ。

こうした実験の産物を「怪物」呼ばわりしても別に構わないのだが、そうすると、そうした生き物が実に見事に「生命に多様性がもたらされる仕組み」を明らかにしたことが、覆い隠されてしまう。19世紀の生物観察、20世紀のハエ部屋での発見、そして現代のゲノム生物学が相まって、動物の体に潜む美しさが露わになってきた。ハエ、マウス、ヒトの体づくりを担う遺伝子群を調べると、私たちは皆、一つの主題に基づく種々の変奏にすぎないことが分かる。生命の系統樹は、ある共通のツールキットを使って、さまざまに枝を広げてきたのだ。

再利用（リユース）、再生利用（リサイクル）、転用（リパーパス）

ルイスの遺伝子群が多様な種にあまねく存在していることが分かると、長い間忘れられていた19世紀の難解な論文が見直されることになった。１９９０年代初期に、ウィリアム・ベイトソンなどの過去の自然哲学者の観察や考察をもとにして、最先端の実験が行われた。ベイトソンの観察によれば、もっとも一般的な部類の変異では、器官の数が変わっていたり、器官が変な部位から生えていたりした。カルビン・ブリッジズやエドワード・ルイスやその後の分子生物学者は、一世紀近く前に敷かれた道をたどった。彼らの研究活動の軸は、19世紀の頃とまったく同じように、研究室で作製されたものか自然界で発見されたものかにかかわらず、奇形生物や変異体だった。

私の下積み時代は、化石、博物館の標本、そして発掘調査がすべてだった。しかし、ある研究の結果を知って、分子生物学を猛烈な勢いで勉強することになった。

世界中の研究者チームがこぞってマウスのＨｏｘ遺伝子群を調べるうちに、まったく思いもよらなかった事実が明らかになった。マウスのＨｏｘ遺伝子群は、体の前後軸に沿った脊椎と肋骨の形成を制御しているだけでなく、頭部、四肢、消化管、生殖器などの胚の多様な器官でも発現していたのだ。まるで、Ｈｏｘ遺伝子群が体中で使い回されていて、独自の分節構造を持つ器官なら何であれ、その形成に携わっているといった具合だった。こうした遺伝子の発現パターンから浮かび上がってきたのは、生物界のカット&ペーストとでも呼ぶべき仕組みだった。体の前後軸を形成するための遺伝的なプロセスが、体内の他の器官を形成するために使い回されていたわけだ。

１９９０年代初期にいくつかの研究が行われ、Ｈｏｘ遺伝子群の肢での発現の仕方が、体の前後軸での発現の仕方にかなり似ていることが分かった。発生のさまざまな段階で発現し、肢の各部位に遺伝的な住所を割り当てているらしい。動物の肢は、カエルの肢からクジラのヒレにいたるまで、どの種でも同じような骨格の配列をしている。まず、腕の基部に上腕骨という1本の骨がある。次に、ひじから橈骨（とうこつ）と尺骨（しゃっこつ）という2本の骨が伸びている。そして末端には、手首と指の骨の集まりがある。動物には、翼で羽ばたいたりヒレで泳いだり、あるいは手でピアノを弾いたりするものもいて、肢の骨の大きさも、形も、数も多岐にわたっているが、この「1本－2本－手首の小骨の集まり－指骨」という配列は常に変わらない。それは動物の体が持つ壮大な〝主題〟であり、この太古の配列を基礎にして、肢の骨格を持つすべての動物の多様性は生じている。

さらに、動物の肢にあるこうした3つの部位（上腕、前腕、手）は、Ｈｏｘ遺伝子群の発現の組み合わせが異なる3つの領域に対応している。動物の肢では、ハエ、ミナミモクズ属、マウスの全身の場合と同じように、領域ごとに異なる遺伝的住所が割り当てられている。

かくして、研究者らは次の問いに挑めるようになった。肢の各分節での遺伝子の発現パターンを変えたら、何が起きるだろうか。体節の場合は、ミナミモクズ属でも、マウスの前後軸でもそうだったように、各体節での遺伝子の発現パターンを変えることで、そこに発生する器官を意のままに変えることができた。

1990年代、フランスのある研究チームが、パテルがミナミモクズ属に試みたような方法で、マウスのＨｏｘ遺伝子を欠損させて変異体を作製した。尾で発現しているＨｏｘ遺伝子を欠損させると、尾を欠いた変異マウスが誕生した。しかし、本題はここからで、次は同じ実験を肢で試みた。尾を形成するＨｏｘ遺伝子は肢でも発現している。その役割は、肢の最末端部（つまり手や足）を特徴づけること。フランスのチームが肢で発現しているこれらの遺伝子を欠損させたところ、肢の骨格が「1本‐2本」までしかないマウスの集団が誕生した。それらの遺伝子が欠損した状態で発生したマウスは、手を欠いていたのだ。

私は、研究者になってからというもの、もっぱら魚のヒレから手や足が進化してきた経緯を研究してきた。研究者仲間とともに6年がかりで化石を調査し、ついに腕と手首の骨を持つ魚を発見した。

それがここにきて、突如として、手の形成に欠かせない遺伝子群を示す証拠までが手に入ったわけだ。

フランスのチームの研究結果を知って、私は新たな研究の道を歩むことにした。化石を集めることに加えて、遺伝子の実験もこなせるようにならなければならない。その武器を手に入れれば、新たな問いに挑むことができるはずだ。果たして、魚はこの遺伝子群を持っているのだろうか。もしそうなら、その遺伝子群は魚のヒレで何をしているのだろう？　そして、動物の手で発現しているその遺伝子群を調べれば、魚のヒレから動物の肢が進化してきた経緯を解き明かせるのだろうか。

私たちが市場や海中や水族館で見かける魚に、手や足の指はない。ヒレは主に、何本もの鰭条（きじょう）と、その間にある鰭膜（きまく）で出来ている。鰭条の骨と指の骨は同じものではない。指の骨が軟骨性の原基から生じるのに対し、鰭条は皮膚の下にじかに発生する。化石記録から分かっているように、ヒレから肢が進化した際には2つの大きな変化があった。指の獲得と鰭条の喪失だ。

フランスのチームがマウスの手足の形成に必須の遺伝子群を明らかにしたと聞いて、その遺伝子群が四肢を持つ動物に特有のものだと考えてはいないだろうか。もしそうなら、その考えは間違いだ。魚もその遺伝子群を持っている。では、手足を形成する遺伝子群は、魚のヒレでは何をしているのだろうか。

この問いに、シカゴの私の研究室にいる2人の若手生物学者が4年間をかけて挑んだ。まず、中村哲也が哺乳類での遺伝子実験を魚のヒレでも再現しようと試みた。手足を形成する遺伝子群を丁寧に切除したが、それを欠いた魚はなかなか成長しなかった。先述のとおり、その遺伝子群は脊椎の形成にも関わっているため、変異体の魚はすいすいと泳げなくなってしまうのだ。それでも、変異体を３年がかりで作製・成長させた中村は、驚くべき現象を目の当たりにした。なんと、その遺伝子群をゲノムから切除すると、変異体の魚に鰭条がつくられなくなったのだ。

２人めの若手生物学者と私との出会いは１９８３年にさかのぼる。その年、私の解剖学の師であるリー・ガーキー教授が生まれたばかりの息子を講義に連れてきた。その赤ん坊、アンドリュー・ガーキーが20年後に私の研究室で博士論文に取り組むことになろうとは、その時は思いもしなかった。ガーキーは、中村と同じく、連日のように深夜3時まで研究室に残り、実験の計画を練っていた。カナダのある研究室の発表では、マウスの手の形成に関わる遺伝子群に目印を付けてその発生を追ったところ、その遺伝子群が発現しているほぼすべての細胞が手首と手に落ち着いたという。この結果自体はそれほど驚くものではない。本当の驚きは魚のヒレに潜んでいた。ある日の深夜、ガーキーはその遺伝子群の魚のヒレにおける発現パターンを調べ、一枚の写真を撮った。すると、その写真は『ニューヨークタイムズ』紙の一面を飾った。理由はいたって単純で、その写真が大変な事実を物語っていたからだ。

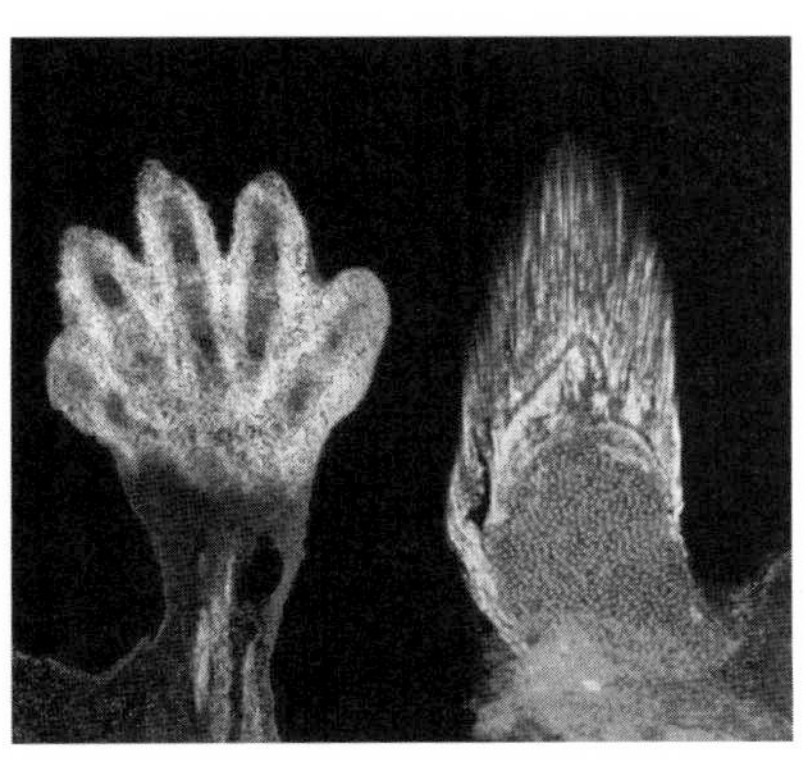

手の形成に欠かせない遺伝子の発現パターン（左）は，ヒレの末端部を形成している魚にも存在している。明るい領域は，類似の *Hox* 遺伝子が発生中に発現している領域を示している

マウスやヒトの手の形成に必須の遺伝子群は、ただ魚にも存在しているというだけでなく、ヒレの骨格の末端部にある骨、すなわち鰭条の形成に関わっていたのだ。

ヒレから肢への進化を調べると、あらゆるレベルで転用の起きていることが分かる。手足の形成にあずかる遺伝子群は魚にも存在し、ヒレの末端部をつくっているし、ハエなどの動物では同類の遺伝子群が体の末端部の形成に関わっている。生命に大変革が起きるのに、新たな遺伝子、器官、生活様式が一斉に発明される必要があるとは限らない。古来の特徴を新たな用途に使い回すことで、子孫に大いなる可能性が開けることもある。

古来の遺伝子を改変したり、使い回したり、あるいは取り込んだりすることが進化の燃料になる。遺伝的なレシピがゼロから生まれないと、体内に新たな器官が誕生しないわけではない。既存の遺伝子や遺伝子のネットワークを棚から引っ張り出し、改変することでも、まったく新しいものを生み出すことができる。この「古いものを利用して新しいものを生み出す」という現象は、生命史のあらゆる階層に見られる。遺伝子そのものの発明さえ、その例外ではない。

（1）「monster」という言葉には「怪物」という意味の他に「奇形」という意味もある。
（2）生物が持つさまざまな性質のこと。色、形、大きさなどの目に見えるものから、薬剤耐性などの目に見えないものまで含まれる。

（3）染色体上での諸々の遺伝子の配置を示した図。
（4）歩脚と遊泳脚という2種類の肢を持っているから、とする説もある。

第5章　進化というモノマネ師

17~18世紀にかけて、動物の体は、世界の最果てにもまったく引けを取らない驚異のフロンティアだった。人体の基本的な特徴さえ分かっておらず、ましてや世界の辺境で収集された多様な生物の体のことなど一切が不明だった。山や川などの名前と同じように、人体の部位にも発見者の名前が付くことが多い。それらの名前は、人体の部位を最初に探った何百人もの先人の功績を今に伝えている。例えば、心臓にある電気信号の経路の一つである「バッハマン束」もその一つ。目には視神経を束ねる線維組織の輪である「ツィン輪」がある。「モバイル・ワッド・オブ・ヘンリー（mobile wad of Henry)」などは、前腕の外側にある筋肉群の名前というより、幼稚で下品な冗談のように聞こえる。[1]

こうした名前を考案した発見者らは、多様な器官に自らの旗を打ち立てただけでなく、自然界に深遠なパターンを見いだしていた。フランスの医師フェリックス・ヴィック・ダジール（1748~94）は、「ヴィック・ダジール線条」と「ヴィック・ダジール束」という脳の2つの構造に名前を残している。近代神経解剖学、比較解剖学の祖でありながら、科学史における彼の評価は低い。ヴィック・ダジールは、「体内の器官がなぜ今のような姿をしているのか」を説明する規則を解明しようとして多様な動物の器官を比較した、最初の一人だった。

ヴィック・ダジールは、各動物種の類似した器官を比べるだけでなく、体内に潜む秩序を探した。例えば、ヒトの四肢を解剖して、前肢と後肢が基本的には互いのコピーであることに気づいた。腕と脚の骨格は「1本－2本－小骨の集まり－指骨」という類似した配列を持っている。ヴィック・ダジールはこの比較をさらに進め、腕と脚の筋肉群も類似した配列を持っていて、あたかも一式の器官が複製されて繰り返し現れているかのようであることに気づいた。

その約70年後、イギリスの解剖学者サー・リチャード・オーウェン（1804～92）がヴィック・ダジールの発想を押し広げ、四肢だけでなく全身に、ヒトだけでなくすべての動物の骨格に当てはめようとした。肋骨（あるいは椎骨や四肢の骨）の一式は、個々の骨が互いのコピーのようで、形・大きさ・体内での位置に些細な違いはあれど、全体の設計は似ているように見える。オーウェンはこの考えをいたく気に入り、「ヒトから魚にいたるまでのあらゆる動物の骨格の原型は、椎骨と肋骨のセットが頭から尾にかけて連なる単純な動物である」と提唱した。

ヴィック・ダジールとオーウェンが解明しかけていたもの。それは体の基本的なパターンだけではなかった。実は、生命そのものの一切、特にＤＮＡについての真実も明らかにしかけていたのだ。

ブリッジズ、再び

18〜19世紀に行われていた動物の丹念な解剖など、20世紀にモーガンのハエ部屋で行われていた苦行に比べれば、序の口にすぎない。１９１３年、モーガンの教え子の一人であるサブラ・コービー・タイスが、眼が極端に小さい変異体のオスを見つけた。この変異体はまれで、数百匹の正常なハエに1匹が紛れている程度だった。タイスは研究室でハエを飼育し、数か月かけてオスとメスの両方を見つけ、ついに変異体の大量繁殖に成功した。

カルビン・ブリッジズは、他界する2年前の１９３６年に、極めて精緻な新技術を用いて、この眼の小さい変異体の遺伝物質を調べてみることにした。その新技術は、正確無比な手技を誇るブリッジズにぴったりのものだった。ハエの唾液腺から小さな細胞塊を摘出し、加熱してスライドガラスに載せ、顕微鏡を高倍率にして細胞の内部を観察する。すると、手技が正確であれば、細胞内に染色体が見える。ブリッジズは、ＤＮＡのことは知らなかったが、染色体に遺伝子が含まれていることは知っていた。

動物や植物の染色体は、数も形も大きさも多岐にわたっている。ハエのバイソラックス変異体のくだりでも見たように、ブリッジズも使った技術で染色体を処理すると、厚薄さまざまな白黒の縞模様が浮かび上がる。白と黒が交互に繰り返すその模様は、一見したところランダムなパターンに見える。

この縞模様の構成こそがキモで、モーガンのチームはそれを座標替わりにして、各遺伝子の染色体上の位置を特定したのだった。遺伝子がＤＮＡの連なりであり、折り畳まれ、コイル状になって染色体を形成していたことを思い出してほしい。遺伝子の位置は、染色体の白黒の縞の繰り返しのどこにあるかで特定される。突然変異は、縞のパターンの局所的な変化として現れる。白黒の縞はいわば、人工衛星の配置が良くない時のＧＰＳ装置のようなもので、変異体の遺伝的欠陥の位置を教えてくれはするが、その精度はそれほど高くない。

ブリッジズは、眼の小さい変異バエの染色体を処理し、その縞模様を正常なハエのものと比べてみた。両者の縞模様はほぼ同じだったが、違いの見られる領域が一つだけあった。眼の小さい変異バエは、一本だけやたらと長い染色体を持っていて、その染色体では白黒の縞から成る一区画がまるごと繰り返され、元の区画と隣り合っているように見えた。ブリッジズは「これはゲノムの一区画が重複された証しに違いない」と考え、詳細なメモを残し、「このハエが異常に小さい眼と通常より長い染色体を持っている原因は、何らかの異常な遺伝子複製が起きたことではないか」と推測した。

ヴィック・ダジール、オーウェン、そして2人と同時代の研究者が動物の体を「同じパーツの繰り返しから成るもの」として思い描いた一方で、カルビン・ブリッジズはゲノムにコピーを見いだしはじめていた。遺伝子重複という考え方が生まれようとしていた。

遺伝子に心地いい音楽

スティーブ・ジョブズはかつてこう言った。「ピカソいわく「優秀な芸術家はマネをし、偉大な芸術家は盗む」。〈アップル社の〉私たちはこれまで絶えず、何の臆面もなく、優れたアイデアを盗んできた」。芸術とテクノロジーに当てはまることは遺伝子にも当てはまる。コピーしたり、あるいは盗んだりさえできるなら、どうして一からつくる必要がある?

ジョブズがこうした考えを語る数十年前、もっぱら独りで研究していた物静かな研究者が、同じ考えを遺伝学に当てはめた。大野乾（すすむ）（1928~2000）は、カリフォルニアのシティ・オブ・ホープ研究所に在籍していた頃、タンパク質の配列をバイオリンとピアノ用の演奏曲に変換するという趣味を始めた。タンパク質がアミノ酸の配列から成ることを知っていて、各アミノ酸に一つずつ音符を割り当てたのだ。そうして編まれた楽曲は、大野の胸に、深く、神秘的に響いた。悪性腫瘍の原因タンパク質を変換した曲は、ショパンの「葬送行進曲」のように聞こえた。体内での糖の分解を助けるタンパク質の配列をもとにした曲は、子守唄のようだった。もっとも、大野が遺伝子やタンパク質に見いだしたのは、葬送曲や心地いい曲だけではない。彼は、生物に生じた発明に対する新たな視点も見いだしていた。

大野は日本統治時代の韓国に生まれ、朝鮮総督府の学務部長だった父のもとで育った。おかげで、幼い頃から、教育の機会と知力を試される機会に恵まれた。本人いわく、彼の畢生（ひっせい）の研究は、少年時代のウマへの愛に端を発している。週末になるたびに乗馬に興じ、やがて「ウマの質が低いと、人間が何をしようとどうにもならない」と悟った。大野にとって、ウマどうしの違いを理解する鍵は、ウマを速くしたり遅くしたり、強壮にしたり虚弱にしたり、大きくしたり小さくしたりする、遺伝子を理解することにあった。日本でも、渡米後のカリフォルニア大学ロサンゼルス校でも遺伝学を学び、モーガンやブリッジズの研究にも知悉して、日々染色体を観察し、生物どうしの類似性や相違性を説明するパターンを探した。

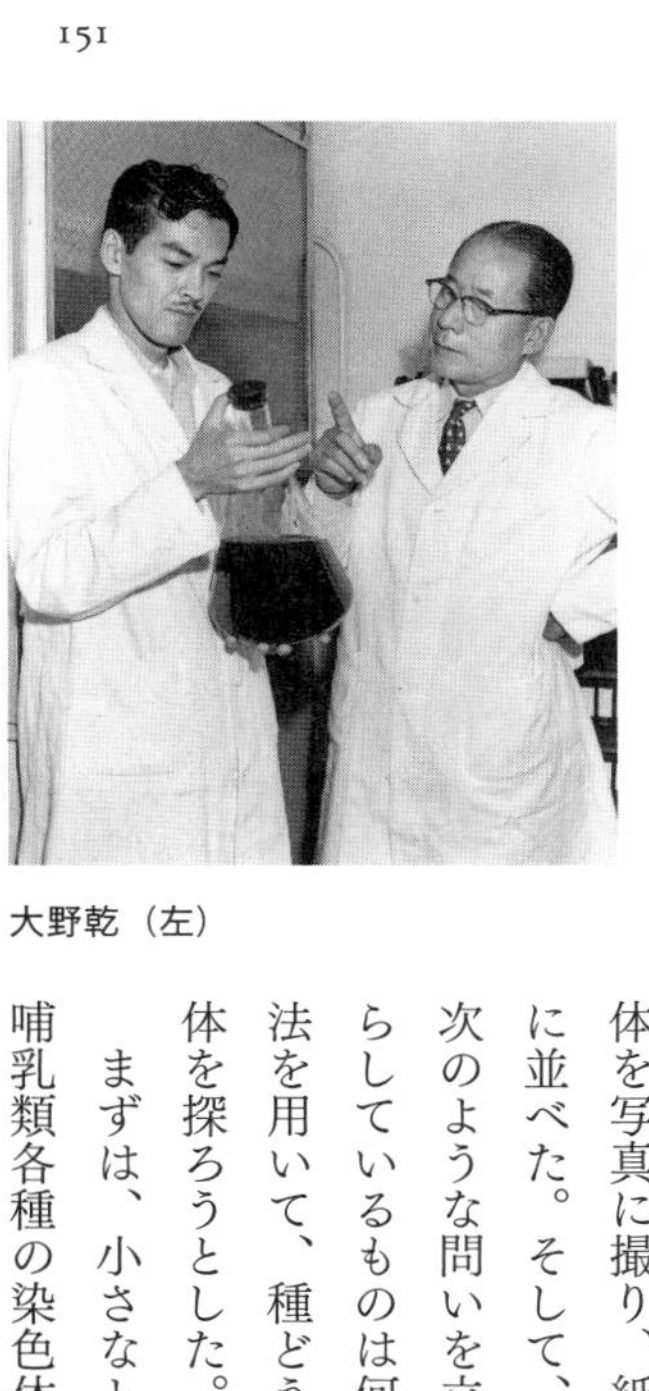

１９６０年代、大野は、数十年前にブリッジズが使っていたのとさして変わらない技術を用いて、哺乳類の多様な種の細胞を化学物質で染め、染色体の縞模様を浮かび上がらせた。次に、各種の染色体を写真に撮り、紙人形よろしく切り抜いて、作業台の上に並べた。そして、染色体の写真の切り抜きを前にして、次のような問いを立てた。多様な種の染色体に違いをもたらしているものは何なのか。この独創的かつローテクな手法を用いて、種どうしに違いをもたらす遺伝的な変化の正体を探ろうとした。

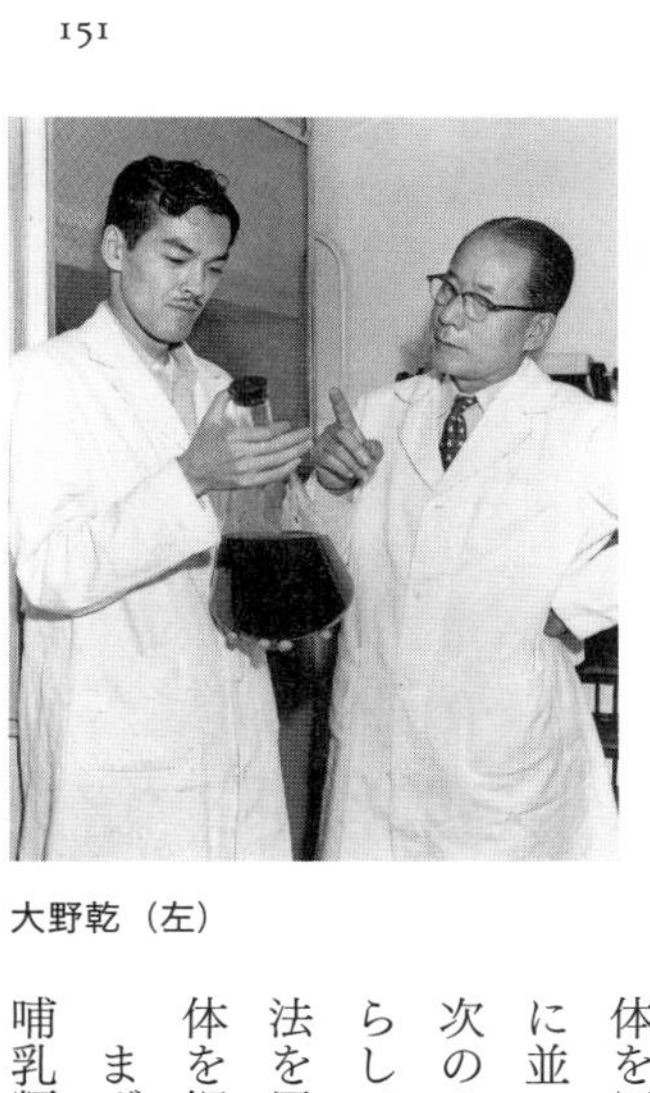
大野乾（左）

まずは、小さなトガリネズミからキリンにいたるまでの哺乳類各種の染色体を比べることにした。動物園などから多様な種の細胞を入手した後、大野が最初に気づいたのは、各種の染色体の数に大きな幅があることだった。下はハタネズミの17対から、上はクロサイの84対まであった。

大野が次にしたことは、優雅なほどに簡潔で、なおかつ重大な示唆に富むものだった。哺乳類各種の染色体の切り抜きの重さを量ったのだ。「染色体の切り抜きの重さは、各種の細胞内にある遺伝物質の総量の代わりとして使えるはず」という推測に基づいてのことだった。計量したのは厚紙に印刷した染色体の写真の切り抜きであり、染色体そのものではなかったが、各種の染色体の重さを比べることができればそれでよかった。この実験を成功させるためには、写真から染色体の部分だけを丁寧に切り取る必要があった。ハタネズミの17対の染色体とクロサイの84対の染色体の切り抜きを計量したところ、両種の総重量はほぼ同じだった。それどころか、哺乳類の多様な種のすべてが、ゾウからトガリネズミにいたるまで、重さが一緒だった。厚紙の切り抜きの重量が類似しているということは、哺乳類のさまざまな種で染色体の重さに違いがないということだと、大野は結論した。この類似性は、さまざまな種で染色体の数に大きな違いがあるにもかかわらず、揺らぐことがない。

次に、この比較を他の動物でも試みた。両生類や魚の多様な種でも、やはり遺伝物質の量は同じなのだろうか。大野は、サンショウウオの各種はたいてい似た姿をしているから、きっと遺伝物質の量も同じくらいだろうと高をくくっていた。ところが、各種の染色体の写真を切り抜いて計量してみると、あっと驚く結果が出た。サンショウウオの多様な（といっても体のつくりはそっくりな）種を調べたところ、細胞内のＤＮＡの量に相当な開きがありそうで、場合によっては5～10倍の差があるかもしれないことが分かったのだ。同じことはカエルの各種についても言えた。しかも、この2種類の両生類の遺伝物質の量は、ヒトなどの哺乳類とは比べものにならないほど多かった。ヒトの25倍もの遺伝物質を持つサンショウウオやカエルの種もいた。

大野は、厚紙の切り抜きを使って、数十年後に数十億ドル規模のゲノム計画で追認されたことを明らかにした。動物の複雑さや種どうしの違いは、細胞内の遺伝物質の量には対応していない。サンショウウオの各種はたいてい姿が似ているのにDNAの量に最大で10倍もの開きがあり、その余分な遺伝物質はサンショウウオの体に見られるいかなる違いとも関わっていないように思える。大野は、サンショウウオや他の種のゲノムには無用のDNA配列が膨大にあるのではないかと考えた。そうしたDNAは、彼の言葉を借りれば、「ジャンク」だった。

大野は、最大級のゲノムを持つサンショウウオの染色体によくおかしな縞模様が現れることに気づいた。その領域の全体が繰り返しの（あるいは重複した）縞から成っているように見える。もしかすると、サンショウウオやカエルの細胞にある余分なDNAは、すべて遺伝子の重複によって、つまりDNAの一部が何度も何度も繰り返し複製されることによって生じたのかもしれない。すべての〝ジャンク〟は複製機構の暴走により誕生したというわけだ。大野は、この遺伝子重複の暴走が生命史に残る大進化の主要な原因の一つなのではないかと考えた。そして、名探偵さながらに、遺伝子重複が起きる仕組みと、そのことが生命史について示唆しうることを解明しようとした。

細胞分裂に伴い染色体が複製される際、時にエラーが起きることを、大野は知っていた。T・H・

モーガンのグループは、例のハエ部屋で細胞が分裂する様子を観察していた。染色体に縞模様を浮かび上がらせることで、染色体がどう複製され、その結果として細胞内にどのようなエラーが生じるのかを調べた。たいていの動物は各細胞に両親から1組ずつ受け継いだ2組の染色体セットを持っている。例えばヒトの染色体は23対あり、各対が母方の1本と父方の1本から成るため、その総数は46本となる。大半の細胞が各染色体を2本ずつ持つ一方で、精子と卵は1本ずつしか持たない。精子や卵の形成過程では、DNAが複製され染色体がコピーされて、各精子や卵に染色体セットが1組だけ割り当てられるためだ。ところがここで、時に間違いが起こる。染色体が複製される際、新たな対は互いの一部を交換することが多い。しかし、この交換が均等でないと、片方の染色体が一部の遺伝子を余分に持ち、もう片方にその分の欠失が起こる。この現象が起きると、同じ遺伝子のコピーを多数持ち、ひいては通常より大きなゲノムを持つ子孫が誕生する。ブリッジズが眼の小さい変異バエに見いだしたのも、大野が厚紙の切り抜きを使って発見したのも、このたぐいの現象だった。

もう一種類のエラーには、ゲノムをまるごと変えるほどの力がある。染色体は、複製されると、それぞれが新しい精子や卵に分配される。もしその一部が新たな居場所に正しく行き着けないと、一部の精子や卵が余分な染色体を持つことになる。つまり、1個の遺伝子ではなく、染色体上に並ぶ何千個もの遺伝子の重複が起きるわけだ。そうした精子や卵からは、通常の2組の染色体セットだけを持つ胚ではなく、はぐれものの染色体を1本余分に持つ胚、または染色体セットを1組（あるいは数組）まるごと余分に持つ胚が誕生しうる。そうした胚は、各染色体を2本ずつ持つのではなく、3本以上ずつ持つことになる。

染色体が1本余分にあると劇的な変化が起こりうる。えてして遺伝物質の均衡が崩れ、正常な発生に欠かせない遺伝子間の繊細な相互作用に乱れが生じる。その余波として起きるのが、例えば先天異常だ。ダウン症候群は、胚が21番染色体を1本余分に持つことで引き起こされる。その影響は全身におよび、神経系、あご、目に変化が生じ、手のひらには一直線のしわが寄る。遺伝学者が取りまとめた染色体異常の一覧には、胚が13番染色体を1本余分に持つことで生じるパトー症候群や、18番染色体の過剰が原因で起きるエドワーズ症候群などが含まれる。どちらの症候群でも、脳や骨格や諸々の器官、要するに全身のほぼすべての部位の発生に影響がおよぶ。

胚が染色体を1本余分に持つのと、染色体セットをまるごと重複して持つのとでは、訳が違う。後者の場合、時として生物に〝魔法〟がかかる。各遺伝子のコピー数が通常の2つではなく、3つ、4つ、あるいは16個かそれ以上になることもある。私たちは毎食のように染色体セットを余分に持つ生物を食べている。バナナやスイカは3組、ジャガイモやリーキネギ、ピーナッツは4組、イチゴにいたっては8組もある。植物の育種家がつとに気づいていたように、ゲノムがまるごと重複している植物を繁殖させると、その子孫が時として染色体セットの余分な組を持つようになり、普通よりも強壮になったり美味になったりする。そうなる理由ははっきりしていないが、一説には余分な遺伝物質が新たな用途に使われ、成長や代謝が強化されるからではないかと言われている。

この染色体の倍加現象は自然界で頻繁に起きている。染色体セットが1組多い精子と、同じく1組多い卵が融合すると、その胚は生存可能になり、それどころか通常よりずっと強壮になりうる。この新たな個体は周りの仲間とは違っている。こうした個体は、ゲノムが両親や仲間とはあまりに異なっているため、時として、自分と同じように染色体セットを1組余分に持っている相手としか繁殖を成就させられない。それらはいわば「有望な怪物」であり、染色体の精子と卵への配分に変化が起きたことにより、ワンステップで生じた遺伝的変異の産物である。世界には約30万種の花を咲かせる植物（被子植物）が知られていて、そのうちの半数以上が重複した染色体セットを持っている。それらの種は、精子や卵の形成過程に単純な変化が生じたことで誕生したものだ。

植物ではありふれていることが、動物では珍しい。哺乳類や鳥類、一部の爬虫類では、重複した染色体セットを持つ変異体が生き延びることはめったにない。余分な染色体セットを持つ種が相当数いる動物群は、爬虫類、両生類、魚だ。トカゲはよく3組以上の染色体セットを持って生まれてくる。こうした個体は、成長の仕方も容姿も普通の個体と変わらないが、たいてい生殖能力がない。一方、カエルや魚の種には、3組以上の染色体セットを持ちながら正常に繁殖することのできるものがいる。

大野は、厚紙を切り抜くことで、細胞内の単純なエラーにより、染色体やその一部、はたまた1組まるごとが重複しうることを知った。そして、コピーや、コピーのコピーに満ちあふれた世界を思い描いた。彼にとって、重複は発明の源泉だった。

サンショウウオやカエルの染色体の切り抜きが、生命史上の遺伝的発明についての新たな視点をもたらした。従来の定説では、「自然選択による進化の燃料は、遺伝子に生じる小さな変異である」とされていた。では、大野が想定したように、もし進化の原動力が遺伝子重複だったとしたら？　その場合、発明は、新たな用途にすぐに使える形で誕生してくるに違いない。ある遺伝子が重複したら、それまでは1つしかなかった遺伝子が2つ存在することになる。こうした余剰があると、一方が変異せずに旧来の機能を維持し、他方が変異して新たな機能を獲得することが可能になる。こうして、新たな遺伝子があっという間に、しかも遺伝子の保有者にほとんど何の代償も支払わせることなく、誕生する。

重複は、ゲノムのあらゆる階層における変化の基礎になりうる。有用なパーツがすぐに使える形で出現し、新たな方向への変化を受け入れる。古いものを利用し新しいものを創造するわけだ。

大野が染色体の切り抜きを使った研究を終える頃には、多様なタンパク質のアミノ酸配列が解明されつつあった。それらの配列は、ゲノム内で起きている重複現象の広がりを追認する格好になった。あらゆる階層にコピーがあった。ゲノム全体もコピーされうるし、遺伝子もコピーされうるし、どうやらタンパク質の一部さえも繰り返しの配列を持っているらしい。こうした重複した配列を持つタンパク質は、大野にとって、特別な楽曲を編むための素材になった。彼は、歌手である妻の翠(みどり)とともによく社交の場に招かれ、重複した分子をもとにした曲を演奏した。

どこもかしこもコピーだらけ

生物のゲノムは、どの階層を見ても、音楽の楽譜に通じるところがある。音楽でも、同じ楽節（フレーズ）をさまざまに繰り返すことで、実に多種多様な曲が生まれる。自然を作曲家に例えるとしたら、その作曲家は史上屈指の著作権侵害者であるに違いない。ＤＮＡの一部から遺伝子やタンパク質にいたるまでのあらゆるものが、オリジナルのコピーを改変したものにすぎないのだから。ゲノム内の重複に注目しはじめると、まるで新しい眼鏡を掛けたかのように、世界がそれまでとは違って見えてくる。いったんゲノム内に重複を見いだすと、どこもかしこも重複だらけであることに気づく。新しい遺伝物質だと思っていたものが、新たな用途に転用された古い遺伝物質のコピーだったりする。進化の創造力はどちらかと言うとモノマネ師の能力に近い。そのモノマネ師は、数十億年にわたり、古来のＤＮＡやタンパク質、あるいは器官の設計図までをも複製し、改変してきた。

ツッカーカンドルやポーリングといった、タンパク質のアミノ酸配列を最初に調べた研究者も、実は重複に出くわしていた。血液中の酸素を運ぶタンパク質であるヘモグロビンには多くの種類があり、それぞれ異なる生活条件に対応している。胎児と成人では、ヘモグロビンに求める機能が違う。子宮内の胎児が母親の血流から酸素を得ているのに対し、成人は肺を使っている。成長段階に応じて使い分けられているこれらのヘモグロビンも、互いが互いのコピーだ。

タンパク質には種々のアミノ酸配列が存在し、互いが互いの変型であるように見える。そうした例は、皮膚、血液、目、鼻などをはじめ、すべての組織や器官に存在する。

ケラチンは、私たちの爪、皮膚、髪の毛に独自の物理的特性をもたらしているタンパク質だ。組織によってケラチンの種類は異なっていて、柔らかいものもあれば硬いものもある。ケラチン遺伝子ファミリーは、太古のケラチン遺伝子が重複し、各組織専用のケラチンを生み出すうちに誕生した。

色覚はオプシンというタンパク質の働きで生じている。ヒトが広範囲の色を知覚できるのは、目に3種類のオプシンがあって、それぞれが赤、緑、青という異なる波長の光に対応しているからだ。これらのオプシンも重複の産物であり、1つが重複して3つになったことで、視覚機能が向上した。

同様のパターンは嗅覚に関わる分子にも当てはまる。ある動物が感じ取れる匂いの種類の多さは、主として、その動物が持っている嗅覚受容体遺伝子の数によって決まる。ヒトは約500個の嗅覚受容体遺伝子を持っているが、イヌやラットはそれよりもはるかに多く、それぞれ約900個、約1200個を持っている（魚は約150個）。[2] 視覚も嗅覚も呼吸も、もっと言えば動物のほぼすべての営みが、重複遺伝子があるからこそ成り立っている。動物の体にあるタンパク質の大部分は、太古のタンパク質が重複し、改変され、新たな機能に転用されたものなのである。

ルイスと彼の後に続いた研究者たちが気づいたように、体づくりにあずかる各遺伝子は、個々に改変された互いのコピーである場合が多い。ルイスの遺伝子群もハエのバイソラックス遺伝子群もマウスのＨｏｘ遺伝子群も重複の産物だ。Ｈｏｘ遺伝子群は動物の体の構造に密接に関わっていて、時とともに数を増やし、今では大規模な遺伝子ファミリーになっている。ハエでは8個しかないが、ヒトでは、マウスと同じく、39個ある。同じことは、動物の体づくりにあずかる他の主要なツールキット(3)遺伝子群についても言える。Ｐａｘ遺伝子群は、目、耳、脊髄、内臓の形成に関わっている。遺伝子の数は全部で9つ。*Ｐａｘ6*は目の形成に、*Ｐａｘ4*は膵臓の形成に関与している。両遺伝子を欠損している胚では、上記の器官が形成されない。それらの祖先遺伝子は単体の*Ｐａｘ*遺伝子であり、それが重複し、各コピーが新たな機能を獲得して、さまざまな組織や器官で働くようになった。

今では、ゲノム内の諸々の遺伝子が遺伝子ファミリーの一員であることが分かっている。遺伝子ファミリーは重複遺伝子だらけで、それらは重要な配列を共有している。ファミリーを構成する遺伝子は、数個の場合もあれば数千個に上ることもあり、各自が異なる機能を有している。こうした遺伝子は、進化の過程で働く強力な作用の存在を物語っている。

大野が気づいたように、コピーは発明の手段になりうる。私のシカゴ大学の同僚である龍漫遠（ロンマンユエン）は、ショウジョウバエ類を調べて、新しい遺伝子が多様な種に生じる仕組みを評価した。龍は、その時入手可能だったハエの多様な種のゲノム配列を利用した。全種に共通せず一部の種だけに見られる新しい遺伝子は500個余りあり、ゲノム全体の4パーセントほどを占めていた。中には未知の仕組みで生じた遺伝子もあったが、新しい遺伝子の大半は古来の遺伝子が重複したことで生じていた。コピーができるのなら、わざわざ一から発明する必要などないということだ。

さらに、遺伝子重複の影響は私たちの身にもおよんでくる。

大きな脳

ヒトの代表的な形質と言えば、霊長類の仲間のものと比べて大きいその脳だ。脳の起源の遺伝的な基盤を知ることができれば、思考や会話をはじめとしたヒトならではの特徴の多くが生じた経緯を解き明かすことができるに違いない。化石記録から判断すると、ヒトの脳の容積は、300万年前に生息していたアウストラロピテクス属の祖先から3倍近くに増えている。特定の部位が拡大していて、特に、思考、計画の立案、学習に携わる大脳皮質という領域の発達が目覚ましい。

化石記録によると、脳の拡大は他の変化と関連していて、特に、ヒトの祖先が作成・使用していた道具の種類が複雑になったこととの関わりが深い。ここで出番となるのがゲノム技術であり、ヒトをヒトたらしめている遺伝子を解明するという、新たな探究への道が拓かれる。

一つの方法としては、ヒトとチンパンジーのゲノムを比べるというものがある。その方法をとれば、ヒトにはあってチンパンジーにはない遺伝子の一覧表ができるだろう。その一覧表は有益なものになるだろうが、ヒトの脳の起源にとってどの遺伝子が重要だったかについては何も教えてくれない。一覧表上の遺伝子は、ヒトを他の霊長類と隔てるどの特徴と関わっていてもおかしくないし、あるいは何とも関わっていない恐れもある。

この問題に対する別の方法は、まるでＳＦから拝借してきたかのように思える。何しろ、シャーレの中で脳を培養するというのだから。「オルガノイド」というその人工器官の名前にもＳＦっぽい響きがある。この方法は、発生中の動物から脳の細胞を採取し、シャーレに入れ、どのような条件下で脳の構造がつくられるかを調べるというものだ。生体組織の研究は、胚の内部にある状態より、シャーレに取り出した状態のほうが格段に行いやすい。特に哺乳類では発生過程がもっぱら母親の子宮内で進むため、なおさらそう言える。

カリフォルニアのあるチームがヒトとアカゲザルの脳オルガノイドを作製し、両者の違いを一覧表にした。シャーレを観察すると、ヒトのオルガノイドにはヒト特有の皮質領域らしきものが形成されていたが、アカゲザルのオルガノイドにはそれがなかった。研究者は、この領域の組織が形成される際にオンになっている遺伝子を調べた。すると、ヒトの細胞ではあまねく発現しているのに、アカゲザルの組織では発現していない遺伝子が見つかった。*NOTCH2NL*（ノッチツーエヌエル）という、舌がもつれそうな名前を持つこの遺伝子が、今後の話に関わってくる。

同じ頃、カリフォルニアから９０００キロほど離れたオランダで、ある研究室が特別な許可を受け、流産や医学的に必要な中絶により死亡した胎児から脳の組織を入手していた。この組織は、脳の形成途上にあった胎児に由来する点で、極めて価値が高い。研究者は、胎児の脳で発現している遺伝子群を調べ、脳の形成にあずかる遺伝子として適切な特徴を備えたもの（発生の適切な時期に発現し、タンパク質を活発に合成していたもの）をいくつか発見した。そのうちの一つは、先述のシャーレを使った実験でも確認された*NOTCH2NL*だった。

この研究のSFっぽさは、ここからますます増していく。オランダのチームは、なんとヒトの*NOTCH2NL*をマウスに注入した。ヒトとマウスのキメラを作製したわけだ。(4) そのマウスの脳内では、ヒトの脳内と同じように、皮質領域の脳細胞が増えていた。

カリフォルニアのチームは続いてゲノムに着目し、ヒト、ネアンデルタール人、その他の霊長類のゲノムを比べてみた。すると、*NOTCH2NL*がヒトの脳で働いている3つの遺伝子のうちの1つであること、その3つの遺伝子が*NOTCH*という遺伝子に似ていることが分かった。この*NOTCH*は、ハエから霊長類にいたるまでのあらゆる動物に存在していて、多種多様な器官の発生に関わっている。では、ヒトの脳で発現しているこの3つの遺伝子はどのようにして誕生したのか？　霊長類の祖先が持っていた原初の*NOTCH*に重複が起きたのだ。その後、各コピーが新しい機能を獲得していった。

遺伝子重複は、過去の出来事を説明するのに役立つだけではなく、現在の出来事にも関わっている。この*NOTCH*の3つの重複遺伝子はヒトのゲノム内で隣り合っている。そうした並びのせいで、その領域は不安定になっていて、細胞分裂に伴って遺伝子が複製される際にちぎれたりする。切断が起きた箇所では、染色体が損傷を被りやすい。そうした変化が起きると、遺伝子の機能や脳にも影響がおよぶ。細胞分裂の際、その領域は重複したり欠損したりする。領域が重複した人は長じて通常よりも大きな脳を持ち、領域が欠損した人は通常よりも小さな脳を持つ。こうした遺伝的な変化を被っても正常な脳機能を維持できる人もいるが、たいていの人は統合失調症や自閉症の症状を呈する。

大きな脳の形成に関わる遺伝子が*NOTCH2NL*だけでないことは確かだ。しかし、この研究が示しているように、ヒトのゲノムは、繰り返し、遺伝子ファミリー、その他のコピーであふれかえっている。そして、こうした重複こそが発明や変化の燃料となりうるのだ。

見境のない重複

ロイ・ブリテンは〝科学者の遺伝子〟を受け継いでいた。1919年に生まれ、異分野どうしの科学者の両親に育てられると、物理学を志し、ついには第二次世界大戦期にマンハッタン計画に従事した。しかし、年を追うごとに心の内の平和志向が強まり、新たな職を切望するようになる。その念願がかない、ワシントンD.C.の地球物理学の研究所に移籍した。1953年にDNAの構造が解明されると、絶えず新たな知的冒険を求めていたブリテンは、ニューヨークのコールド・スプリング・ハーバー研究所でウイルス学の短期講座を受講した。そして、その講座で得た知識を携え、DNAを新たなフロンティアと見定めて、DNAの構成を研究しはじめた。

ブリテンが虜になった課題は、「ゲノム内にはどれくらいの数の遺伝子があるのか」「それらはどう構成されているのか」を理解することだった。当時はまだゲノムの配列決定もできなかった頃で、ゲノムの構成については何も分かっていないに等しかった。ゲノム・シーケンサーもない中で、ブリテンは、先人の大野と同じように、何か巧妙な実験を考案する必要があった。

大野の後に続いたブリテンにも、「ゲノムは重複した部分から成る」という直観があった。そこで、巧妙な実験を考案し、ゲノムに含まれているコピーの数を概算することにした。生物の細胞からDNAを抽出し、加熱して、DNAの2本鎖を何千個もの1本鎖の断片にする。その後、条件を変えて、1本鎖の断片どうしが再結合して2本鎖に戻るのを待った。ブリテンの考えでは、諸々の断片がどのくらいの速さで2本鎖に戻るかを計測することだ。この実験のキモは、DNAが再結合する速度を測れば、ゲノム内にどのくらいの反復配列があるかをおおよそ見積もることができるはずだった。なぜか？　それは、DNAという分子の性質からして、同じ配列の断片が多いほど、〝類は友を呼ぶ〟方式で速く再結合するからだ。反復配列（つまり同じ配列）の多いゲノムのほうが、反復配列の少ないゲノムより、速く再結合するはずだった。

ブリテンは、まずウシとサケのDNAで見積もりを行い、その後、他の種も比較した。ゲノムに多くの反復配列が見つかることは予想していたが、結果はその予想を上回るものだった。彼の推定では、ウシのゲノムの約40パーセントが反復配列から成っていた。サケにいたっては、その割合が50パーセント近くに達した。各種のゲノムに膨大な数の反復配列があることも驚きだったが、その特徴が多様な種に共通していることも驚きだった。ブリテンがDNAを分解し再結合させた種のほとんどに、膨大な数の反復配列があった。当時の荒削りな技術を使って見積もったところ、ゲノム内に100万個以上のコピーを持つ反復配列もあった。

ゲノム計画の時代が到来すると、ゲノム内の特定の反復配列を調べられるようになり、ブリッジズ、大野、ブリテンによる初期の研究成果に緻密さが加わった。300塩基ほどのALUという配列はすべての霊長類に見られる。ヒトでは、ALU配列がゲノム全体の11パーセントを占めている。LINE－1という別の短い配列もあり、こちらはヒトゲノム内で数十万回も繰り返していて、全体の17パーセントを占める。他の配列も合わせると、ヒトゲノム全体の3分の2以上が機能も分からない反復配列で構成されている。生物のゲノムでは、昔から見境なく重複が起きていたということだ。

ロイ・ブリテンは、2012年に膵臓癌で亡くなるまで、90歳代になっても論文を発表し続けた。この世を去る前年には、新発見についての論文を「米国科学アカデミー紀要」に発表している。もしその論文の題名を大野が読んでいたら、きっと顔をほころばせていたに違いない。その題名は「ヒトの遺伝子はほぼすべて重複によって生じた」というものだった。

トウモロコシの遺伝子

バーバラ・マクリントック（1902～92）は、T・H・モーガンの足跡をたどって遺伝の基礎を理解しようと志し、研究者としての道を歩みはじめた。しかし、不幸にも、彼女がコーネル大学に入った頃は、まだ女性が遺伝学を専攻することが許されていなかった。そこで仕方なく、〝女性の学問〟として認められていた園芸学を専攻した。しかし、彼女はそこであきらめなかった。結局、トウモロコシの遺伝を研究し新分野を開拓していたチームに合流した。

研究材料としてのトウモロコシには、モーガンのハエに勝る明らかな強みがあった。トウモロコシの穂には1本につき約1200個もの実が付く。マクリントックには、それらの実が遺伝学の研究にうってつけであることが分かっていた。何しろ、1粒1粒が別々の胚であり、つまりはれっきとした個体なのだ。今度トウモロコシをかじる時は、自分が遺伝的に異なる1000個体以上の生物を食べているのだと思ってほしい。マクリントックにとっては、トウモロコシの穂1本1本が、遺伝を探究するための〝栽培場〟だった。しかも、トウモロコシには多くの品種があって、実の色も白、青、斑入りと多岐にわたる。1本の穂が、数千個体の発生を追う実験の土台になるはず。その実験は、早くて安上がりで、なおかつデータもたっぷり取れるはずだった。

マクリントックは、モーガンのチームと同じように、染色体を可視化する技術を開発することから始めた。やがて、トウモロコシの実を数種類の色素で染め、白黒の縞をもとに、染色体の各領域を細かく特定することができるようになった。その後、幸運が舞い込んだ。染色体のある領域が、まるでそこに構造的な欠陥があるかのように、やたらと切れやすいことに気づいたのだ。そこで、その領域に狙いを定め、トウモロコシのさまざまな実で、染色体上のどこに位置しているのかを細かく調べてみた。すると、驚いたこと

バーバラ・マクリントックとトウモロコシ

に、その破断しやすい領域がゲノム内をピョンピョンと跳び回っているではないか。このたった一つの発見から、遺伝学史上に残る重要な考えが導かれた。ゲノムは静的なものではない。遺伝子はあちこちに跳躍できるのだ。

マクリントックはそこで立ち止まらなかった。慎重で完璧志向の研究者らしく、この発見を世間に公表する前に、跳躍遺伝子がおよぼしうる影響を調べることにした。果たして、跳躍遺伝子はトウモロコシの実に何らかの影響をおよぼしているのだろうか。もし、跳躍遺伝子が他の遺伝子の座に着地したら、どうなるのだろう。

マクリントックは、トウモロコシの実の特性を利用して、この問題の答えを探すことにした。トウモロコシの実は、細胞分裂が進むにつれて、外側の層が色素に染まっていく。その層は一つの細胞から始まって、それが分裂を繰り返す。その最初の細胞が特定の色、例えば紫色をしていたら、層を構成するその子孫の細胞もすべて紫色になる。ここで、細胞が増えていく過程で一つの細胞に遺伝的な変化が起き、紫の色素の遺伝子が変異を獲得したとしよう。すると、その細胞の娘細胞はもはや紫色にはならず、初期設定の色、たいていは白色になる。その白色の細胞は分裂を繰り返し、やがて白色細胞の一団を生み出すだろう。すると、紫色を基調とした実に白い斑(ふ)が入ることになる。

マクリントックは、それぞれの実に入る種々の色の斑を調べることで、いつ・どこで遺伝子に変異が生じているかを突き止められるようになった。それぞれの実の変異を調べるという作業を、一つの穂につき数千回繰り返した。そうして、数十万粒の実を調べるとともに、トウモロコシを栽培し続けて色も斑の種類もさまざまな実をつくり出していった。やがて、色の変異がオンになったりオフになったり、そうかと思えばまたオンになったりしていることが分かった。また、ブリッジズやモーガンと同じように染色体を調べてみると、変異が起きるのは、例の破断しやすい領域が色素の遺伝子に入り込んだ時であることも分かった。その領域が色素の遺伝子に入り込むと、遺伝子の機能が損なわれ、色素が産生されなくなる。その後、その領域が跳び出していくと、再び色素が産生されはじめる。トウモロコシのゲノムにはそうした遺伝子が豊富にあり、自らのコピーをつくったりあちこちを跳び回ったりして、さまざまな色の斑を生み出していた。

マクリントックは、この研究を数十年がかりでやり遂げた後、跳躍遺伝子についての自らの考えを所属先であるコールド・スプリング・ハーバー研究所での講演で披露した。会場に集まった専門家の反応は、これ以上ないほどに冷めたものだった。彼女の話を理解できない人、信じない人、あるいは、トウモロコシだけの特殊な性質ではないかと訝(いぶか)しむ人もいた。彼女はのちに当時の専門家の反応をこう語っている。「皆、彼女はおかしい、完全にイカれている、と思ったみたいだった」。

この問題はその後数十年間放置された。しかし、マクリントックはくじけることなく、数千本のトウモロコシの穂を調べ、各跳躍遺伝子の染色体上の位置を特定していった。本人は当時の心境を次のように語っている。「自分が正しいと分かっているなら、何も気にすることはない。遅かれ早かれ、世間に認めてもらえる日が来るのだから」。

その後、1977年になって、他の研究施設が細菌やマウスに（というより彼らが調べたすべての種に）跳躍遺伝子が存在する証拠を発見した。もう一つの驚きがもたらされたのは、研究者らが自らのゲノムを調べた時のこと。なんとヒトゲノムが跳躍遺伝子に乗っ取られていて、全体の70パーセントほどを占拠されていることが分かったのだ。跳躍遺伝子はむしろ主流の存在であり、例外などではなかった。ヒトゲノム内に膨大な数がある反復配列で、何度も重複するうちに数百万コピーを持つにいたった、ＡＬＵやＬＩＮＥ－１のことを覚えているだろうか。それらの配列こそが、自らのコピーをつくりながらゲノムのあちこちに入り込んでいく跳躍遺伝子だったのだ。ロイ・ブリテンが１９６０年代に巧妙ながらも荒削りな実験を通して見ていたのは、こうした跳躍遺伝子だった。

マクリントックは、跳躍遺伝子を発見した功績が認められ、１９８３年にノーベル医学生理学賞を受賞した。さらに、さかのぼること１９７０年には、リチャード・ニクソン大統領からアメリカ国家科学賞を贈られている。その授賞式でニクソンが語った彼女の研究についての見解は、いくぶん要領を得なかったものの、後世への影響を正しく評価していた。「私も〈あなたの研究についての説明を〉読んでみたが、理解できなかった。まずはそのことをお伝えしておきたい」。さらにこう言葉を継いだ。「しかし、自分が理解できなかったからこそ、あなたの研究が我が国に多大な貢献を果たしていることを、私は悟ったのだ。そのこともお伝えしておきたい。私にとって、科学とはそういうものだ」。

ゲノムは退屈で静的な存在ではない。絶えず活発にかき乱されている。遺伝子が重複することもあるし、ゲノムがまるごと重複することもある。遺伝子は自らのコピーをつくりながらゲノム内をあちこち跳び回っている。

ゲノム内には2種類の遺伝子があるものと思ってほしい。一つはある機能を持ち、タンパク質をつくっているもの。もう一つは、跳び回ったり自らのコピーをつくったりするためだけに存在しているもの。では、時が経つと、一体何が起きるだろうか。もし、他の条件がすべて同じなら、コピーをつくる遺伝子のほうが時とともにゲノム内で版図(はんと)を広げていくに違いない。一つにはこうした理由があって、ヒトゲノムの3分の2をLINE－1やALUなどの反復配列が占めるにいたっている。何も障害がなければ、それらはいずれゲノムを乗っ取るだろう。ただし一つだけ障害があって、こうした寄生配列がすっかり制御不能になって宿主が死ぬと、それらの配列もやがて途絶える。生物の体内で跳躍遺伝子が完全に暴走すると、その個体は死ぬしかなく、したがって跳躍遺伝子も次世代には受け継がれない。そうした利己的な遺伝子は宿主と常に緊張関係にあり、あるいは戦争状態にあって、利己的な遺伝子が自らのコピーをつくるかたわらで、宿主のゲノムがそれを必死で抑え込もうとしている。

スティーブ・ジョブズ時代のアップル社でもそうだったように、コピーは発明の母である。ゲノムでは、盗用が原動力となって、数えきれないほどの遺伝的発明が誕生してきた。テクノロジー、ビジネス、あるいは経済と同じように、生物界でも攪乱が革命をもたらす。動物の細胞は何億年にもわたって攪乱を受け続けてきた。そして、この後見るように、そうした変化がまったく新しい生活様式をもたらした。

（1）「Mobile」には「可動の」という意味があり、「Wad」にはスラングとして「陰茎」という意味がある。
（2）鼻の中にある嗅神経細胞の膜に存在しているタンパク質。嗅覚受容体が匂い分子と結合することで、動物は匂いを感じる。
（3）動物の体づくりに広く使われる遺伝子群のことを「工具一式（ツールキット）」に例えてこう呼ぶ。
（4）ギリシャ神話で、ライオンの頭、ヤギの体、ヘビの尾をもつ怪物。転じて、異なる遺伝情報を持つ細胞が混じった個体のこと。

第6章　私たちの内なる戦場

私の研究の種がまかれたのは、1980年代の大学院生時代に行っていた、毎週の〝儀式〟の場でのことだった。木曜日の朝は、ハーバード大学の比較動物学博物館に行き、5階分の階段を上って広大な標本庫を訪ねることにしていた。鳥類標本を収蔵しているその部屋は天井までの高さが6メートルほどあり、足を踏み入れると板張りの床がギシギシと鳴る。周りの壁には標本棚が並んでいて、19〜20世紀の遠征時に収集された鳥の骨格や羽根、皮膚が保管されていた。皮膚の腐敗を防ぐ防虫剤の臭いが辺りを漂う。あるいは、鳥類学、もっと言えば科学全般の歴史も充満している。その過去とのつながりに、私は惹きつけられていた。私の巡礼の目的は、御年80歳の元鳥類学芸員、エルンスト・マイアに会うことだった。

1980年代半ば、マイアはある世代の研究者の最後の生き残りの一人になっていた。その世代の遺伝学者、古生物学者、分類学者は、20世紀中葉に進化生物学という分野を方向づけた。この科学的偉業におけるマイアの貢献は、当代を代表する名著『*Animal Species and Evolution*（動物、種、進化）』を著したこと。この大著は、後代の研究者が新種の形成について研究する際の道しるべになった。

私は毎週、質問を携えて標本庫を訪ね、その偉人とお茶を共にした。マイアは進化生物学の歴史を振り返りつつ、各学説やその提唱者についても熱く語ってくれた。私はと言えば、訪問前に必ず文献を読み漁り、マイアの回想を引き出すのに格好の話題を見つけることにしていた。マイアの話に引き込まれて時空を超えた旅をしながら、研究者人生の始まりにこんなに素晴らしい機会を持てたことに、言いようのない幸せを感じていた。

ある木曜日、私は一冊の本を持っていった。ドイツ生まれの科学者リチャード・ゴルトシュミットが著した『*The Material Basis of Evolution*（進化の物質的基盤）』という本で、１９４０年刊行の原版を復刻したペーパーバックだった。その本を見せると、マイアの顔がみるみる紅潮し、その両目から私を射抜く凍てつく視線が送られてきた。席を立ち上がり、そのまま微動だにしない。私の存在など忘れてしまったかのようで、その時間は永遠にも感じられた。どうも私は地雷を踏んでしまったらしく、木曜日のお茶会もこれでおしまいだと覚悟した。

マイアは無言で古い木製の書類棚に向かい、中身をあらためだした。やがて、ゴルトシュミットの論文の黄ばんだコピーを持ってきて、机にピシャリと叩きつけ、こう吐き捨てた。「終盤の段落の一行目にくだらんことが書いてある。私はそれに反論するために本を書いたんだ」。その言葉を手がかりに論文をめくってみると、96ページで手が止まった。問題の箇所はそこに違いなかった。何しろ、論文の元の文章より怒気をはらんだ欄外の書き込みのほうが多かったのだから。

ゴルトシュミットの論文が世に出てから35年が経過していたというのに、マイアの怒りは新鮮なままだった。一体どうしたら、たった一行の文章、たかが一つの考えにすぎないものが、そこまでの怒りを呼び起こせるのだろう。ましてや、その激情に駆られて、何人もの研究者を生み出した811ページの大著を執筆したというのだから、驚くほかはない。

争点は、遺伝子の変化が生命史に新たな発明をもたらす仕組みについてだった。従来の定説では、発明は、長い年月をかけて小さな遺伝的変化が積み重なるうちに、徐々に形成されるものとされていた。この考えは、数々の理論的・実証的研究により支持されていて、自明の理のように扱われていた。1920年代、イギリスの統計学者サー・ロナルド・A・フィッシャーが、当時新興分野だった遺伝学とダーウィンの進化論を統合しようとした際に、この定説を数学的に導いた[1]。そのロジックの一部は次のような考え方に組み込まれている。すなわち、ある系にランダムな変化を加えると、大きな変化のほうが小さな変化より有害になりやすく、しかもその害はえてして破滅的になる、というものだ。

飛行機を例にとろう。標準から大きく逸脱する変更をランダムに加えると、その機体はまず間違いなく飛べなくなる。機体の形状、エンジンの配置・形式・形、あるいは翼の配置をランダムに変えたら、その異形（いぎょう）の飛行機は地上を飛び立てないに違いない。でも、シートの色を少し変えるとかサイズを少し調整するとかいった微細な変更なら、深刻な事態は生じにくい。それどころか、そうした小さな変更は、大きな変更と比べれば、（たとえそれが小幅なものではあっても）性能の向上につながる可能性が高い。今述べたような考えが、進化生物学の分野では長年支配的だった。それに異を唱えることは、「リンゴが木から落ちるのは重力のせい」という考えを否定するに等しい所業だった。

ゴルトシュミットは、ナチス・ドイツから亡命すると、変異体の研究に数十年の歴史を持つアメリカの科学界に入った。北米に移住してきた彼は、遺伝学界に押しかけてきたも同然で、学界の現状に構うことがなかった。カルビン・ブリッジズが発見したような、2つの頭や過剰な体節を持つ変異体に着想を得て、「生物の大進化は1回の劇的な変異によりワンステップで起こりうる」と考えるにいたった。この考えに潜む過激さがゴルトシュミットの代表的な発言の一つに表れている。実はその発言こそがマイアをあそこまで激怒させた元凶だった。その発言とは「最初の鳥は爬虫類の卵から生まれた」というもの。そこには漸進的な変化などない。ゴルトシュミットは、ある1世代に生じるたった1度の変異により、生物界に変革が起きうると考えた。

ゴルトシュミットが想定した変異体は「有望な怪物」と呼ばれた。標準から大きく逸脱しているから「怪物」で、生命史上の変革の種になるから「有望」というわけだ。染色体の数の変化により新種が忽然と姿を現す植物界に関しては、ゴルトシュミットの考えが物議を醸すことはなかった。しかし、動物界に関してはだいぶ事情が違っていた。

ゴルトシュミットが自説を発表すると、たちまち猛反発が起きた。もっとも目立った批判は、有望な怪物の生存可能性とその後の繁殖可能性を疑問視するものだった。まず、変異を抱えた個体が、幼くして死ぬことなく、子供をもうける必要がある。変異体のほとんどが（劇的な変異体であればなおさら）繁殖能力を持てないか、子供をもうける前に死んでしまうことは、当時すでによく知られていた。さらに、仮に変異体が生き延びて繁殖能力を持てたとしても、その命運はまだ定まらない。ある集団に１体の変異体がいたところで意味はなく、その変異体は同じ変異を抱えた交尾相手を見つけなくてはならない。ゴルトシュミットの有望な怪物が大進化をワンステップで起こすには、起こりそうにない出来事が立て続けに起きる必要があった。つまり、大きな変異を抱えた個体が繁殖可能な成体になって、そうしたことが複数のオスとメスで同時に起きて、一部の変異体どうしが出会って、交尾して、子供を育て、しかもその子供自身も繁殖可能でなければならないのだ。

私が生物学を勉強していた１９７０年代当時のゴルトシュミット評は、まだ爪弾(つまはじ)き者か異端者といったところで、明らかに誤った見解を放言してはばからない人物だったと思われていた。しかし、ゴルトシュミットは単に放言するだけではなく、反対勢力という役割を楽しんでいたようで、キャリア後半の数十年間、有望な怪物を擁護し続け、よく嘲笑(ちょうしょう)の的になっていた。

マイア、ゴルトシュミット、そして２人と同世代の研究者は、生物の多様性についての核心的な問題の一つを論じ合っていた。その問題とは「大進化はどのようにして起きるのか」というものだ。ゴルトシュミットの有望な怪物はありえないとしても、疑問は残ったままだった。論点は漸進的な変化ではなかった。漸進的で小さな遺伝的変化も何百万年という地質学的時間のうちには大きな変革につながりうることを、生物学者はつとに知っていたからだ。もっと深遠な謎が化石記録から提起されていた。例えば、ヒトの進化史上最大級の事件である内骨格の誕生について考えてみよう。私たちのニヨロニョロとした祖先は、何百万〜何千万年もの間、体内に骨を持たずに生きてきた。骨は特徴的な構造をしていて、高度に組織化された細胞層から成る。そこで産生される独自のタンパク質や鉱物が、骨に硬さをもたらしたり、あるいはその成長の仕方を制御したりしている。私たちの祖先は、内骨格を手に入れたことで、大きくて頑丈な体を発達させることが可能になり、獲物を探したり、捕食者から逃げたり、自在に動き回ったりできるようになった。この内骨格という発明が誕生したきっかけは、新しい種類の細胞が出現したことだった。その細胞が産生する諸々のタンパク質は、骨をつくったり、骨に栄養を補給したり、骨に成長を促したりするのに欠かせない。しかし、異なる種類の組織（皮膚、神経、骨など）は、数百種類の異なるタンパク質を産生する細胞から成る。神経細胞は、諸々のタンパク質を産生して神経インパルスを伝える能力を獲得しているからこそ、骨格の細胞とは異なっている。この諸々のタンパク質は、当然ながら、骨や骨をつくる細胞には存在しない。同様に、神経細胞が、軟骨や腱、骨を構成するタンパク質を産生することもない。内骨格は一例にすぎない。6億年近くにわたる動物の進化史を通じて、何百種類もの新たな組織が誕生し、新たな食事法、消化法、移動法、繁殖法を可能にしてきた。

そして、ここで疑問が生じる。新しい組織や細胞がそれらの祖先型から進化するためには、数百個の遺伝子に変異が生じないといけない。多数の別個の変異がゲノムのあちこちで同時に生じる必要があるというなら、新しい組織や細胞など進化のしようがないではないか。1つの小さな変異が起きる確率でさえかなり低いのに、そうした変異が数百か所で同時に起きることなど、どう考えてもありえない。これをカジノに例えるなら、1つのルーレットだけでなく、会場にあるすべてのルーレットを同時に当てて、大金を稼ぐようなものと言える。

意義をはらむ

私のシカゴ大学の同僚であるヴィンセント・リンチがスポーツジムにいたら、まず目に付かないことはない。両腕と両脚にいろいろな動物のタトゥーを彫ってあるから、同じくタトゥーを入れている学生に混じっても、ひときわ目立つ。リンチの四肢には川の風景が広がっていて、そこにトンボと魚が棲んでいる。

その川の風景は、リンチ少年の科学愛を育んだハドソン川の生態系に敬意を表したものだ。ハドソン川沿いの町に育った彼は、川辺に棲む生き物に魅了された。さまざまな生き物を記録したり、描いたり、調べたりしているうちに、我を忘れてしまうほどだった。残念なことに、その生命の多様性への好奇心が学校の成績に結びつくことはなかった。リンチは落ちこぼれだった。それは、本人いわく「授業を聞いていなかった」から。代わりに、窓の外を眺め、鳥や昆虫を観察していたという。

幸い、一人の生物学教師の慧眼(けいがん)のおかげで、リンチの安穏は乱されずに済んだ。教室の後ろで本や図鑑を読ませてくれて、授業後にはクイズも出してくれたのだ。一人の賢明な教師がくれたこの経験に後押しされ、リンチは生物学の道を志した。以来、人生を賭けて、動物の多様性が生じる仕組みを探究している。動物の生活や食事、移動について調べるだけではなく、動物が遠い祖先から何百万〜何千万年もかけて進化してきた経緯も探っている。リンチは、こうした深遠な問いに高度な技術を用いることを得意としている。

生物学の進展には、正しい問いを設定することと同じくらい、その問いを探究するための実験対象を見つけることが欠かせない。T・H・モーガンはハエを手がかりにして遺伝を研究した。バーバラ・マクリントックはトウモロコシを通して遺伝子の働きを解明した[2]。かたや、ヴィンセント・リンチは、生命史上の大変革を解明するための手がかりを脱落膜間質細胞に見いだそうとしている。

脱落膜間質細胞のことを語る時、リンチの目は輝く。2人で初めてその細胞のことを話した際には「体内でもっとも美しい細胞」の一つだと熱弁していた。ありえないほどマニアックな話であることは認めよう。でも、実際に顕微鏡で観察してみたら、私も納得した。たいていの細胞は、顕微鏡で観察すると、小さな点が整然と並んでいるように見える。しかし、脱落膜間質細胞は違う。赤くて大きい細胞体どうしの間を豊富な結合組織が埋めていて、細胞にこんな表現を使うのもおかしいが、「瑞々（みずみず）しい」感じがする。

リンチが脱落膜間質細胞を「美しい」と言う時、そこには文字どおりの意味に加えて科学的な意味も含まれている。脱落膜間質細胞を手がかりにすれば、生命史上の大発明の一つである、妊娠の起源に迫ることができる。魚も鳥も爬虫類も、あるいは極めて原始的な哺乳類でさえも、少数の例外を除き、卵から孵る。それらの動物は、母親の胎内で胚を育てて血流も共有するという、哺乳類式の妊娠を行わない。また、脱落膜間質細胞も持っていない。

妊娠という現象は、まったく自然なことのようにも、途方もなく奇跡的なことのようにも思える。精子の群れが子宮と卵管を泳ぎ抜け、ついには卵を発見する。その後、1個（まれにはそれ以上）の精子が卵に入ると、一連の過程が始まる。精子と卵が、互いのゲノムを融合させ、1つの細胞になる。その細胞が、ゆくゆくは、数十兆個の細胞が適切に配置された体になるわけだ。やがて、胎盤と臍帯が形成され、母親と子宮に守られた胎児とをつなぐ。子宮が胎児を宿すためには、ひとそろいの新たな構造が形成される必要がある。

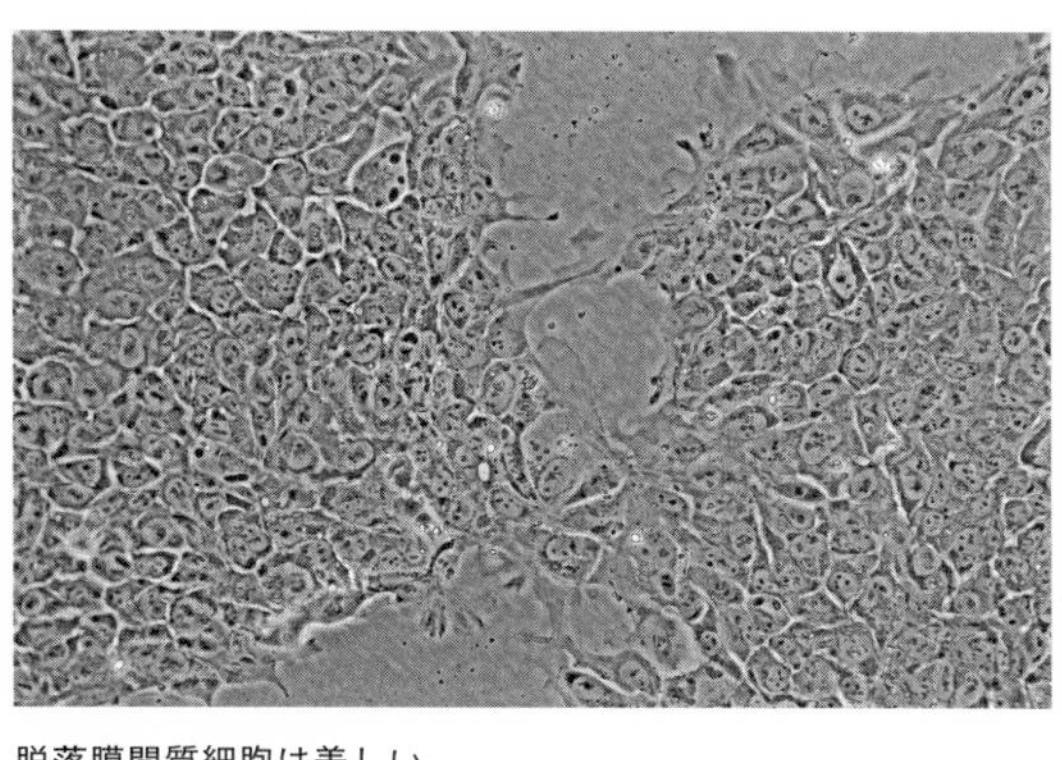

脱落膜間質細胞は美しい

受精が起きると母体に一連の変化が生じる。子宮では特殊な細胞がつくられて、胎児と母親を結びつけ、両者の血流を近づける。この特殊な細胞は、「父方の遺伝子やタンパク質を受け継いでいる胎児は、母親の体内では異物である」という事実を覆い隠す。母親の免疫系が父方のタンパク質を標的にして探索・破壊任務を開始し、胎児を殺してしまうリスクは常に存在しているのだが、この特殊な細胞のおかげで両者の違いはあまり問題にならない。この奇跡の業の立役者であり、母親の免疫応答を防いだり、胎児に栄養を届けたりしている細胞こそが、脱落膜間質細胞なのである。

脱落膜間質細胞の産生と、子宮内で起こる多くの変化の引き金は、プロゲステロンと呼ばれるホルモンの母体血中濃度の上昇である。月に1回、プロゲステロンの母体血中濃度が上昇すると、子宮が妊娠に向けた準備を始める。プロゲステロンの働きかけを受け、子宮の細胞が増殖・分化し、子宮を裏打ちする子宮内膜が厚くなる。(3) プロゲステロンの濃度上昇により、線維芽細胞という一群の細胞が脱落膜間質細胞に分化する。もしその月に妊娠が成立しなければ、それらの細胞は剥がれ落ちる。一方、妊娠が成立したら、卵巣からますますプロゲステロンが産生されて、子宮を裏打ちする細胞や細胞間の豊かな基質が増殖を続け、脱落膜間質細胞も形成されて、自らの仕事を始める。

リンチが脱落膜間質細胞の虜になったきっかけは、イェール大学で大学院生をしていた頃に参加した、テキサス州での研究発表会だった。妊娠について講演していた研究者が、脱落膜間質細胞を写したスライドを示した。リンチはその時、その細胞に「シャーレの中で作製できる」という特殊な性質があることを知った。その研究者によると、体内のどこかから正常な線維芽細胞を採取して、シャーレに入れ、プロゲステロンなどの物質を加えれば、正常な脱落膜間質細胞に変わるのだという。当時のリンチには知る由もなかったが、この研究の一切は、まったくの偶然に、イェール大学の、しかも彼が普段いる棟の隣の棟で行われていた。

リンチはたちまち、研究室の制御された環境下で脱落膜間質細胞を作製することができるようになった。これで、脱落膜間質細胞のゲノムを調べ、この細胞が大昔に誕生した経緯を調べることができる。処理速度がすさまじく速い遺伝子シーケンサーを用いる非常に強力な新技術も持ち合わせていた。その新技術を使えば、一つの細胞（あるいは組織全体）を調べ、そこで発現している全遺伝子の配列を、しかもいっぺんに、調べることができるはずだった。

では、こうした技術で一体何が分かるのか。細胞どうしに違いをもたらしているのがそれぞれで発現している遺伝子の違いであるなら、諸々の細胞でオンになっている遺伝子の組み合わせを調べることが、細胞に個性をもたらすものを探る試みの中心になるはずだ。思い出してほしい。神経細胞と骨の細胞は、各自の内部で異なる遺伝子が異なるタンパク質をつくっているからこそ、互いに異なっている。同様に、脱落膜間質細胞も、内部で発現している遺伝子の組み合わせが線維芽細胞とは異なっている。リンチは、ある細胞と別の細胞とを比べて、根本的な問いを発することができるようになった。2種類の細胞で発現している遺伝子には、一体どんな違いがあるのか。細胞どうしに違いをもたらしているのは、1つの遺伝子なのか。それとも、いくつかの遺伝子が協働して違いを生み出しているのだろうか。もしそうであれば、どれとどれが？

リンチは、線維芽細胞を用意して、シャーレに入れ、プロゲステロンを加えて脱落膜間質細胞に分化させた。次に、細胞内で発現している遺伝子を確認した。その結果は、驚くべきものというより、少し怖くなるくらいのものだった。脱落膜間質細胞の誕生に関わっていたのは、1個の遺伝子でも、数個の遺伝子でもなかった。なんと、数百個の遺伝子が同時にオンになっていたのだ。

脱落膜間質細胞は哺乳類ならではのもので、他に同じような細胞を持っている生物はいない。その起源は妊娠そのものの起源の中核を成している。しかし、ここで疑問が生じる。この1種類の細胞が誕生するのに、同時に発現する数百個の遺伝子が必要だったというなら、妊娠という現象はどのようにして誕生したのだろうか。ゲノムのあちこちで、数百の変異が同時に起きたとでもいうのか。

この疑問を解くためには、脱落膜間質細胞の形成にあずかる数百個の遺伝子を一つ一つ調べる必要があった。

リンチが進んだ次のステップについて考える前に、ここでいったん立ち止まり、脱落膜間質細胞が分化する際に、どのようにして諸々の遺伝子がオンになるのかを考えておこう。ゲノムのあちこちに分子スイッチがあり、適切な状況下で、遺伝子のオン・オフを切り替えていたことを思い出してほしい。こうしたスイッチは、たいてい、自らが活性化する遺伝子のすぐ隣にある。脱落膜間質細胞の分化はプロゲステロンが引き金となって起きるわけだから、分化に関わる諸々の遺伝子のスイッチにはプロゲステロンに応答する性質があるはずだ。それらのスイッチは、プロゲステロンを認識する配列とセットになっているに違いない。だからこそ、周囲にプロゲステロンがあるとスイッチが遺伝子を活性化し、タンパク質の産生を促すわけだ。

リンチは、こうした洞察を経て、ゲノムを調べる際のヒントをつかんだ。遺伝子スイッチの明白な印を探してやればいい。スイッチは配列の一部にプロゲステロンを認識する領域を持っているはず。その領域はプロゲステロンが結合できる配列を含んでいるはずなので、運が良ければ、リンチの遺伝子群をデータベースと照合することで発見できるかもしれない。

そして、まさにその想定どおりのものが見つかった。脱落膜間質細胞の形成にあずかる数百個の遺伝子のほぼすべてに、プロゲステロンに応答するスイッチがあったのだ。ただ、この発見は、面白いものではあったが、リンチをそもそもこの研究に駆り立てた疑問にはほとんど答えていなかった。妊娠が進化する際には、どうにかして、数百個の遺伝子がプロゲステロンに応答して発現するようになる必要があった。ということは、プロゲステロンに応答する数百個のスイッチが、ゲノムの各所、各遺伝子の近くになければならなかったはず。これは、塩基配列の1文字が変わるとかいった、DNAの単純な変異ではない。多数の文字がゲノム全域の数百か所で同時に変異しないかぎり、脱落膜間質細胞は誕生しえなかったことになる。ありえそうにない事態は今やありえない事態になっていた。

新たな実験を試みるたびに、脱落膜間質細胞の誕生がいっそうありえないものになっていく。そこで、リンチは初心に立ち返り、遺伝子スイッチの構成そのものに注目した。すべてのスイッチに共通する何かが見つかれば、それで説明がつくかもしれない。各スイッチの配列を細かく見るべく、コンピューター・アルゴリズムを駆使し、何か共通するパターンがないかを調べた。すると、ほぼすべてのスイッチに含まれている、ある単純な配列が浮かび上がった。この配列を、これまでに解読された塩基配列を網羅した巨大なデータベースと照合すると、答えが見つかった。各遺伝子スイッチは、跳躍遺伝子の明白な痕跡を持っていたのだ。そう、マクリントックがトウモロコシに初めて見いだした、あの跳躍遺伝子である。先述のように、跳躍遺伝子は自らのコピーをつくってはゲノムのあちこちに挿入する。マクリントックは跳躍遺伝子を〝厄介な妨害者〟とみなした。つまり、跳躍して別の遺伝子に入り込み、その遺伝子の機能を乱して、何らかの病気を引き起こすものと考えた。一方、リンチはそれとはまた別の可能性を見いだした。

跳躍遺伝子と遺伝子スイッチというこの単純な組み合わせが、複雑で一見不可能に思える発明を可能にした。数百個の遺伝子が別々に変異する必要などなかったのだ。リンチが思いいたったように、1つの跳躍遺伝子に1回変異が起きて、通常の配列がプロゲステロンに応答するスイッチになればいい。すると、そのスイッチ付きの跳躍遺伝子が重複し、跳躍して、新たな領域に着地するうちに、その変異もゲノム全域に広まっていく。跳躍遺伝子のおかげで、スイッチが瞬く間にゲノム全域に配置されていった。ある遺伝子の隣にスイッチが着地すると、その遺伝子はプロゲステロンに応答して発現するようになる。かくして、数百個の遺伝子が妊娠のさなかに発現する能力を獲得した。数百個の遺伝子の連携をもたらしたこの遺伝的変化は、数百の変異が別々に生じることによってではなく、跳躍遺伝子が1つの変異をゲノム全域に運ぶことによって起きた。このように、遺伝的変化は、遺伝子が跳躍し、自らのコピーをつくり、各所に着地することで、たちまち拡散することがある。

跳躍遺伝子は究極の利己的分子だ。重複し、跳躍して拡散し、ゲノム内で増殖していく。その跳躍遺伝子が時として有用な変異を運び劇的な変革をもたらすことに、リンチは気づきはじめていた。

ゲノム内では、跳躍遺伝子と宿主の残りのＤＮＡとの間で戦争が起きている。毎日、利己的な遺伝子とそれを抑え込もうとする勢力との間で対立が生じている。最近になって、ＤＮＡが跳躍遺伝子を抑え込む仕組みを持っていることが分かった。そうした仕組みのうちの一つはＤＮＡの短い配列を用いるもので、これが暗殺者のように働く。その役目は跳躍遺伝子を不活性化することで、遺伝子の跳躍能力をつかさどる領域にくっつき、タンパク質で包んで跳び回れないようにする。このようにして無力化されると、跳躍遺伝子は跳躍できなくなり、その場に留まる。この不活性化の仕組みが跳躍遺伝子を抑制し、それらが跋扈（ばっこ）してゲノムの働きを阻害する段階までいかないようにしている。また、この仕組みは跳躍遺伝子を〝飼い慣らす〟ことにも関与しているかもしれない。ある跳躍遺伝子が宿主の役に立ちうる配列を持っていると、先述の暗殺者のDNAが跳躍遺伝子の跳躍能力を無力化し、遺伝子をそこに留まらせて、新たな役目に当たらせる。跳躍能力をつかさどる領域は無力化しつつ、有用な変異は温存するというわけだ。

リンチが発見したスイッチ群は、まさにその飼い慣らされた事例に当たる。脱落膜間質細胞の形成にあずかるスイッチはどれもある特別な配列を持っていた。その配列は、紛れもなく、跳躍遺伝子に由来するものであるように見えた。しかし、一つ違うところもあって、DNAの短い配列を欠いていた。他でもない、遺伝子に跳躍能力を与える配列だ。まるで、遺伝情報が乗っ取られて、遺伝子が跳べないようにされて、その場に留まり脱落膜間質細胞をつくる仕事に就いたかのようだった。〝バネ〟を切られたかつての跳躍遺伝子は着地した場所で使役されるはめになったわけだ。

リンチが妊娠を通じて発見したことは、もっと広大な世界を見る際の窓になるだろう。ゲノムは、跳躍遺伝子とそれを抑え込もうとする勢力との内戦状態にある。この争いを通じて発明が生まれる。1つの変異がゲノム全域に拡散し、やがて革命を引き起こす。

こうした変化は、ゴルトシュミットが唱えた有望な怪物とはかけ離れている。革新的な変異がワンステップで起きる必要はない。小さな変異がゲノムの1か所に生じ、それが跳躍遺伝子とつながっていれば、後続の世代を伝わるうちに拡散し、増幅していく。

さて、ゲノム内の戦線はここからさらに拡大する。そして、その鍵を握っているのは、またしても妊娠だ。

乗っ取るつもりが乗っ取られ

胎盤では、胎児と母親のまさに境界に当たる部分で、あるタンパク質が非常に特別な役割を果たしている。この境界に陣取っているシンシチンは、分子サイズの交通警官として働いていて、母親と胎児が栄養素や老廃物を交換するのを助けている。複数の研究が示しているように、このタンパク質は胎児の健康にとって欠かすことができない。ある研究グループがシンシチン遺伝子を欠損したマウスを作製したところ、そのマウスは普通に成長し、生存したが、繁殖することはできなかった。卵が受精しても胎盤が形成されず、したがって胎児も生存できなかったからだ。シンシチンが欠損していると、母マウスがきちんと働く胎盤をつくれず、胎児が栄養を受け取るすべを失う。シンシチンの欠損は、ヒトの妊娠にも多岐にわたる問題を引き起こす。妊娠高血圧腎症を患う女性はシンシチン遺伝子を欠損している。シンシチンは産生されるものの、うまく働かない。そのせいで、胎盤内で一連の反応が起き、危険を伴うほどの高血圧になってしまう。

フランスのある生化学研究所が、シンシチンの構造を知ることを目的として、その遺伝子の配列を調べることにした。リンチの研究のくだりでも説明したように、遺伝子というものは、ひとたび配列を解読すれば、他の遺伝子を収載しているデータベースとコンピューター上で照合することができる。そうしたパターン認識プログラムを使えば、その遺伝子（またはその一部）と、すでに配列が分かっている他の遺伝子との間にどこか似ているところがないかを調べられる。この数十年、データベースの拡充が図られ、微生物からゾウにいたるまでのあらゆる生物のタンパク質や遺伝子の配列情報が膨大に蓄えられてきた。多くの遺伝子が第5章で触れた重複による遺伝子ファミリーの一員であることも、そうした照合作業により判明している。シンシチンに話を戻そう。研究者らは、シンシチンと配列が似ているタンパク質を探し出し、そのタンパク質を手がかりにして、シンシチンが妊娠のさなかにどんな働きをしているのかを探ろうとした。

その試みは一つの謎をもたらした。データベースと照合したところ、シンシチンはどの動物のタンパク質とも似ていなかった。植物や細菌のタンパク質にも似たものはない。コンピューター上で配列がマッチした相手を知ると、研究者らはうろたえ、愕然（がくぜん）とした。シンシチンの配列はウイルスのものとそっくりで、所々ではエイズを引き起こすＨＩＶとまったく同一だったのだ。一体なぜ、ＨＩＶのようなウイルスと、哺乳類のタンパク質、しかも妊娠に必須のタンパク質との間に、類似性が見られるのだろうか。

シンシチンを探究する前に、研究者らはウイルスの専門家になる必要に迫られた。ウイルスは分子サイズの狡猾な寄生者だ。そのゲノムは極限まで切り詰められていて、感染と繁殖に必要な装置しかコードしていない。一部のウイルスは、宿主の細胞に侵入し、その核に入り、ゲノムに潜り込む。DNAに潜入すると、宿主のゲノムを乗っ取って借用し、自らのコピーをつくったり、宿主のものではなく自らのタンパク質を産生したりする。こうした感染が起きると、宿主の細胞が工場と化し、1つ当たり何百万個ものウイルスを生産する。HIVなどのウイルスは、細胞間を拡散していくために、あるタンパク質をつくって宿主の細胞どうしをくっつける。このタンパク質の役割は、細胞どうしを接着して通路をつくり、ウイルスがその間を移動できるようにすること。そのために、細胞間の境界に陣取り、交通整理をしている。この話、どこかで聞いた覚えがないだろうか。それもそのはず、シンシチンがヒトの胎盤で果たしている役割と同じなのだから。シンシチンは胎盤内の細胞どうしをくっつけて、胎児と母親の細胞の間での分子の交通を整理している。

調べれば調べるほど、研究者らの確信は深まっていった。シンシチンは、要するに、他の細胞への感染能力を失ったウイルスのタンパク質なのだ。哺乳類とウイルスのタンパク質が似ているというこの事実から、新たな説が導かれた。大昔のいつかに、あるウイルスが私たちの祖先のゲノムに侵入した。そのウイルスはシンシチンの原型を持っていた。しかし、私たちの祖先のゲノムを乗っ取って自らのコピーを無限につくらせるどころか、無毒化され、感染能力を奪われ、新しい主人のために使役されるはめになった。私たちのゲノムはウイルスと絶えず戦争をしている。この事例の場合、未解明の何らかの仕組みによってウイルスが感染に必要な部位を失い、胎盤にシンシチンを供給することになった。ウイルスが宿主のゲノムにシンシチンを持ち込み、相手を乗っ取るつもりが逆に自らのゲノムを乗っ取られ、宿主に使役されることになったわけだ。

研究者らは次に、さまざまな哺乳類のシンシチンの構造を調べて、マウスと霊長類では型が異なっていることを突き止めた。さらに、複数のデータベースどうしを照合したところ、ウイルスの侵入事件が複数回起きたことで、種々の哺乳類に種々のシンシチンがもたらされたことも分かった。霊長類の型は、現生霊長類の共通祖先にウイルスが侵入した際に誕生した。齧歯(げっし)類や他の哺乳類が持つシンシチンはまた別の侵入事件で誕生したもので、それぞれのシンシチンの型になった。こうして、霊長類や齧歯類や他の哺乳類が別々のウイルスに侵入されて、別々のシンシチンを持つにいたった。

私たちのＤＮＡは、そのすべてが祖先から受け継いだもので構成されているわけではない。ウイルスという侵入者が入り込んできて、使役されるようになった場合もある。つまり、私たちの祖先とウイルスとの戦争が、数ある発明の種の一つとなってきたのだ。

幽霊が支える記憶

ジェイソン・シェパードはニュージーランドと南アフリカで幼少期を過ごした。よく母親を質問攻めにし、ついには「科学者になって自分で答えを見つけなさい」と言われてしまったそうだ。その後、高校を卒業する頃には医学の道を志すことに決めていた。突貫でいこうと、医学部進学課程と医学部課程を数年で終わらせる計画を立てた。その計画の初年、オリバー・サックスの『妻を帽子とまちがえた男』（高見幸郎、金沢泰子訳、早川書房刊、２００９年）に出会う。この一冊の本がシェパードの人生を変えた。サックスに触発され、当初の計画を放棄して新たな道を志し、ヒトの脳の働きを支えている分子や細胞を研究することにした。シェパードの目標は、本人いわく、ヒトをヒトたらしめているものを解明することになった。そこで選んだ研究テーマが、記憶とその喪失だ。私たちがどう学び、どう他者と関わり、社会の中でどう振舞うかということは、私たちの過去を思い出す能力により決まる部分が大きい。この研究は決してマニアックなものではない。私たちの社会が直面している大きな問題の一つに神経変性疾患がある。ヒトの寿命が延びるにつれて、脳の老化がますます重大な障壁になりつつある。記憶や認知機能の喪失は苦難の元であり、本人の感情にも社会生活にも家計にも計り知れない影響をおよぼす。

大学４年生の時、神経生物学の講義での話題提供に使う論文を探していたシェパードは、ある論文と出会い、記憶の形成にあずかると考えられていた*Ａｒｃ*という遺伝子を知った。マウスでは、個体が学習する過程で*Ａｒｃ*が発現する。しかも、その脳内での発現部位は神経細胞どうしの隙間ときていた。*Ａｒｃ*は、記憶にとって重要な遺伝子としての要件を満たしているように思えた。

シェパードが大学の課題をこなした数年後、研究者が*Ａｒｃ*遺伝子を欠損したマウスを作製できるまでに、技術は進歩していた。*Ａｒｃ*欠損マウスは、生存はするものの、いくつかの欠陥を抱えていた。中央にチーズを配した迷路に入れると、きちんとゴールにたどり着くことはできるものの、次の日にはもう道順を忘れている。通常の記憶力を持つマウスなら、たいていは覚えている。何度実験を繰り返しても、*Arc*欠損マウスは記憶の形成に明らかな難を示した。ヒトでも、*Arc*が変異すると、アルツハイマー病や統合失調症などの諸々の神経変性疾患が引き起こされることが分かっている。

記憶と*Arc*がシェパードの研究者人生の軸になった。大学院に進むと、動物の行動における*Arc*の役割を最初に調べた生物学者の下で、*Arc*を研究した。大学院を修了すると、*Arc*のゲノム内での位置を特定した研究者の下で、ポスドクとして研鑽を積んだ。シェパードの脳内には、文字どおりの意味でも比喩的な意味でも、常に*Arc*があった。

研究者として独り立ちし、ユタ大学に自らの研究室を構えると、新たな実験を考案し、Ａｒｃタンパク質の働きを解き明かすことにした。Ａｒｃが神経細胞間のシグナル伝達に関わっていることは間違いなく、そのシグナルは記憶と学習の鍵を握っている。シェパードは、自らが設定した問いに答えるべく、Ａｒｃを精製してその構造を解析することにした。

タンパク質の精製とは、いくつかの工程を通して細胞内の諸々の成分を取り除き、目的のタンパク質だけを抽出することを指す。その手順は、組織（この場合は脳の組織）を化学的にふやかして液状にし、その液に一連の処理を施して他のすべての成分から目的のタンパク質を分離するというもの。タンパク質の液は、それぞれに異なる不純物を取り除く一連の管に通す。終盤の工程の一つでは、特殊なゲルを詰めたガラス製の管を使う。そのゲルが最後まで残った不純物や他のタンパク質を取り除いてくれるので、管からは純度の高い目的のタンパク質だけが出てくる。シェパードが各工程をこなすと、少量の液が残った。しかし、その液を最後のガラス製の管に通したところ、何も残らなかった。管から何も出てこなかったのだ。ゲルを取り替えてもう一度試してみた。やはり何も出てこない。何かが管に詰まっているに違いない。シェパードのチームは新しい管を使ってみたが、再び目詰まりを起こした。液の種類や濃度を変えてもみた。それでも、目詰まりは解消されなかった。

その時、研究室所属の技師がひらめいた。Ａｒｃタンパク質に何か特殊な性質があって、管が目詰まりを起こしたのではないかと。これは、実験の条件などの問題ではなくて、Ａｒｃの構造そのものに原因があるのかもしれない。シェパードと彼の助手は、管を詰まらせた液を取り出して電子顕微鏡に入れ、その画像をコンピューターのディスプレイに超高倍率で映し、タンパク質の構造を観察した。その構造は実に驚くべきもので、シェパードはそれを目の当たりにした途端、「一体何が起きてるんだ？」と声を上げてしまった。

Ａｒｃは中空の球体だった。この球体が巨大だったために、ゲル・フィルターの空隙に詰まっていたらしい。シェパードは、医学部進学課程に通っていた頃に、この球体と似たものを見たことがあった。その球体の構造は、一部のウイルスが細胞から細胞へと感染を広げる際につくるものとそっくりだった。

ユタ大学メディカルセンターの研究棟に勤めていたシェパードは、棟の反対側に向かい、エイズの原因であるＨＩＶを研究しているチームを訪ねた。ＨＩＶは、タンパク質のカプセルをつくって自らの遺伝情報を運ぶことで、細胞から細胞へと移る。シェパードは、そのウイルス学者のチームに例の電子顕微鏡の画像を見せ、あえて答えは言わずにその不思議な球体の正体を推測させてみた。ＨＩＶの研究者である彼らは、ＨＩＶのようなウイルスがつくったものではないかと考えた。Ａｒｃのカプセルとの間にいかなる違いも見いだせなかったらしい。両者とも４種類のタンパク質の鎖から成り、分子構造も同じで、屈曲部や褶曲部(しゅうきょく)といった原子レベルの構造まで一致していた。解剖学者が骨を調べてそれに名前を付けるように、生化学者もさまざまな構造に名前を付ける。カプセルの分子構造に含まれる屈曲部は「ジンクナックル」と呼ばれるもので、ＨＩＶの特徴の一つだった。それがＡｒｃにもあったのだ。

Ａｒｃは、ＨＩＶのようなウイルスのタンパク質とほぼそっくりだということが分かった。さらに、両者は機能もそっくりで、少量の遺伝物質を細胞から細胞へと運んでいる。先ほど見たように、シンシチンも、Ａｒｃとはまた違った形でＨＩＶに似ている。

シェパードのチームは、遺伝学者の協力を得て、*Arc*遺伝子の配列を特定し、動物界のゲノム・データベースを検索して、*Arc*を持っている動物が他にいないかを調べた。そうして、*Arc*の配列と動物界での分布を追っていくうちに、太古に起きた感染の物語が見えてきた。陸棲動物が漏れなく*Arc*を持っていた一方で、魚は持っていなかった。つまり、約３億７５００万年前にすべての陸棲動物の共通祖先のゲノムにウイルスが侵入したということだ。私としては、最初に感染したのがティクターリクに近縁な魚であったと思いたい。ウイルスが宿主に侵入すると、ある特別なタンパク質、つまりＡｒｃの原型を産生する能力がもたらされた。このタンパク質は、通常なら、ウイルスが細胞間を移動し拡散するために使われていた。しかしこの時は、ウイルスが魚のゲノムに侵入した際の位置の関係で、タンパク質が脳で発現するようになり、宿主の記憶力が向上した。ウイルスに感染した個体は、生理機能の向上という恩恵に浴したわけだ。ウイルスは、乗っ取られ、無毒化され、飼い慣らされて、宿主の脳で新たな役目を担うことになった。私たちが読み書きをこなせるのも、日常の場面を記憶することができるのも、魚が初めて陸地を踏みしめた際に太古のウイルスが侵入してきたおかげなのだ。

自分の研究結果を披露できることに胸を高鳴らせながら、シェパードは神経科学と行動学の学会に赴いた。自身の発表前に、ショウジョウバエを扱っている研究者の講演を聴いた。その研究者はハエがＡｒｃを持っていることを示した。ハエのＡｒｃは、私たちのものと同じように、神経細胞どうしの隙間で働いているらしい。しかも、中空のカプセルを形成し、細胞から細胞へと分子を運んでいるのだという。ただし、ハエのＡｒｃは、陸棲動物に侵入したウイルスとはまた別のウイルスに似ていた。つまり、陸棲動物とは別の機会にウイルスと遭遇し、Ａｒｃを獲得したということだ。

ゲノムはどのようにして、ウイルスに感染を許すのではなく、飼い慣らして使役しているのだろうか。その答えははっきりしないが、「飼い慣らしはこうして起きるのではないか」という候補なら多々存在する。数通りの状況下での、ウイルスと宿主の運命を考えてみよう。ウイルスの感染力が強い場合、宿主が死んでしまうため、ウイルスが世代を超えて伝わっていくことはない。一方、ウイルスが比較的無害だったり、あるいは有益だったりすると、そのウイルスは宿主のゲノムに入り込み、定着する。さらに、精子や卵のゲノムにまでたどり着けば、宿主の子孫に自らのゲノムを送り込むことになる。時とともに、ウイルスが宿主にすこぶる有益な影響をもたらすようになり、例えば胎盤の機能が高まったり、記憶力が向上したりしたとしよう。すると、自然選択を受けてウイルスが進化し、宿主のゲノムに留まってますます効率的に自らの仕事をこなすようになる。

ゲノムは、いわばB級映画の舞台のようなもので、幽霊がうようよしている墓場に似ている。太古のウイルスの断片がそこかしこにあり、一部の推計によるとヒトゲノム全体の8パーセントを不活性化されたウイルスが占めていて、その総数は最新の推計によると10万個以上に上るらしい。こうした化石ウイルスの中には、いまだに機能を維持し、タンパク質を産生しているものもある。この5年間で、そうしたタンパク質の有用性が、妊娠や記憶に留まらず、数えきれないほどの生理機能で確認されてきた。一方で、宿主のゲノムに入り込んだまま動かず、残骸のように横たわり、消え去るか朽ちていくのを待っているだけの化石ウイルスもある。

ゲノムの内部では絶えず争いが起きている。一部の遺伝物質は自らのコピーをひたすら増やすために存在している。それは、ゲノムに侵入して乗っ取ってしまうウイルスのような、外来の侵略者かもしれない。あるいは、増殖してゲノムのあちこちに入り込む跳躍遺伝子のような、内在の配列かもしれない。これらの利己的な遺伝物質が特定の領域に着地すると、時として、子宮内膜のような新たな組織をつくるために使役されたり、記憶や認知などの新たな機能を支えるために使われたりする。遺伝的な変異は、たった数世代のうちに、ゲノムにあまねく拡散しうる。さらに、もしウイルスがさまざまな種に侵入したら、似たような遺伝的変化がそのさまざまな生物で別々に生じることもありうる。

木曜日恒例のマイアとのお茶会は、私がゴルトシュミットの話題を持ち出す失態を演じてからも、2年ほど続いた。そうして会っているうちに、マイアがゴルトシュミットのことを実はしぶしぶ認めていることに気づいた。遺伝学や発生学の実験と生命史上の大事件を結びつけようとする姿勢を評価していたらしい。1980年代の半ばまでには、分子生物学の分野から変革の波が押し寄せてきているることに、マイアも気づいていた。だから、自分の周りにいる大学院生には「分子生物学を勉強しておけ」と発破をかけていた。

リリアン・ヘルマンがこうした知識を持っていたら、こう言っていたかもしれない。「何事も、私たちが始まったと思った時、あるいは場所で、始まっているわけではない」。ゲノムは静的なヒモではなく、絶えずねじれたり曲がったりしながら、ウイルスに侵略されたり、他の遺伝子に跳び回られたりしている。遺伝的な変異は、ゲノムの全域に、あるいは多様な生物種に拡散しうる。ゲノムの変化が急速に起きることもあるし、似たような遺伝的変化が種々の生物で独立して起きることもあるし、多様な種のゲノムが混合し、融合して、新たな生物学的発明をもたらすこともある。

（1）ある関係をもって、一つのまとまりをなしている事物の集合体。生物も系の一種。

（2）「脱落膜」とは、哺乳類の妊娠が成立する際、子宮の粘膜が変化して厚くなったもの。分娩時に剝がれ落ちることからこの名がある。「間質」とは、動物の器官において支持組織を構成する細胞群のこと。その器官に固有の機能を営む「実質」と対を成す。

（3）実際には、子宮内膜の増殖には「エストロゲン」と呼ばれるホルモンも関わっている。

第7章　重りの仕込まれたサイコロ

大学院最終年度の私は、昼間は講義助手、夜間は化学科棟の警備員として働き、生活費を稼いでいた。午前3時の化学科棟には数人の夜型人間しかいなかったから、定時の巡回を終えると、夜のしじまに浸りながら古生物学の古典を読みふけっていた。深夜勤務の後は、しばし自らの研究に取り組んでから、古生物学の大人数の講義で助手を務めた。その時間は、私にとって、秀逸な考えと討論に触れられる貴重な時間だった。講義助手としての私の主な仕事が大勢いる助手の一人として突っ立っていることでも別に構わなかった。その講義は、故スティーブン・ジェイ・グールドが講師を務める大人気の生命史の授業だった。

１９８０年代半ば、グールドはすでに名声を博していて、古生物学者としての経歴を生かし、新種の誕生の仕方や進化の起き方についての急進的な主張を引っ提げて、論争に挑んでいた。グールドの講義を取っていた６００人ほどの学生は、いずれもその授業を教養科目の一つとして捉えていて、自然科学を専攻しそうにない人ばかりだった。この聴講生の集団は、グールドにとって、自身の新しい理論と発表方法を試す格好の相手だった。秋学期の火曜日と木曜日に自説を論じ、学部生相手に大げさな手振りを交えて熱弁を振るった。その演説を前列で熱心に聴く学生もいれば、後列でだらしなく眠りこける学生もいた。

当時のグールドは、生命史上の大災厄に関心を持っていた。その大災厄は、過去5億年間に5度訪れ、そのたびに世界各地で長らく繁栄していた種を一瞬で消し去った。こうした大量絶滅の中でもっとも有名なのは、恐竜が滅びた時のものだろう。約6600万年前、恐竜、海棲爬虫類、翼竜、種々の海棲無脊椎動物が絶滅した。植物の多様性も世界的に減少した。その原因については、当時の地層に残る証拠から次のような説が有力視されている。その説とは、巨大な小惑星が飛来して地球の気候が劇変し、生態系の世界的な崩壊が起きて、あまたの動物が瞬く間に滅びたというものだ。恐竜などの動物が姿を消したことで、哺乳類に道が拓かれ、大型の捕食者や競争相手のいない世界に拡散していった。

ある講義で、グールドは、「もしこうだったら」という架空の質問を投げかけた。もし、小惑星が地球に衝突せず、恐竜などの動物が生き延びていたら？　もし、偶発的に思える地球史上の事件の多くが起きていなかったら、今の世界はどうなっていた？　冬休み前のその講義で、フランク・キャプラ監督の『素晴らしき哉、人生！』の鑑賞会を例年どおり終えた後、グールドは映画の設定を生命史に当てはめた。映画の主人公ジョージ・ベイリーは、橋から飛び降り自殺をする寸前、天使に制止され、時を超える旅に出て自らの死に故郷が翻弄されるさまを目にする機会を得る。ニューヨーク州ベッドフォード・フォールズの命運は、ベイリーがいなくなるや、暗転していったのだった。グールドは、ジョージ・ベイリーを小惑星の衝突に、ベッドフォード・フォールズの住民を地球上の生命に置き換えた。もし、6600万年前に小惑星が地球に衝突していなかったら、恐竜はおそらく命脈を保っていただろうし、したがって哺乳類も繁栄していなかったと思われる。それどころか、巨大な岩がたまたま地球にぶつかってこなかったら、私たちは今ここに存在すらしていなかったかもしれない。

小惑星の衝突だけではなく、過去40億年間に偶発的に思える事件が他にも数えきれないほど起きてきたからこそ、私たちは今ここにいる。私たち自身の人生が偶然の出会い、会話、機会の数々によって形作られていくように、生命史も宇宙や地球、ゲノムの変化によって形作られてきた。グールドは後年、先述の講義を下敷きにして、ベストセラーとなった著作『ワンダフル・ライフ』(渡辺正隆訳、早川書房刊、2000年)を書き上げた。その中で、例の「もしこうだったら」という思考を、生命史の諸々の節目に当てはめている。グールドいわく、私たちの周りにある今日の自然界は、私たち自身の存在も含めて、この数十億年間に起きた偶発的な事件の数々の産物である。仮に生命史のテープをリプレイすることができるとして、そうした事件のうちのどれか一つを少しでも変更したら、世界は、私たち自身の存在も含めて、今とはまるっきり異なるものになるに違いない。

最新の科学は、過去一世紀近くの研究も踏まえつつ、これとはまったく異なる結論を提示している。偶発的な事件の内容を変更して生命史のテープをリプレイしたとしても、結局、一部の結末はさして変わらないのではないかというのだ。

退　化

サー・レイ・ランケスター（1847〜1929）は、身長も胴回りも立派な大男だった。さらに、おしゃべりで、自説にこだわる嫌いがあって、論争好きだった。医師の父に育てられ、その父の勧めで自然を観察していた彼は、幼い頃から科学者の道を志し、1860年代にオックスフォード大学で当代きっての碩学の下で勉学に励んだ。

『種の起源』の出版後、トーマス・ヘンリー・ハクスリーは、ダーウィンを声高に擁護し、「ダーウィンの番犬」と呼ばれるようになった。そんなハクスリーのもとにランケスターが行き着いたのは、ある意味自然な流れだったのかもしれない。ランケスターは、そのあまりの喧嘩っ早さから、近年の科学史家に「ハクスリーの番犬」と呼ばれている。とにかく論争好きで、よく喧嘩腰になったものだから、あのハクスリーでさえ、時折、彼をなだめないといけなかった。

サー・レイ・ランケスター

ヴィクトリア朝時代には超常現象の存在を訴える輩（やから）がごまんといて、ランケスターは、その欺瞞（ぎまん）を暴くことに躍起になった。ロンドンでの交霊会でアメリカ人霊媒師ヘンリー・スレイドの正体を暴いたことはよく知られている。スレイドの術は、あらかじめテーブルの下に小型の黒板とチョークを置いておき、交霊会のさなかに取り出して、霊界からのメッセージを披露するというものだった。ランケスターが、ある日の交霊会に参加し、その恰幅（かっぷく）の良さを生かして会が始まる前に黒板を取り上げると、そこにはすでにメッセージが記されていた。ランケスターは、熱心なあまり、スレイドを刑事告訴までした。

この「怪しいものを声高に疑う」態度は、インチキを暴くだけでなく、ランケスターの研究を推し進める力にもなった。彼は、オックスフォード大学を卒業後、イタリアのナポリ臨海実験所で解剖学を勉強し、海棲の二枚貝、巻貝、エビの専門家になった。それらの生き物を調べると体のつくりに驚きが詰まっていて、終着点も見えぬままに、嬉々として証拠を探っていった。

ダーウィン以後の解剖学者は、生物種どうしの類似点を探して、それらの祖先をたどる手がかりにしようとした。「体のつくりが似ているということは、それらの種が共通の祖先を持っていることの証しである」としたダーウィンの推論を思い出してほしい。ハクスリーは、あるグループの魚のヒレに腕の骨のようなものがあることを知って、その魚と四肢動物が近縁であると指摘した。さらに、他の研究者とともに、体のつくりに見られる類似点を挙げて、鳥類と哺乳類が種々の爬虫類と類縁を持つことも示した。ダーウィンの推論に基づいて、「類縁の近い種どうしは、そうでない種どうしよりも類似点が多いはず」という具体的な予測を立てることができたのだった。

ランケスターはまた別の着眼点を持っていて、他の研究者が見逃しているか無視している点に注目した。海の生物を研究するうちに気づいたのは、多くの種が、新しい特徴を獲得することによってではなく、失うことによって進化している、ということだった。器官を捨て去ってより簡素になること、ランケスターの言葉を借りれば「退化すること」によって、生物は新たな生活様式を開拓してきた。例えば、生物が寄生という生活様式を進化させると、その生物はより簡素になり、体の部位を（えして器官をまるごと）失う。エビは普通、尾、殻、目、神経索を備えているが、他の生物の腸内に寄生するエビに、そうした普通のエビの面影はほぼ残っていない。殻や目はおろか、多くの消化器官さえ捨て去っている。

ランケスターの退化の研究は、もっと深遠で重要な事実も明らかにした。寄生エビは、地球上のどこに生息していようと、また、宿主のどの部位に適応していようと（魚の腸だろうとエラだろうと）、必ず体の同じ部位を失う。この傾向は、他の多くの退化の事例にも当てはまる。洞窟に棲む生き物は、魚でも両生類でもエビでも、諸々の器官を失って暗い洞窟内で効率よく生きようとする。そうやって、無用な器官を形成し保持することによるエネルギーの浪費を防いでいるのだろう。驚くことに、さまざまな種がそれぞれに同じ進化を遂げていて、皆一様に体色を薄くし、目を失い、たいてい付属肢を小さくしている。

もっとも分かりやすい退化の事例としては、一部の種に残る小さな痕跡を除いて四肢を失っているヘビが一つ挙げられる。もっとも、ヘビの体制（ボディプラン）は体の部位を失うことだけで完成したわけではなく、椎骨と肋骨が増えることで体長が伸びたりもしている。四肢を失った理由は、一つには、ズルズルと這い進むその移動様式にあった。四肢は、このたぐいの移動をするには単純に邪魔だった。

ヘビのような体は、ランケスターも知っていたように、なにもヘビだけが持っているわけではない。トカゲの多くの種も、四肢がめっきり縮み、胴体が伸びている。ヘビともトカゲとも類縁の遠いミミズトカゲ類という爬虫類のグループも、胴体が長くて四肢がない。ミミズトカゲはヘビやトカゲと見分けがつかないほどに似ているが、頭のつくりはだいぶ違っている。さらに、両生類にも参戦してもらおう。アシナシイモリ類という両生類のグループも、胴体が長くて四肢がない。ここでもまた、同じ特徴、同じ進化が、多様な動物で何度も生じている。

発明が何度か別々に誕生することは、ヒトの革新の分野でも頻繁に起きている。電話しかり、ヨーヨーしかり、進化論しかり。学説や技術は、複数の発明者により同時期に考案される傾向がある。機が熟していて発明の機運が高まっているのか、既存の技術に明らかな改良点があるのか、それとも発明の起こり方に何か深遠な規則性があるのか。いずれにしろ、発明の〝多発性〟は普遍的なもので、ヒトの営みの中にはそれが常識になっている分野もある。同じことは生物界の一部にも当てはまる。

生物界の多発的な発明を調べれば、自然界の内なる仕組みを明らかにできるだろう。その仕組みを知るために、今一度、あのオーギュスト・デュメリルゆかりの地味な小動物に焦点を当てよう。

物腰柔らかで協調的な人物であるカリフォルニア大学バークレー校のデイヴィッド・ウェイクのことをレイ・ランケスターと勘違いする人は、きっと一人もいないに違いない。しかし、そんな人柄とは裏腹に、1960年代以来のウェイクの研究は、学界に並々ならぬ衝撃を与えてきた。ランケスターの専門が海の生物だったのに対し、ウェイクは自らの研究者人生を賭けてサンショウウオを理解することに努めてきた。

サンショウウオの体に備わる特性が人体にもいくらかでも備わっていたら、どんなによかったことだろう。その肢を試しに一本切ってみると、筋肉、骨、神経、血管のすべてがそろった状態で、すっかり再生してくる。さらには、損傷した心臓、あるいは脊髄までも再生する。サンショウウオは、諸々の毒腺から獲物の捕獲法にいたるまでの数々の驚くべき発明も有している。過去40年余り、バークレーには世界各地の数十か国から学生や研究者が集まってきて、サンショウウオの生理を学んできた。現代のデュメリルたるウェイクは、サンショウウオという単純な見た目の生き物

メキシコにてサンショウウオを探すデイヴィッド・ウェイク

から、驚くべき生物学的知見を引き出してきた。

デュメリルの時代以降知られているように、サンショウウオは普通、ある環境に生まれたのち、成長に伴って新たな環境に移る。多くの種は水中で孵化し、その後変態して陸上で暮らす。陸地に移ると生活様式が一変し、特に獲物の捕まえ方が変わる。

一般的に言って、捕食者には2つのタイプがある。大多数は自分の口を獲物に近づけるタイプ。ライオン、チーター、ワニなどがこれに該当し、獲物を追ったり、そばを通過するのを待ち伏せたりして噛みつく。別のタイプの捕食者はこれとは正反対のやり方で獲物を捕らえるもので、獲物のほうを自分の口に引き寄せる。サンショウウオの成体はこの後者のタイプに属する。

水中で生活しているサンショウウオは、昆虫や微小な節足動物を口元に引き寄せるために、吸引する。喉元（のどもと）にある小さな骨群と頭骨の頂部にある他の骨群を使って口腔（こうくう）を広げ、真空を生み出し、水もろとも獲物を吸い込む。この戦略は水中の両生類にとっては有用だが、陸上ではまるで役に立たない。陸上の個体が空気中にいる重い獲物を引き寄せて口に入れようと思ったら、ジェットエンジン並みの強度で自分の体よりも大きな真空を生成しないといけない。

陸上のサンショウウオは多様な技を駆使して獲物を口に入れている。一部の種は、舌を撃ち出して昆虫を捕らえ、引き寄せる。舌を体長の半分近くまで出し、粘着質のパッドで小さな昆虫を捕まえ、口まで持ってくるのだ。この離れ技をやってのけられるのは、舌を射出する機構とそれを回収する機構という、2つの特徴を備えているから。この特殊な舌は自然界屈指の驚くべき発明であり、マニアック極まりないと思われるかもしれないが、実は地球上の生命を理解することに資する普遍的な驚異を秘めている。この機構の美しさと重要性は体の細部に宿っているので、ここから少し、サンショウウオの体の構造を細かく見ていくことにしよう。

サンショウウオの舌の射出について考える手始めに、自分の舌を突き出してみてほしい。諸々の筋肉が複雑に連携することで、その動きは可能になっている。私たちの舌は、一群の筋肉が結合組織に包まれ、数々の味蕾(みらい)(1)によって覆われたものと言える。そして、舌自体とはまた別の筋肉群によって、あごやのどの骨につながっている。舌を突き出すと、舌の内部の筋肉群（舌を柔らかい状態から硬い状態に、平べったい状態から細長い状態に変える筋肉群）と、舌に付着している外部の筋肉群が動き、舌が口の外に出る。舌が口外に出る際に働く主な筋肉の一つは、オトガイの基部に始まり舌の基部に終わっている。この「オトガイ舌筋」と呼ばれる筋肉が収縮すると、舌が突き出る。

ヒトはオトガイ舌筋を使って会話や食事をしている。また、オトガイ舌筋の矯正がいびきの外科的治療として施されることもある。オトガイ舌筋を引き締めて、舌の定位置を前方に動かし、のどから離すというものだ。この矯正を施すと、睡眠中に舌が気道を塞ぐことがなくなっていびきをかかなくなるし、うまくいけば睡眠時無呼吸症候群も治る。

私たちヒトは、舌とオトガイ舌筋の動きを必須の要素とする自分たちの会話能力をすべからく誇りに思っているが、どう頑張っても空飛ぶ昆虫を捕まえることはできない。ヒトが持っているような舌は、必死に突き出したところで距離も速度も足りず、何も捕まえられない。私たちの社会規範や食物の選択を考えると、それはむしろ好都合なことなのだろうが、サンショウウオでは事情が異なる。

オトガイ舌筋は多くのサンショウウオにもあり、食事の際にある役割を果たしている。多くの種で長いヒモ状に変化していて、これが収縮すると舌が口外に突き出る。こうした仕組みで舌を突き出す種が、サンショウウオ類ではもっとも多い。しかし、もし舌の突き出し方を競うオリンピックがあったら、この仕組みでは予選にもたどり着けないだろう。優れた仕組みではあるが、他の驚異の仕組みに比べたら、その足元にもおよばない。オトガイ舌筋の収縮速度が、この仕組みが働く速さに物理的な限界を課している。速いことは速いが、敏捷に飛び回る多くの昆虫を捕らえられるほどではない。

ウェイクの専門の一つであるネッタイキノボリサンショウウオ属（*Bolitoglossa*）の種は、舌を体長の半分ほどの距離まで突き出してから再び引っ込めるのに、1000分の2秒もかからない。その食事風景を観察すると、あっけにとられる。舌の動きが速すぎて、ユーチューブのスローモーション動画でも目で追うのがやっとだ。何とも理解に苦しむのは、サンショウウオの体にあるどの筋肉も、この舌が飛び出すほどの速さでは収縮できないこと。つまり、ネッタイキノボリサンショウウオは、筋肉自体の速度の限界を超える速さで舌を突き出している。まるで物理法則に逆らっているかのようではないか。

ウェイクと、教え子の大学院生の一人であるエリック・ロンバードは、1960年代にこの舌に注目し、10年近くの歳月をかけて、舌が機能する仕組みと、そしてこれが重要なのだが、舌が進化してきた経緯を解き明かそうとした。2人は多様な種の舌を解剖し、すべての筋肉、骨、靭帯（じんたい）を丹念に観察した。ピンセットで種々の骨や筋肉を動かして、舌の動きを再現できないか試してみたりもした。その数十年後、ウェイクの学生の一人がハイスピードカメラで舌の動きを録画し、諸々の筋肉と骨がどう連携して、一見不可能に思えることを成し遂げているのかを調べた。

ウェイクは、サンショウウオの舌が複雑極まりない生物版の銃とでも呼べる代物であることを突き止めた。高度に特殊化したサンショウウオは、ただ舌を突き出しているわけではない。口外に撃ち出される舌は、いわばヒモにつながれた銃弾のようになっている。これでも驚かないというなら、「サンショウウオが撃ち出す発射体は、粘着質のパッドに付属する、エラ器官の小さな骨である」と言ったらどうだろう。サンショウウオは、比喩でも何でもなく、エラの一部を撃ち出しているのだ。しかも、体長の半分ほどの距離まで、瞬きするほどの間に。その後、またもや驚くべきことに、撃ち出した時とまったく同じ速さで、その舌を口内に引っ込める。

発射体型の舌を持つサンショウウオの種では、オトガイ舌筋がすっかり失われている。もし残っていたら、収縮速度が遅すぎて、発射体が撃ち出される際に邪魔になってしまうに違いない。また、サンショウウオの大部分の種では、エラの骨が頭部の両側に固定されていて、鰓弁（さいべん）の基部になっている。ところが、発射体型の舌を持つ種ではそうなっていない。エラの骨が頭骨から遊離していて、舌にくっついており、銃弾のように放たれる発射体として働く。

サンショウウオの舌の射出についてイメージをつかむために、親指と人差し指でスイカの種を強くつまんで弾き飛ばす様子を想像してみよう。種はツルツルしていて先細りになっている。あなたが指先で強くつまんだら、ピュッと飛び出して、遠くまで飛んでいくだろう。サンショウウオの舌もそれと同じだ。精巧な筋肉群が強くつまむ役割を担い、エラ器官の棒状の骨がツルツルして先細りの表面になる。筋肉群が収縮すると、まるでスイカの種のように、その骨が弾き出される。

発射体型の舌では、2本のエラの骨が、まるで音叉(おんさ)[2]のように、ふたまたのほうを舌の根元に向けた形で開いている。これらの長い棒状の骨は、スイカの種のように表面がツルツルしていて、先に行くほど細い。その2本の棒は全長にわたって収縮筋に包まれている。収縮筋は、指令を受けると、2本の棒を強くつまんで口外に撃ち出す。かくして、舌先の粘着質なパッドとエラの骨が標的めがけて飛んでいく。これがうまくいけば、昆虫を捕らえたパッドが口に戻ってくる。

舌を撃ち出して昆虫を捕まえても、その獲物や舌を口に戻せなかったら意味がない。舌がもつれて引っ込められなくなったサンショウウオを想像するのも一興かもしれないが、実際にそうした事態が起きたら命取りになる。捕食者の格好の餌食になったり、獲物を捕獲できなくなったりして、間違いなく命を落とすだろう。しかし、巧みな解決策が用意されている。サンショウウオの腹部は、すべての種で、腰部からエラまで伸びる2組の筋肉群に覆われている。これらの筋肉群の通常の役割は体を支えること。しかし、発射体型の舌が特に高度に進化した種では、この2組の筋肉群の線維が融合し、骨盤から特殊化したエラの骨まで伸びる1本の筋肉になっている。巨大なバネのようなものと思ってもらえればいい。エラの骨が射出されると、この筋肉のバネも伸び、やがてエラの骨を引き戻す。

この複雑な生体機構が誕生した際に起きたことは何だったのか。新たな器官はおろか、新たな骨さえ出現せず、ただ従来の骨と筋肉が新たな用途に転用されただけだった。舌を撃ち出す筋肉は、他のサンショウウオが嚥下に使っていたもの。かつてエラを支えていた骨は、一端が先細りになって弾丸に変化した。この弾丸が遠くまで飛ぶようになったのは、オトガイ舌筋が消失したおかげ。腹部の筋肉は融合し、舌を引き戻すためのバネになった。こうした転用のおかげで、自然界の驚異、すなわち、多くの部位から成る複雑極まりない発明が誕生したのだ。

このサンショウウオの舌自体も驚くべきものだが、ウェイクの別の専門分野からは、さらに意外な事実が明らかになった。

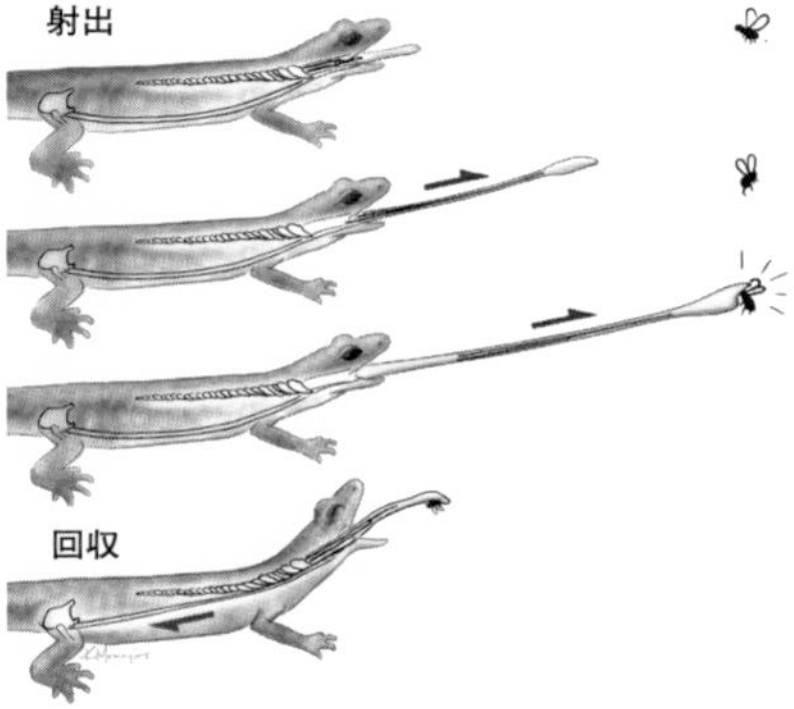

射出

回収

サンショウウオの舌の射出機構は，生物界の驚異だ

ウェイクの専門分野の一つは、DNAを使ってサンショウウオの系譜を明らかにすること、つまり、さまざまな種どうしの類縁関係を探ることだ。ツッカーカンドルやポーリング以来の伝統にのっとり、各種の遺伝子配列を比べれば、各種がいつ・どこで誕生したのかを推定することができる。ウェイクは、サンショウウオのほぼすべての種から組織サンプルを採取し、これまでもっとも信頼性の高い系統樹を構築した。その結果は、彼にとっても衝撃的なものだった。

発射体型の舌が特に高度に進化した種どうしが、実は互いに近縁ではなかったのだ。それどころか、各種は系統樹上で遠く離れていて、生息域にも数百キロの隔たりがあり、祖先も共通していなかった。発射体型の舌という発明は、斬新かつ複雑で、頭部から胴体にかけての諸々の部位が協調しながら変化して、初めて誕生しうる。そんな発明が、少なくとも3回、おそらくはそれ以上、別々に生じたというのだ。どの事例でも、オトガイ舌筋が消失し、エラの骨が発射体に変化し、腹部の筋肉が発射体を口に戻すためのバネに変わっていた。この発射体型の舌は、サー・レイ・ランケスターが唱えた〝多発的な〟発明の極端な事例と言えるだろう。

この高度に特殊化した機構が別々に発明されたことは何も偶然ではない。この機構を持つすべての種にはいくつかの共通点がある。たいていのサンショウウオは、エラの骨を呼吸に使っていて、それらで口を広げて肺に空気を取り込んでいる。また、幼生の段階では食事をする際にめいっぱい使っていて、それらを動かして吸引力を生み出し、食物を吸い込んでいる。では、エラの骨が呼吸や食事に必要だというなら、一体なぜ舌の射出に転用することができたのか。実は、発射体型の舌が特に高度に進化した種には、肺も、幼生段階もない。どちらも失われたことで競合する用途がなくなり、エラの骨が「獲物を捕らえるミサイル」という新たな用途に使われるようになったわけだ。

では、多発的な進化はどのようにして起きるのだろうか。そして、生命の内なる仕組みについて、何を教えてくれるのだろう。

乱雑（メス）さこそがメッセージ

科学者は、世間の人と同じく、乱雑さを嫌う。科学者は、各値が一本の直線や曲線にきれいに乗るグラフを好む。科学者は決定的な実験結果を求めてやまない。科学者にとっての理想の観察結果は、整然として、秩序立っていて、事前の予測ととことん一致するものだ。科学者はシグナルを好み、ノイズを嫌う。

生物の系統樹にまつわる研究も、その例に漏れない。系統樹を作成する作業は、野外で生き物を同定するための検索表をつくることに似ていて、ある動物の個体どうしが共有している固有の特徴を探すことが主になる。その種ならではの特徴が多いほど、その種を他の種と見分けることが簡単になる。例えば、カモメとフクロウの違いが分からない人などいないだろう。見分けるポイントとなる特徴（フクロウなら丸い顔、カモメならクチバシと体色など）を、両種が持っているからだ。（体のつくりやＤＮＡなどの）特徴を共有している諸々のグループは同じくくりに入る。この法則はどこまでいっても変わらない。ヒトは他の霊長類には見られない特徴を共有していて、霊長類は他の哺乳類には見られない特徴を共有していて、哺乳類は他の脊椎動物には見られない特徴を共有している、といった具合だ。

レイ・ランケスターは、「卵が先かニワトリが先か」といったたぐいの問題を白日の下にさらした。

別々に進化してきた類似性と、真の系統を反映している類似性を、どう区別したらいいのだろうか。サンショウウオの舌のような、極めて複雑な機構が別々に進化しうるなら、「この特徴を共有しているから、この2種類の生物には類縁がある」と自信を持って言えるケースが、果たしてあるのだろうか。実のところ、サンショウウオに関しては、舌の事例は氷山の一角にすぎない。多発的な進化の事例は他の多くの器官にも見られる。

では、世界を代表するサンショウウオの専門家は、その進化をどうやって調べているのか。デイヴィッド・ウェイクは、同分野の大多数の研究者と同じく、体の特徴を指標にして類縁関係を推定することを、事実上あきらめている。どうしてか。どれだけデータを集めたところで意味がないからだ。サンショウウオが世界各地で、さまざまな時代に、同じデザインを別々に発明していることは論をまたない。

たぶん、生物の多発的な進化に見られる乱雑さは、ただの厄介な現象ではなく、何らかの根本的な法則を知る手がかりなのだろう。私たちがノイズとみなしているものは、実のところシグナルなのかもしれない。もし、ある進化の仕方が偶発的なものではないとしたら?

生物の多発的な進化には2通りの起き方がある。一つめは、ある課題に対する解決法が限られている場合。例えば、空を飛ぶことを考えてみよう。どんな生き物も、空を飛ぼうと思ったら大きな表面積を確保して揚力を発生させなければならない。だから、空を飛ぶ生き物は例外なく翼か翅を持っている。鳥、翼竜、コウモリ、ハエの翼や翅は、見かけこそ似ているが、内部のつくりも研究者がたどれる進化の来歴も、それぞれ異なっている。鳥の翼を構成している各骨の配列は、コウモリや翼竜のそれとは違う。コウモリでは５本の長く伸びた指の間に張られた皮膜が翼になっていて、翼竜では著しく伸長した第４指が翼を支えている。昆虫は一段と趣を異にしていて、翅を支える組織の種類がまったく異なる。物理的な制約と進化の来歴が相まって、これらの器官が存在している。どれも翼（あるいは翅）には違いないが、それぞれにつくりが異なっていて、そこに哺乳類、鳥類、爬虫類、昆虫の進化史の違いが映し出されている。

　このような物理的な制約の例は豊富にあり、初期の解剖学者はそうした制約のことをたいてい「規則」と呼んでいた。１８７７年にジョエル・アサフ・アレンが考案した「アレンの規則」は、「恒温（内温）動物の場合、寒冷な地域に生息する個体のほうが、温暖な地域に暮らす個体より、突出部（四肢、耳、鼻など）が短くなる」というものだ。その理由は放熱で、突出部の長い個体のほうがそうでない個体より体熱を失いやすい。これと似た規則に、１８４７年にカール・ベルクマンが見いだした「ベルクマンの規則」があり、こちらは「寒冷な地域の個体のほうが、温暖な地域の個体より、概して大型である」という事実のことを指している。制約要因となっているのはやはり放熱で、小型の個体のほうが体重当たりの体表面積が大きく、したがって体熱を失いやすい。アレンの規則もベルクマンの規則もおしなべて正しく、多様な地域に生息する多様な種に当てはまる。

　多発的な進化の起き方はもう一つある。ダーウィンは、生物の集団にはそっくり同じ個体など存在しないこと、一部の変異は（多くの子供をもうけさせたり体を丈夫にしたりして）その個体の生息環境下での成功確率を高めることを認識していた。こうした個体どうしの差が自然選択による進化の基盤になる。集団内に多様性が存在し、一部の変異が個体のその環境下での成功に影響をおよぼすかぎり、進化は必然的に起きる。しかし、自然選択は集団内に存在する多様性に対してしか働かない。もし個体どうしに差がなかったら、進化など起こりようがない。では、集団内の多様性に何らかの偏りがあったら、一体どうなるのか。体や器官の形成にあずかる遺伝的・発生的レシピの影響で、あるデザインが出現しやすくなっていたり、別のデザインが出現しにくくなっていたり（あるいはまったく出現しなくなっていたり）したら？　もしそうしたことが起きうるなら、ある器官が発生過程を通してどう形成されるかを知ることで、集団内でその器官にどのような多様性が生じうるか、そしてその結果として、その器官にどのような進化が起こりうるかを予測することができるかもしれない。

氷漬けの足

ハーバード大学の大学院を修了した私は、西海岸にあるカリフォルニア大学バークレー校に移り、動物学や古生物学を扱う有名な構内博物館で研究することにした。現地に赴任してから数週間後、デイヴィッド・ウェイクのサンショウウオ愛にすっかり感化され、彼のチームと共同で行える研究を立案しはじめた。私がカリフォルニアに移ったのは、博物館とサンショウウオに惹かれたためでもあったが、気候の変化を求めたためでもあった。マサチューセッツ州ケンブリッジで5年間を過ごし、夏の間もグリーンランドとカナダで野外調査を行っていたから、暗くて寒い場所を離れてカリフォルニアの日差しを浴びたいと思っていたのだ。

しかし、そんな恵みの日差しはどこにもなかった。私が到着した時、バークレーは近年まれに見る大寒波に襲われていた。すぐさま思い知った。寒波に見舞われたカリフォルニアがどこにもまして寒冷で、グリーンランドのテントの中よりも寒いということを。住宅も（私を含めた）人も、断熱性に乏しかった。市内各所で水道管が凍結し、給水制限がかかった。しかし、その時の私には知る由もなかったが、そのカリフォルニアの寒波をきっかけに、私の生命史についての考え方は変わっていくことになる。

その寒波の時期のある日、暖を取りがてら水差しに水を入れようと、ウェイクの研究室に入った。ウェイクはちょうど電話を終えたところだった。ポイントレイズ国立海岸の国立公園局に勤める知人と話していたらしい。その公園内の淡水湖は、寒波の影響をもろに受けて数十年ぶりに全面凍結していた。その地の動物も、ヒトと同じく、温度の急落に対する備えができていなかった。先の電話の目的は、淡水湖に生息する何千匹ものサンショウウオが凍死したことを、ウェイクに伝えることだった。国立公園局としては、そのサンショウウオの集団を動物学博物館のコレクションに加える気はないか確認したかったらしい。サンショウウオは自然災害に遭ってすでに死んでいる。それならば、科学の力でそれらの死体から何らかの知見を引き出せないか、試さない手はないではないか。

私たちはこうして、1000匹余りのサンショウウオを自由に研究に使えるようになった。ハーバード大学時代の私は、サンショウウオの四肢を研究対象にして、手や足が胚発生の過程でどう発達するのかを調べていた。こうした私の関心を前提にして計画が練られ、凍死したサンショウウオの足を調べて内部の骨格を分析することになった。サンショウウオ1匹につき足は2つだから、全部で約2000個の足を調べられることになる。

サンショウウオの2000個の足に私が歓喜したことは、決してバカげたことではない。少し前までグールドの講義の助手をしていた私は、進化がどの程度まで偶然に（あるいは必然に）起きるのか、調べてみたいと思っていた。多発的な進化は、サンショウウオの舌からエビの退化器官にいたるまで、そこかしこで観察されていた。実際、研究者が調べれば調べるほど、その事例は増えるばかりだった。ウェイクが発見したところによると、サンショウウオの足は非常に特殊な方式で進化していて、例の舌の機構と同じように、多様な種が別々に同様の進化を遂げているらしかった。

大寒波のおかげで、ある1種の1つの集団に属する数千個の足が手に入った。私たちは、肢の骨の配列を調べて、個体間の差異を分析することにした。そうした多様性こそが、自然選択による進化の燃料になるからだ。いよいよ、核心的な問いに向き合う時が来た。生物の集団が抱える多様性には何らかの偏りがあるのか。多発的な進化は、自然選択の燃料である個体間の差異がランダムではないから起きるのだろうか。もし、肢の骨のあらゆる配列が同じ確率で出現するなら、標本サイズの大きいポイントレイズ産の凍死したサンショウウオの集団には、ランダムな変異が見られるはずだ。しかし、おそらくは、集団内の多様性に何らかの偏りが潜んでいて、その偏りが進化を特定の方向に導いているのではないかと思われた。

サンショウウオの肢は、2億年余りにおよぶ進化史を通じて、ランケスターの退化器官のように進化してきた。つまり、何らかの構造を獲得することによってではなく、失うことによって。骨格上のいくつかの特徴が、進化の舞台が中国か中央アメリカか北アメリカかによらず、何度も出現している。第一に、サンショウウオは指を失いやすく、しかも常に同じ指を失う。手足の指を失う時は常に小指側の指が消失し、その反対側がなくなることはない。第二の傾向は、手首や足首の骨どうしが融合することで進化が起きるというもの。サンショウウオは、通常、足首に9つの骨を持っている。特殊化した種では骨の消失の仕方がほぼ決まっていて、隣り合う骨どうしが融合する。祖先が2つの別個の骨を持っていたとしたら、その子孫は1つの大きな骨を持つわけだ。ウェイクは、こうした融合のパターンがどうもランダムに生じているわけではないらしいことに気づいた。特定の融合パターンが何度も出現している一方で、別の融合パターンは一切現れていない。

博物館や動物園はもとより自然界でも、研究者がある1種の1000個体の骨格を手に入れられる機会などめったにない。これだけの規模の標本はまさにお宝だ。それだけあれば、信頼性の高い統計を取って、仮説を検証することができる。私たちは、集団内の多様性に偏りがあって、そのことがサンショウウオの進化に影響しているのかどうかを検証することができるようになった。問題は、どうやって足の内部を観察するかだった。

サンショウウオの肢をレントゲンで撮ることはできない。骨格が軟骨で出来ていて、標準的な医療

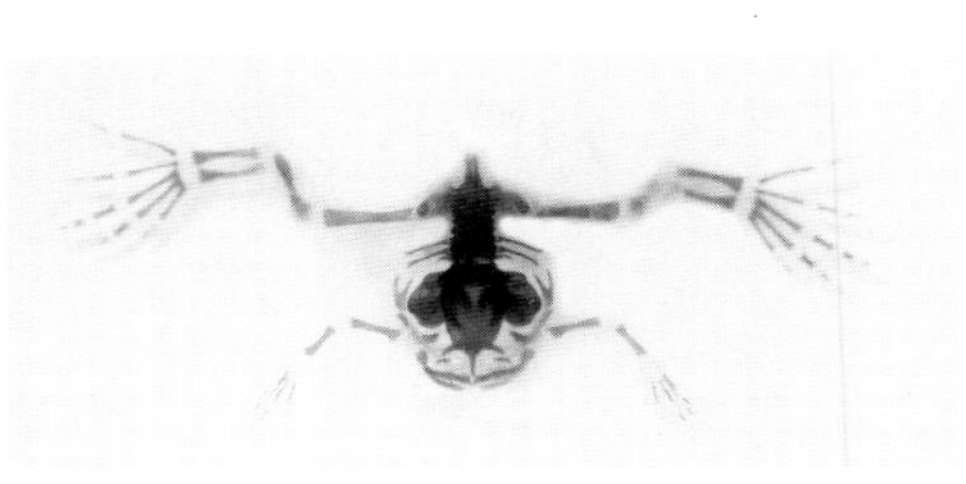

体を透明にし，骨を染料で染めたカエル

用のレントゲン装置ではまず捉えられない。そうかと言って、CTスキャナーにかけるには個体数が多すぎる。そんなことをしたら費用が膨大になるし、私は自分の健康保険にサンショウウオを加入させていなかった。最後に行き着いた技法は、単純ながらも鮮やかな成果をもたらしてくれるものだった。用意したのは、アルコール、水、数種類の化学染料を満たした一式の容器。数週間かけて、この一式の溶液にサンショウウオの標本を順番に浸していき、十分な時間をかけて各溶液を体内の組織に染み込ませた。最後の溶液には特殊な青色の染料が入っていて、これが軟骨に付着すると骨格全体がくすんだ青色に染まる。そして、最後の仕上げとして、透明でトロトロした液体である純粋なグリセリンに浸した。標本にグリセリンが染み込むと、その体はガラスのように透明になる。大型の個体の場合、一連の工程に数週間を要した。作業を正しくこなすと、不気味ながらも美しいものが姿を現した。体が透明で骨格が青い。まるで青い骨格がガラスに閉じ込められているかのようだった。

1000個体にこうした処理を施すのに2年を要した。私たちは全個体のすべての肢に識別番号を付し、その形、骨どうしの融合の仕方、骨の消失の仕方を記録した。

その結果、集団内の多様性はランダムではないことが分かった。答えは、グリセリン漬けにされたサンショウウオの体と同じくらい明晰(クリア)なものだった。骨どうしが融合し、特定の指が消失していた。しかも、このポイントレイズ産の集団に見られた諸々の変異パターンは、中国産の種にもメキシコ産の種にも、さらにはノースカロライナ産の種にも観察されていたものだった。出現しやすい融合パターンもあれば、そうでない融合パターンもあった。そして、どの地域でも、同じ一握りのパターンが何度も繰り返し現れていた。

では、このことから、サンショウウオの生理について、さらには偶然と必然の相克(そうこく)について一体何が分かるのだろうか。

私は、大学院時代を通して、サンショウウオの肢が発生過程を通してどう形成されるのかを研究していた。肢の骨が形成されていく様子を観察していると、各骨の出来る順番がはっきりしていた。足の指は厳密に決まった順番で生じる。第2指が最初で、その後に第1指、第3指、第4指、第5指と続く。この順番にはどこか見覚えがあった。進化の過程で指が消失する順番とまるっきり逆なのだ。進化の過程で最初に失われる指は発生の過程で最後に生じる指で、次に失われる指は最後から2番目に発生する指だった。指の消失には、「最後に発生する指が最初に消失する」という秩序が存在するらしい。

手首や足首の軟骨群も厳密に決まった順序で生じる。その様式は、ある軟骨から別の軟骨が生じるというものだ。ある軟骨が形成されると、そこから次の軟骨の原基が生えてくる。この2つの軟骨は、また新たな軟骨が生じてくるうちに、分離する。こうした軟骨の形成と分離が繰り返されるうちに、

9つの別個の骨から成る配列が完成する。私はこれにも見覚えがあった。サンショウウオの多様な種が進化の過程で融合させる骨どうしは、例外なく、通常の発生過程で連続して生じてくる骨どうしだった。

このマニアックな解剖学と発生学の根底に、簡潔で強力な考えが潜んでいる。サンショウウオの肢の発生の仕方が分かれば、肢の進化の仕方にもある程度の見当がつくのだ。指の生えてくる順番や、手首や足首の骨群が互いを土台にして発生する時のパターン次第で、どういう方向性の進化がより起きやすいかが決まる。「最後に発生する指が最初に失われる」という規則にしたがって、サンショウウオの指に見られる多様性は生じている。手首や足首の骨群の融合もランダムではない。融合する骨どうしは、通常の発生過程で連続して生じてくる骨どうしである。

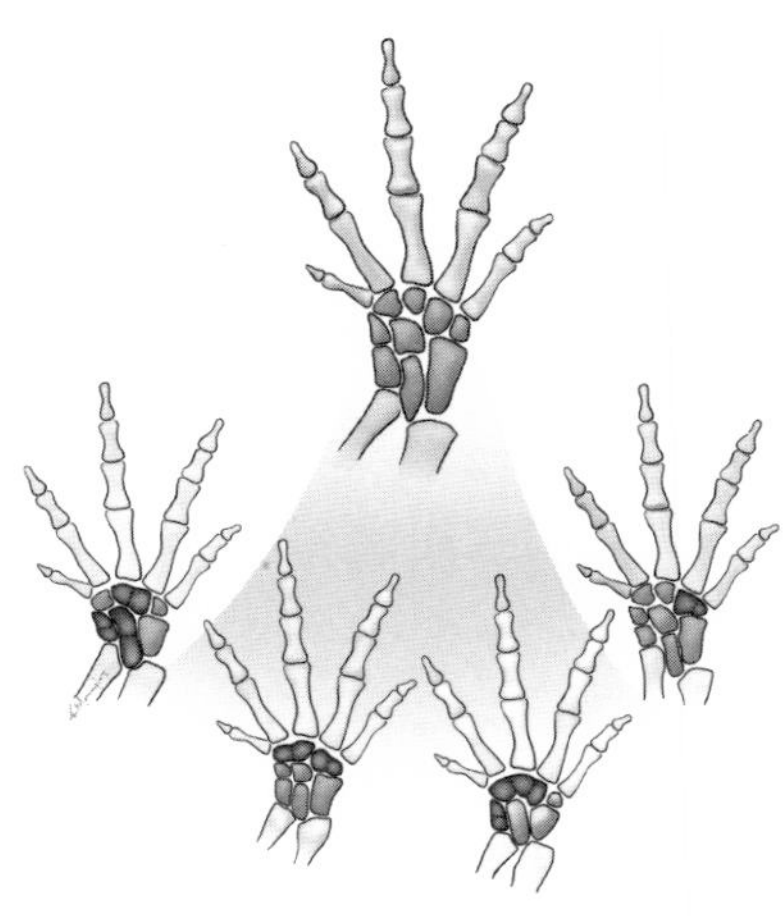

サンショウウオの肢は構成要素の骨を失うことで進化する。この図は，進化の過程で隣り合う骨どうしがどう融合していくのかを示したものである

動物の胚発生を住宅の建設工程になぞらえてみよう。あなたが建設業者だとすると、あなたが選ぶ住宅の工法と、あなたが用いる建材次第で、最終的に建つ住宅の種類が変わってくる。ある種類の住宅が他と比べて建てられやすくなる。これと同じことは、凍結したサンショウウオの足を通してここ

まで見てきたように、動物についても言える。動物の発生の仕方次第で、特定の発明や変化が他と比べて生じやすくなる。

長い間、サンショウウオの足の骨に生じたような多発的な進化は、生命史上に見られる研究者泣かせのノイズであり、風変わりな例外と思われてきた。しかし、調べれば調べるほど、発明の生じ方として定番の一つであることが分かりつつある。多くの事例で、多発的な進化は、進化の深遠な規則、つまり、「動物の体が発生過程を通してどう形作られるか」ということに由来する内在的な偏りを映し出している。ほぼすべての動物が基本的に同じ遺伝子群（あるいは遺伝的レシピまるごと）を使って体づくりを行っているのだとしたら、多発的な進化の事例が動物界に無数に存在することも驚くには当たらない。生命史上の大発明の出現は決して偶然ではないということになる。

進化の道筋は、直線的な進歩がランダムな変化を燃料として続いていく、というものではない。進化史を通じて、さまざまな種が往々にしてさまざまな経路をたどり、同じ場所にたどり着く。グールドの言葉を借りてこの現象を表現するなら、「偶発的な状況を変更して生命史のテープをリプレイしても、重要な事件が変わることはない。それらは同様に発生する」となる。

マイアが私とのお茶会で自らの進化観を披露してくれたことがある。ヴォルテール(3)の思想を拝借し、進化の結果は「考えうるかぎりで最善の世界」なのではなく「ありうるかぎりで最善の世界」なのだと語っていた。遺伝子や発生、進化史などが、どのような進化が起こりうるかということを決めているのである。

自然の実験

自然は私たちの代わりに実験をしてくれている。しかも、その一部では、生命史のテープがリプレイされている様子を観察することができる。ちょうど、ジョージ・ベイリーがベッドフォード・フォールズの橋で自分の死後の世界を見たように。

カリブ海地域では、サン・マルタン島からジャマイカまで、ほぼすべての島にトカゲが生息している。これらの島々には、密林や平原、浜辺などの、トカゲたちの繁栄を支えうる種々の恵まれた環境が存在する。カリブ海の島々は、歴代の研究者から、進化を研究するのに適した天然の研究施設とみなされてきた。ダーウィンにとってのガラパゴス諸島のように、各島が、多様なトカゲがどのようにして多様な環境に適応しているのかを分析する手段になる。アーネスト・ウィリアムズ（１９１４〜９８）は当代きっての大爬虫類学者だった。ウィリアムズは、既存の研究を踏まえて、カリブ海の多様な島々に似たようなトカゲが生息していることに気づいた。森林に生息するトカゲは、樹木の各部位に棲めるように諸々の特殊化を遂げていて、樹冠にいたり、樹幹にいたり、地表近く、つまり木の根元にいたりする。樹冠のトカゲは、どの島に生息しているかにかかわらず、皆、大型で、頭も大きく、背中に棘状突起（クレスト）を持っていて、体が濃い緑色をしている。樹幹のトカゲは、皆、中型で、四肢と尾が短くて、三角形の頭を持つ。幹の根元や地表にいるトカゲは、皆、頭が大きくて後肢が長く、たいてい茶色い。

私の研究者仲間のジョナサン・ロソスは、ウィリアムズを師に持ち、これらのトカゲを研究対象にしている。ロソスは、DNA技術を用いて、多様な島々に棲むトカゲどうしの類縁関係を調べた。もしあなたがトカゲの体を調べたら、次のように推測するかもしれない。樹冠にいる頭の大きいトカゲは、他の島々に棲む頭の大きいトカゲともっとも近縁に違いないと。同様に、樹幹にいる四肢の短いトカゲどうしも、地表近くにいる後肢の長いトカゲどうしも近縁だと思うだろう。でも、ロソスが見いだした事実はそれとは違っていた。各島のトカゲたちは、同じ島に棲む他のトカゲたちともっとも近縁だったのだ。各島には遺伝的に独立したトカゲの集団がいて、島への〝入植〟はそれぞれ別個に起きていた。つまり、かつて各島にトカゲたちが流れ着き、その子孫がそれぞれに新天地の諸々の環境に適応していったということだ。各島を別個の進化の実験場と捉え、そこでトカゲたちが地表や樹幹、枝、樹冠での生活に適応していったと考えてみよう。各島が別個の実験場なのだとしたら、進化は同じ結果を何度も繰り返しもたらしたことになる。もし生命史のテープを各島でリプレイしたとしても、各島で前回と同様の進化が起きるに違いない。

同じことは、もっと壮大な規模で起きた哺乳類の進化についても言える。オーストラリアの有袋類は、世界の他の地域から孤立した状態で1億年以上も進化を続け、(4) さまざまな形態を持つ多様な種を生み出してきた。その結果はまず間違いなくランダムなものではない。有袋類版のモモンガ、有袋類版のモグラ、有袋類版のネコ、さらには有袋類版のウッドチャックまでいる。しかも、上記の例は現生の種類を挙げたにすぎない。すでに絶滅しているものの、かつては有袋類版のライオンやオオカミ、果てはサーベルタイガーまでいたらしい。孤立した大陸における有袋類の進化は、往々にして、世界の他の地域における哺乳類の進化と似た道筋をたどってきた。

こうした天然の実験を見ると、「生命史は諸々の偶発的事件の産物であり、その結末は予測がつかない」とは言い切れないことが分かる。生命史のサイコロには重りが仕込まれていて、体づくりに関わる遺伝や発生の方式、環境の物理的な制約、そして進化史によって、特定の目が出やすくなっている。各世代の生物は器官や体づくりにまつわる（遺伝子や細胞、胚に書き込まれた）レシピを受け継いでいる。こうした遺伝情報は未来を物語っていて、ある進化の道筋を別の道筋よりも選ばれやすくしている。すべての生物の体と遺伝子の内部では、過去、現在、未来が渾然一体となっているのだ。

（1）舌の表面などにあって、味覚をつかさどっている細胞のこと。
（2）U字型の鋼の棒に柄をくっつけたもの。楽器の音合わせなどに用いる。
（3）18世紀のフランスを代表する思想家。
（4）厳密には、南極大陸とは約5000万年前まで地続きだった。

第8章　生命のM&A

新たな発明や理論は、時として、世界にそれを受け入れる用意がない段階で誕生する。レオナルド・ダ・ヴィンチ（1452〜1519）は、グライダーを含む飛行機を16世紀に設計した。それらが制作されなかったのは、必要な資材や製法がまだ存在していなかったからだ。同様の例は生命史にもある。肺と腕を持つ魚が太古の水域に繁栄してずいぶん経ってから、そうした魚の子孫は初めて地上の空気を吸い、硬い大地を踏みしめた。もっと早くに陸上に進出できなかったのは、大型の動物が暮らしていけるほどに植物や昆虫が繁栄していなかったからだった。発明はタイミングがすべてであり、進化における発明でも、人類のテクノロジーにおける発明でも、それは変わらない。あるいは、1960年代の若き研究者がもがきながら考案したものであっても——。

リン・マーギュリス（1938〜2011）は、シカゴ大学とカリフォルニア大学バークレー校で微生物を研究した。そして、初期の研究の一つで、生物の細胞の多様性を調べ、それらの細胞の起源にまつわる新説を提唱した。ところが、その新説を論文にまとめ上げたものの、本人いわく「15かそこらの雑誌」から却下されてしまう。しかし、それにめげることもなく、ついに比較的無名な理論生物学の雑誌に掲載することができた。否定的な査読の嵐にもひるむことのなかった彼女の忍耐力には、ただ驚くほかない。いま、若き女性研究者がキャリアのとば口に立ち、男性優位の分野に根づいた正統的な考えに異を唱えようとしていた。

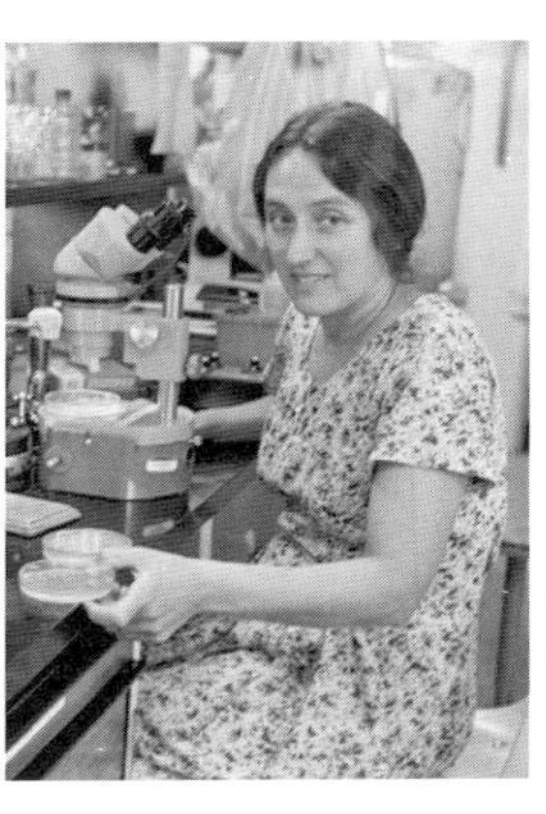

リン・マーギュリス

マーギュリスが注目したのは動物、植物、菌類の体を構成する細胞だった。これらの細胞は細菌の細胞には見られない複雑さを持っている。各細胞にはゲノムの格納庫である核があり、その周囲を多様な役割を担う種々の細胞小器官が取り巻いている。その代表格は、細胞にエネルギーを供給する細胞小器官だ。植物は葉緑体を持っていて、その内部に含まれるクロロフィルが光合成反応を担い、太陽光のエネルギーを利用可能な形に変えている。同様に、動物にはミトコンドリアがあって、酸素と糖からエネルギーを産生している。

マーギュリスは、これらの細胞小器官が細胞内の〝ミニ細胞〟のように見えることに気づいた。おのおのが自前の膜を持っていて(1)、自らを細胞の他の領域と隔てている。また、2つに分裂することで、細胞内で増殖もしていた。細長く伸びて中央部がダンベルのようにくびれ、その両側が分離していき、新たな2つが生じる。それらの細胞小器官は核のゲノムとは別に自前のゲノムも持っている。ただし、核のそれとの違いは大きい。核のDNA鎖がコイル状にまとまっているのに対し、ミトコンドリアや葉緑体のDNA鎖は両端が閉じていて、単純な輪になっている。

膜にも増殖にもDNAの構成にも独自のものがあるこれらの細胞小器官を見て、マーギュリスには思い当たる節があった。こうした特徴を以前にも見たことがあったのだ。単細胞の細菌やシアノバクテリアにそっくりではないか。細菌やシアノバクテリアは分裂によって増殖するし、似たような膜に囲われているし、ゲノムも葉緑体やミトコンドリアのものにかなり似ている。動物や植物の細胞にエネルギーを供給するこれらの細胞小器官は、どう考えても、それらが属している細胞の核より、細菌やシアノバクテリアに似ているように見えた。

こうした観察事実に基づいて、マーギュリスは進化史についての過激な新説を提唱した。葉緑体の起源は自由生活性のシアノバクテリアで、それが他の細胞に取り込まれ、代謝の担い手にされて、宿主の細胞にエネルギーを供給するようになったに違いないと。同様に、ミトコンドリアの起源は自由生活性の細菌で、それが他の細胞に取り込まれ、エネルギーの供給役として使役されるようになったと考えた。彼女の過激な考えとは、「どちらの事例でも、別個の生物どうしが融合して、より複雑な新しい生命体になった」というものだった。

論文を15回も却下されるだけあって、マーギュリスの考えは方々から嘲笑され、あるいはまるっきり無視された。彼女は知らなかったが、その60年前にもロシアとフランスの生物学者が別々に彼女と

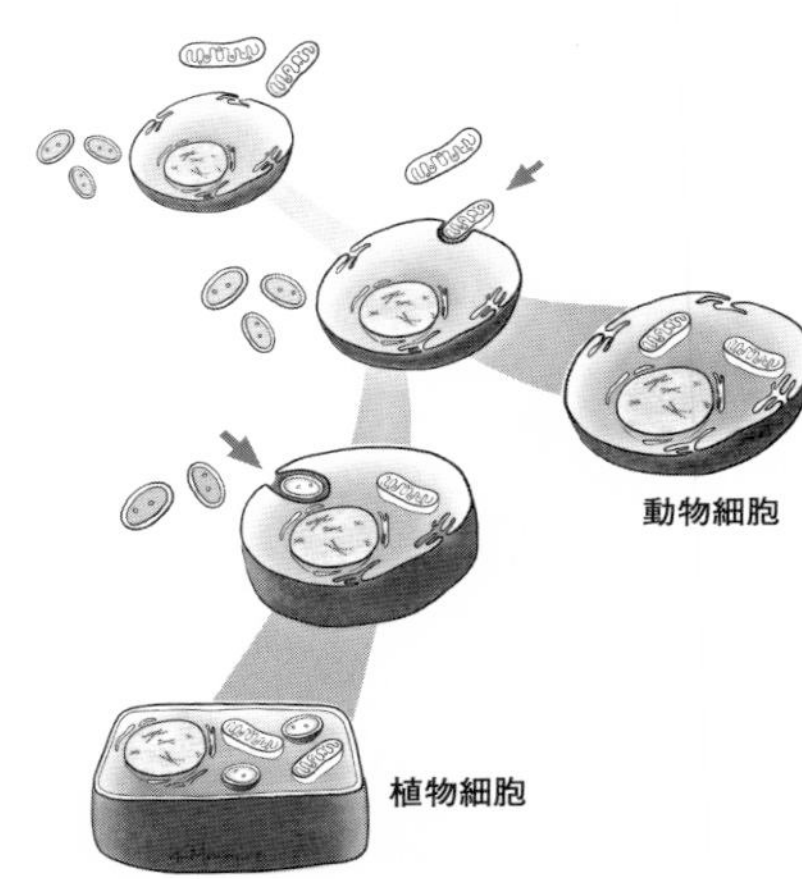

融合による進化。複雑な細胞は２種類の微生物（矢印）を取り込むことで誕生し，取り込まれた微生物はそれぞれミトコンドリア（上）と葉緑体（下）になった

似たような考えを提唱し、やはり笑い者にされ、論文を無名の雑誌に埋もれさせていた。かたや、恐れ知らずの姿勢と忍耐と創造力を兼ね備えていたマーギュリスは、自説を決してあきらめず、数十年間、証拠を積み重ねながら粘り強く訴え続けた。残念ながら、その努力は実を結ばなかった。両者の類似性を明らかにしていっても学界の面々は納得せず、彼女は冷遇され続けた。

マーギュリスにとっても、科学界全体にとっても幸いなことに、やがて彼女の考えにテクノロジーが追いついた。１９８０年代にそれまでよりも速いＤＮＡ配列決定法が開発され、細胞小器官内の遺伝子と細胞核内の遺伝子の来歴を比べられるようになった。やがて姿を現した系統樹は、美しく、そして驚きに満ちたものだった。ミトコンドリアも葉緑体も、細胞核のＤＮＡとは遺伝的なつながりがなかったのだ。葉緑体は、植物細胞内のいかなるものよりも、種々のシアノバクテリアと近縁だった。同様に、ミトコンドリアも酸素消費型の細菌の子孫であり、核のＤＮＡとは類縁がなかった。すべての複雑な細胞は、核の系統と、自由生活性のシアノバクテリアや細菌を祖先とする系統という、２つの系統を持っている。

最近のＤＮＡの比較研究によると、このたぐいの融合は生命史においてありふれた現象だったらしい。動物や植物とは類縁のない細胞も、また別の細胞小器官との組み合わせで、同じように誕生している。例えば、マラリアを引き起こす微生物である熱帯熱マラリア原虫（*Plasmodium falciparum*）は、細胞の片側にまるでパーティーハットのように載っている一風変わった細胞小器官を持っている。その細胞小器官はいくつかの代謝反応に関わっていて、ＤＮＡの配列を解読したところ、かつては自由生活性の藻類だったことが分かった。そうした独立した細胞としての出自ゆえに、周りを取り囲む膜には独自の分子が備わっている。これらの分子には医学的な有用性があり、抗マラリア薬はこれらの分子を標的にして探索・破壊任務を遂行し、マラリア原虫の細胞を殺す。

困難な時期を乗り切ったマーギュリスだったが、悲しいことに、73歳の時に脳卒中を起こし、２０１１年にその研究者人生に幕を閉じた。ただし、生前、自説が受け入れられるさまを見届けることはできた。マーギュリスは、自身の研究者人生を振り返った折に、論争に挑む姿勢を簡潔な言葉に要約している。その言葉は、数十年間の学術論争の中で、彼女がお題目のように唱えてきたものだった。「私は自分の考えに議論の余地があるとは思っておらず、ただ正しいと思っています」。

創造力と、押しの強い性格と、テクノロジーのおかげで、私たちの生命観は変わった。大変革が起きたのは、生物どうしが融合してより複雑な生物になった時、すなわち、かつての自由生活性の生物がより大きな全体の一部になった時だった。今日の地球上に生息するあらゆる植物や動物はその身に複雑な階層を宿していて、その階層は器官から細胞、細胞小器官、遺伝子にいたるまでのパーツから成っている。この階層が誕生した経緯をまとめれば、地球そのものの誕生後間もなくに幕を開けた数十億年間の物語となる。

生き物の組み立てかた

時代をさかのぼればさかのぼるほど、生命の実像はぼやけていく。たぶん、そのことを誰よりも痛感しているのは、地球最古の生命の痕跡を探すことを畢生の研究としているＪ・ウィリアム・ショップだろう。探索を続けるうちに行き着いたのは、西オーストラリア州の乾燥した丘の斜面。そこは特別な場所で、世界最古級と言われる30億年以上前の岩石が露出している。そのため、初期地球の営みを解明すべく、各地から研究者が集まってくる。その地の岩石は概してあらゆる作用を受けてきていて、最初に堆積してから数十億年間、熱せられ、押しつぶされ、持ち上げられてきた。堆積岩に元々何が含まれていたにせよ、例えば化石が埋まっていたにせよ、たいていすでに焼け焦げているか粉々になっている。

１９８０年代初頭にエイペックス・チャートと呼ばれる地層を調査していたショップは、年代のわりにあまり変成作用(2)を受けていないように見える岩石を発見した。高温や高圧にさらされた岩石は、そうした変成作用の影響で生じる特徴的な鉱物を含んでいる。エイペックス・チャートの岩石はそうした特徴的な鉱物が比較的少なかった。ショップは、これは貴重なものかもしれないと思い、岩石を研究室に持ち帰り、内部に何が含まれているかを調べた。チャートとは海底に軟泥(なんでい)が堆積して出来た岩石のことで、死後海底に降り積もった生物の遺骸を含んでいることが多い。

チャートの処理は時として骨が折れる。岩石をダイヤモンド刃のノコギリで薄く切り、その薄片をスライドガラスに載せ、顕微鏡の下に置いて観察するといった具合だ。ショップはこの研究を2人の大学院生に任せたが、2人が2年間、延々と顕微鏡を覗いても、何も見つからなかった。2人の後を継いだ3人めの学生は、数か月後、岩石の内部に微細な繊維を発見した。しかし、特に興味を引かれず、また後日分析しようとその標本を標本棚にしまってしまった。学生はそのまま民間企業に就職し、標本は標本棚に2年間放置されることになった。

ある日、ショップは、そこに何が眠っているかも知らず、標本棚から例の岩石を取り出し顕微鏡で観察した。破片、帯、リボンのような形をした繊維もあったが、大多数は真珠のネックレスのようになっていて、小さくて丸いものが数珠つなぎになっていた。ショップはこうした構造を以前にも目にしたことがあった。現生のシアノバクテリアが小規模な群体を形成した姿にそっくりではないか。しかし、この細胞様の構造が含まれているのは、35億年近く前の岩石なのである。ショップは、大胆にも、「地球と太陽系の誕生から10億年後に形成された地層から、地球最古の化石を発見した」と発表した。

この発表に納得しない人もいて、やがて鳴り物入りで声高な批判家らが姿を現した。一つの指摘は、ショップの繊維のような構造は岩石が数十億年かけて形成されるうちに自然と生じうる、というものだった。批判家らの主張によると、その繊維は化石ではなく、岩石が高圧で圧縮されることで生じた黒鉛の1種だという。学術雑誌は、ショップの主張への賛否を論じた論文であふれ返った。ショップが有名な批判家を相手に公開討論会を催したこともあった。岩石内部の微細な繊維の話なんてマニアックすぎると思われるかもしれないが、今問題にしているのは「地球に最初に現れた生命を理解すること」であり、それは決してマニアックではない。

ショップは目線を変えてみた。繊維とシアノバクテリアの形を比べるのではなく、初期生命についての別の手がかりを探すことにした。最初の発見から数十年後、新技術のおかげで、岩石中の粒子や化石とされる構造の化学組成を調べられるようになっていた。炭素という元素は地球上に数種類が存在し、種類ごとに重さが異なっている。生物は炭素を代謝する際、ある1種類を好んで取り込む。この化学的特性のおかげで、生物が埋まっていた岩石には、各種類の炭素原子の比率という形で〝指紋〟が残る。

質量分析計という、家庭用の食器洗浄機ほどの大きさの機器を用いて、ショップらは岩石中の粒子と繊維の炭素含有量を測定した。すると、繊維の炭素は生命の徴候を示した。しかも、そこには少なくとも5種類の生物が含まれていた。ある繊維は、原始的な光合成を行う生物に特徴的な炭素の指紋を持っていた。別の繊維は、メタンを燃料として代謝することが知られていた生物のように見えた。エイペックス・チャートを太古の地球を覗くための小さな窓と考えるなら、地球上の生命は35億年前にはすでに多様化していたことになる。

私たちは、岩石に生命の化学的証拠を探し求めることができることを知っている。化石自体はとうの昔に失われていても、生命の化学的な痕跡は残っていることがある。生物が炭素を代謝していたなら、そのせいで変化した各種類の炭素の比率が、残滓（ざんし）のように岩石に残っているはずだ。東グリーンランドの岩石の炭素を調べていたイェール大学のチームは、エイペックス・チャートよりも古い岩石に生命の証拠を発見した。その岩石は、地球と太陽系の誕生から約5億年後の、40億年前のものだった。

こうした探究を通して分かったのは、生命の黎明期から20億年前まで、地球には単体か群体として生きる単細胞生物しかいなかったということだ。個々の微生物の遺伝子から後続の世代が生まれた。1つの母細胞が2つの娘細胞に分裂し、その娘細胞がまた分裂して、といった具合で、世代を経るごとに数が増していった。この頃の発明と言えばもっぱら新たな代謝反応の誕生を指し、そうした化学的な適応を通して、より効率的にエネルギーや燃料、排泄物を処理できるようになった。硫黄や窒素からエネルギーを抽出する種もいれば、光と二酸化炭素から抽出する種もいた。あるいは、酸素を使ってエネルギーを抽出する種もいた。これらの単細胞生物によって、来るべき革命に向けた舞台が整えられていった。

微生物の代謝が世界を変えた。20億年近くにわたり、シアノバクテリアは地球上でもっとも豊富に存在する生物だった。日光と二酸化炭素を利用して光合成を行い、利用可能な形のエネルギーを産生していた。その際に出る廃棄物が酸素だった。シアノバクテリアは、ショップが発見したような帯状だったり、時には電子レンジほどの大きさになるキノコ形の群落だったりする、群体として存在していた。こうした群体は、35億年前から世界中に豊富にあった。それらは数十億年にわたり大気に酸素を放出し続け、大気の組成をすっかり変えた。大気中の酸素濃度は、40億年前のごく少ない状態から上昇を続け、ついに、多様な生命を支えられるほどの水準に達した。

酸素濃度の上昇は、微生物に恩恵と弊害をもたらした。酸素は、ある微生物にとっては毒となり、別の微生物にとっては新たな可能性を拓く鍵になった。ある種類の微生物が繁栄しはじめた。それは、お察しの通り、酸素を利用してエネルギーを抽出するタイプの微生物だった。

単細胞生物は、数十億年間、いわば諸々の器官のない体のような状態にあり、要するに、特定の機能を持つ諸々の細胞小器官を備えていなかった。変化の兆しは、１９９２年にミシガン州イシュプミングの鉄鉱山から産出した化石にまず見られる。この化石は、細胞がコイル状のヒモのように連なったもので、全長は9センチほどだ。およそ20億年前の地層から産出し、細胞小器官を持つ複雑な細胞に典型的な構造を示している。一見そうは見えないが、このコイル状のヒモは革命の始まりを告げる存在だった。

酸素を代謝する細菌が別の微生物と手を組んだ時、地球に新たな種類の生命が誕生した。マーギュリスが示したように、この融合は、１＋１が2になるどころか、４００になるようなものだった。この融合の宿主となった細胞は、核と、種々のタンパク質を産生する装置を備えていた。酸素消費型の細菌を取り込んで自らの発電所にすることで、その新しい融合細胞は、いっそう複雑なタンパク質を産生したり新たな行動を取ったりするための諸資源をそろえた。

単細胞の酸素消費型の細菌は、もはや単独で気ままに生きることができなくなった。より大きな全体の一部、すなわち、新しくて、より複雑で、種々のパーツを備える個体の一部になった。かつては自由生活性の細菌だったのに、もはや自らの必要に応じて繁殖することもできず、持ち前の機能を宿主細胞に捧げざるをえなくなった。そして、この新しい融合細胞が、より活発な生活を送るためのエネルギーと、種類が増えるばかりのタンパク質を製造するための装置を備え、生命史における次の大変革の始まりを告げることになった。

この新しい細胞、すなわちエネルギー源が増強されたタンパク質の製造工場を礎（いしずえ）にして、世界にまたしても新しい種類の個体が出現することになる。

合体、再び

地球上のあらゆる動物や植物は、多数の細胞から成る体を持っている。線虫のＣ・エレガンスが１０００個ほどの細胞を、ヒトが40兆個ほどの細胞を持っていたことを思い出してほしい。諸々の生物の体は、細胞の数にこそ大きな差があるが、深遠かつ由来の古い類似性を共有している。

化石記録に残る最古の体は、一見、そんな大層なものには見えない。オーストラリア、ナミビア、グリーンランドに分布する6億年以上前の地層から発見されているのは、ただの印象化石にすぎない。

そこにどんな生物が埋まっていたにせよ、とうの昔に朽ちてしまっている。印象化石は硬貨から大皿ほどの大きさがあって、リボンや植物の葉、あるいは円盤のような形をしている。形は面白みに欠けるが、それらが誕生した経緯はまったくそんなことはない。何しろそれらは、多細胞生物、つまり体を持つ生物の最古の化石なのだから。そして、この体そのものが、地球に登場したまったく新しいたぐいの個体だった。

「個体とは何か」という問いに、歴代の哲学者はさまざまな定義を持ち出してきたが、もっとも基本的な意味では、始まりと終わりを持ち、生と死があり、繁殖できるもの、となる。さらに、諸々の構成要素が協調し、機能的な全体を構築していることも欠かせない。私たちは皆、個体である。なぜなら、私たちの体は、他の動物や植物と同じく、上記の特性をすべて備えているからだ。また、私たちの体が健康を保っていられるのは、ひとえに、構成要素が連携してより大きな統一体を構築しているからである。例えば、脳は千数百億個の神経細胞で出来ているが、個々の神経細胞を一覧表にしても、思考、感情、記憶が生じる仕組みは分からない。脳は思考を生み出せるが、個々の神経細胞には生み出せない。思考は、何十億個もの神経細胞が組織化することで生じる、より次元の高い特性なのだ。

体内の多様な細胞もまた個体だが、先ほどまでとは意味が違う。個々の細胞には生と死がある。増殖もする。互いに連携する構成要素も有している。でも考えてみてほしい。ヒトの体には約40兆個もの細胞があるのだ。それらの細胞が集まって、大きさも形も体内での位置もさまざまな諸々の器官を形作っている。心臓や肝臓や腸を適切な大きさで適切な位置につくるためには、細胞の増え方や死に方を規制しないといけない。細胞が統制されているからこそ、体は存在していられる。細胞は各自が勝手に振舞っているわけではなく、その成長も死も生も、健全な体をつくるために管理されている。適切な時期にだけ増え、適切な時期にだけ死ぬ。体内の細胞はそうやって自らを犠牲にし、より高次の利益、すなわち体全体の健全性に貢献している。

ある特殊な分子装置が、互いに協力し体を形作る能力を細胞に授けている。種々の細胞は互いにくっついていなければならない。細胞どうしがちゃんと決められたとおりに接着していないと、体を丈夫に保つことは難しい。例えば、皮膚の細胞は特別な機械的性質を持っていて、そのおかげで互いに接着し、シート状の組織を形成することができる。その組織に独特の質感をもたらしているのは、細胞が産生するコラーゲンやケラチンなどのタンパク質である。また、体内の細胞には情報を共有する手段も必要で、それがないと、細胞の増殖や死、あるいは遺伝子の発現を調整することができない。そして、その手段を提供しているのもまた、タンパク質だ。種々のタンパク質が細胞にメッセージを届け、いつ・どこで分裂し、あるいは死に、あるいはタンパク質の分泌量を増やすべきかを伝えている。

こうしたことを可能にしている遺伝的機構が、第5章で論じた遺伝子ファミリーだ。遺伝子ファミリーに属する各遺伝子は、互いに少しずつ異なるタンパク質をつくる。例えば、カドヘリンという種類のタンパク質の一群は、１００種類の細胞に存在し、それぞれが特定の組織（皮膚、神経、骨など）に対応している。このタンパク質群は、皮膚をはじめとする各組織で細胞どうしを接着させるとともに、細胞どうしが化学物質で情報をやり取りする際の手段にもなっていて、いつ分裂するか、いつ死ぬか、あるいはいつ他のタンパク質を産生するかといったことを伝え合う手助けをしている。

肝心なのはここからだ。これらのタンパク質を製造することは、細胞にとって高くつく。なぜなら、パーツを合成して組み立てるのに大量の代謝エネルギーを必要とするから。これが、マーギュリスの提唱した新しい種類の細胞なくして体が誕生しえなかった理由だった。マーギュリスの思い描いた融合により、発電所とタンパク質の製造装置がそろったのだ。このキメラ細胞は、かくして、エネルギー源とＤＮＡを併せ持ち、多様なタンパク質を産生できるようになって、体の進化を可能にした。この細胞は、他の細胞と接着し、情報をやり取りし、それまでにない新たな振る舞いをとることが可能になった。

ここまで、数十億年かけて複雑さを増してきた個体の系譜を見てきた。新しい種類の個体、つまり細胞小器官を持つ細胞が誕生し、そのおかげで、次の新しい個体、つまり多数の細胞を持つ体が誕生したのだった。

この系譜を見ていると、どういうメカニズムで体が誕生したのか、という疑問が浮かんでくる。

カリフォルニア大学バークレー校にいる私の同僚のニコール・キングは、研究者になって以来、ある特別な単細胞生物を研究してきた。ジェリービーンズのような形をした顕微鏡サイズのその生き物は、ある変わった特徴を持っている。まるでトンスラ[3]の修道士が恐怖で髪の毛を逆立てたかのように、細胞の一端から毛を環状に伸ばしているのだ。襟鞭毛虫類（コアノフラジャレイツ）（キングは愛情を込めて「コアノス」と呼んでいる）は、特別な特徴を持っている。10年前、そのゲノムが解読され、動物や他の単細胞生物のものと比べられた。すると、襟鞭毛虫類は、多細胞動物のもっとも近縁な親戚であることが分かった。類縁が近いということは、襟鞭毛虫類を調べることで、体が誕生した際のメカニズムについて何か手がかりを得られるかもしれないということだ。

さらに、襟鞭毛虫類はある重要な芸当をやってのける。襟鞭毛虫は一生のほとんどを襟（えり）状に生えた毛で水を切りながら自由に泳ぎ回って過ごす。ただし、特別な時期になるとトリガーが引かれ、寄り集まって群体を形成する。花に似た形をしていることから「ロゼット（rosette）」[4]と呼ばれるその群体では、それまで別々の個体だった襟鞭毛虫が10匹以上集まって、くっつき合う。単細胞生物から多細胞の群体への移行という、進化史上で数十億年を要した現象が、襟鞭毛虫類では一瞬のうちに起きる。

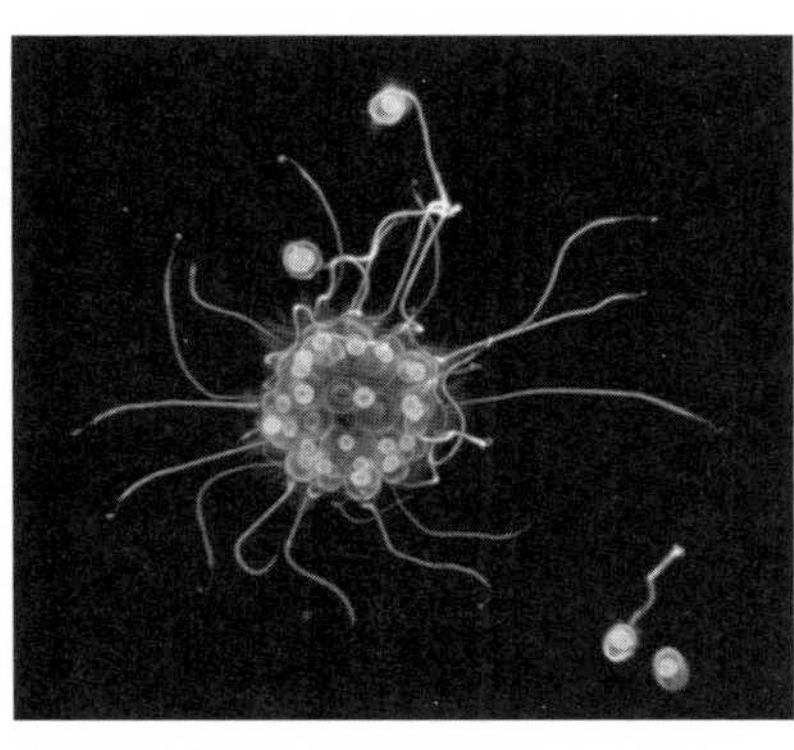

襟鞭毛虫類は，この写真にあるような群体を形成することができる

キングは分子生物学畑の出身だが、発想の仕方は古生物学者のそれに近い。化石の研究者は、現生の生物を観察することで、その祖先がどんな生物だったのかを探ろうとする。彼女は、体づくりの過程について同様のことをしていて、「体づくりにはどのような分子メカニズムが必要なのか」を問い、さらに「そのメカニズムはどこから来たの

か」を探ろうとしている。

これまで見てきたように、細胞が特別なタンパク質を製造して体づくりを行っているのなら、それらのタンパク質の起源を調べることで、体の誕生についての手がかりを得ることができるに違いない。答えは、襟鞭毛虫類や細菌、種々の微生物の配列が検索可能となっている現在、ゲノムが握っている。研究者は、データベースを用いることで、目的の生物のゲノムを調べ、その生物がどのようなタンパク質を産生しているかを正確に知ることができる。

襟鞭毛虫類のゲノムが解読されると、ある驚くべき事実が明らかになった。体づくりにあずかるタンパク質の多くが、この単細胞生物にもすでに備わっていたのだ。襟鞭毛虫類は、そうしたタンパク質を使って、ロゼットの形成や獲物の発見・捕食を行っていた。この結果を踏まえて、キングらは検索の対象を広げ、多様な微生物のゲノムを調べた。やがて浮かび上がってきたのは、私たちにとって見覚えのある進化のパターンだった。

キングらが明らかにしたところによると、動物が体づくりに用いているタンパク質（コラーゲン、カドヘリン、その他諸々のタンパク質）と基本的には同じものが、（細菌から細胞小器官を持つ複雑な種類にいたるまでの）多種多様な単細胞生物にも備わっていた。体をつくらない単細胞生物が、体づくりのためのタンパク質を使って何をしているのだろうか。例えば、獲物や周囲の環境にある何かにくっついている。あるいは、捕食者から逃げている。単細胞生物は化学的な信号を使って互いに情報をやり取りすることもできる。微生物は、自らの生息環境に適応する過程で、動物がのちに体づくりに用いるタンパク質の前身を生み出した。多細胞生物が誕生しえたのは、ひとえに、単細胞生物で元々別の用途を担っていた諸々のタンパク質が、組み合わせも新たに、転用されたからだった。体の誕生を可能にした大発明の数々は、体そのものが誕生するよりも前に、すでに生み出されていたのだ。

キングは、最近になって、襟鞭毛虫類にロゼットの形成を促すトリガーを発見した。襟鞭毛虫は、ある細菌の種に出会うと、群体を形成するためのタンパク質を産生する。その細菌がなぜトリガーになるのかについては、まだよく分かっていない。おそらく、襟鞭毛虫に群体の形成を促す化学的な信号を出しているのだろう。それにしても、この観察事実は実に興味深い。単細胞生物が、体づくりのための原材料を提供しただけではなく、体の形成を促す役割さえも担っていたかもしれないのだから。

潜在的な能力と好機がそろって初めて、体は誕生した。体づくりに必要な機構は、体が初めて化石記録に登場するずっと前から存在していた。10億年前までには、酸素のお膳立てで新たな世界が出現し、すでに準備を整えていた生物がそこで繁栄しはじめた。大気中の酸素濃度が上昇したことで、酸素を代謝する生物がそれまでよりも高エネルギー型の生活を送れるようになった。そのエネルギーは、マーギュリスが見いだした新しい種類の細胞があってこそ使いこなせるものだった。体づくりのためのタンパク質を大量生産することが可能になったのは、ひとえに、細胞が酸素を燃料とする発電所を備えたからだった。そして、その燃料は、10億年前には豊富に存在するようになっていた。

部分の総和

生物の体はマトリョーシカのような入れ子構造になっている。体は諸々の器官を擁し、器官は諸々の組織で構成され、組織は諸々の細胞から成り、細胞は諸々の細胞小器官と諸々の遺伝子を持っている。数十億年間の進化史を通じて、多様なパーツが個体であることを実質的に放棄し、より大きな全体の一部となってきた。自由生活性の微生物が合体して新たな種類の細胞を誕生させた。その新たな細胞が持っていた特性のおかげで、また新たな融合が生じ、今度は多細胞の体が誕生した。時とともに、より複雑な個体が、より複雑なパーツを伴って、次々と姿を現してきた。

体や細胞が存在していられるのは、その構成要素の振る舞いがしっかり制御されているからだ。しかし、その秩序の下には不協和音が潜んでいる。体内のパーツ間の調和を保つためには、種々の細胞間やゲノムの各領域間に存在する利害の対立を抑え込まないといけない。体内では、諸々の遺伝子、細胞小器官、細胞が絶えず増殖している。これを放置していたら、一つのパーツが他を圧倒してしまいかねない。利己的に振舞い、野放図に増殖しようとするパーツと、体全体が求めること。この両者の間には葛藤があり、その葛藤が健康や病気、あるいは進化にまつわる物語になる。その結末は、発明の端緒にも、災いの序曲にもなりうる。

ある細胞が自分勝手に振舞い、ひたすら分裂して見境なく増殖したり、あるいは適切な時期や場所で死ななかったりする様子を想像してみてほしい。このような細胞は、体を乗っ取って破滅に導く恐れがある。実は、これこそががんの所業に他ならない。がん細胞は掟を破って利己的に振舞い、宿主の個体が求めることを汲んで自らの増殖や死を調整することもない。

がんは、部分と全体（今の文脈で言えば、体の構成要素と体そのもの）との間に存在する本質的な緊張関係を明らかにする。もし、細胞が自らの短期的な利益のために振舞って奔放に分裂したら、体の破滅を招いてしまうかもしれない。がんは遺伝子の変異による病気だ。変異が蓄積すると、細胞が猛烈な速さで増殖したり、あるいはきちんと死なないようになったりする。これに対して、体は免疫応答などの防御機構を発達させていて、素行の悪い細胞を排除する。こうしたチェックポイントや防御機構がやがて崩壊すると、がん細胞の振る舞いに抑えが効かなくなり、がんが命に関わる病気になる。

同じようなせめぎ合いはゲノムの内部でも起きている。バーバラ・マクリントックの跳躍遺伝子の存在理由は、がん細胞と同じように、自らのコピーを増やすことだ。この内部紛争では、野放図に増えたがるろくでなしの利己的な要素と個体そのものが戦っている。遺伝子が利己的な要素を必死に抑え込んでいたり、あるいはウイルスが絶えず侵入してきたり、あるいは何兆個もの細胞が連携して体の働きを保ったりしている。そんな多細胞生物の体は、異なる時期（時として異なる場所）に出現した諸々のパーツの連合体である。これらのパーツは、あるものは争い、あるものは協力し、また、そのどれもが時とともに変化しながら、進化という炎に燃料を注いでいる。体が進化し新しい方式で変化していけるのは、パーツの多様性と、パーツどうしの関わり合い方の多様性のおかげなのだ。

組み合わせの力

車輪は地球上に6000年ほど前から存在している。スーツケースは数百年前からある。車輪付きのスーツケースは数十年前に発明され、多くの旅行者の暮らしを変えた。私は、空港に行くといつも、革新的な発明が新たな組み合わせから生じることを実感し、そのことを褒めたたえたくなる。

マーギュリスの細胞小器官は、自然界における発明の源泉としての、組み合わせの力を明らかにした。もし、ある系統が自ら発明を生むのではなく、他の種に生じた特徴を獲得するとしたら？　私たちの細胞を駆動しているミトコンドリアは、私たちの祖先が単細胞生物だった時代に、その祖先自身のゲノムに変異が起きて誕生したわけではなかった。どこかで発明されて、太古の細菌が私たちの系統に合流した折に取り込まれ、転用されたものだった。ウイルスも同様に、何百万～何千万年もの間、ゲノムへの侵入を繰り返しているうちに、新たなタンパク質を生成する能力を宿主にもたらした。そうしたウイルスが転用されると、妊娠や記憶を助ける新たなタンパク質が誕生した。

形質は、ある種に生じたものが別の種に拝借されたり盗まれたりし、やがて改変されて新たな用途に転用されたりする。宿主は出来合いの発明を受け継ぐことができ、その場合、自分で一から生み出す必要はない。パーツどうしの組み合わせと、そうした組み合わせにより生じる新たな種類の個体が、進化の可能性を切り拓く。

生命は数十億年間、単細胞生物として存在し、その間に、エネルギーを代謝したり周囲の化合物を代謝したりする際の方法に諸々の発明が起きた。生命は小さかった。より複雑な個体が次々と出現し、タンパク質の産生・移動・食事についての新たな方式をもたらした。体を持つ生物（動物、植物、菌類）はわりと最近になって地球上に現れた生物で、その体は、すべて、異なる個体どうしの融合に由来する細胞で構成されていた。体の出現によって、新たな進化の道が拓けた。多数の細胞から成る生物は、各細胞が細胞小器官により駆動されていたおかげで、大型化し、新たな組織や器官を生み出すことができた。かくして、多様な組織や器官が出現し、動物がはるかな高みを飛んだり、海洋の底を泳いだり、あるいは探査機を開発して太陽系の辺縁を調査したりできるようになった。

未来を拝借する

他の種の技術や発明を取り込み、拝借し、転用することが、私たちの過去数十億年の歴史だった。それはまた、私たちの未来の一部でもある。

１９９３年、スペイン人微生物学者のフランシスス・モヒカがスペイン南部コスタブランカの塩性湿地を調べていた。その目的は、「極端に塩分濃度の高い環境で生きるために、細菌はどう進化したのか」を解き明かすことだった。大半の種にとって致死的な環境で生きていられるのは、ゲノム内の何かのおかげで抵抗性を身に着けているからに違いない。10年近くかけて発見への道をたどる中で、モヒカは細菌のゲノムを解読し、ある不可解な特徴を発見した。ゲノムの大部分は、雑多な文字から成る細菌の標準的な配列だった。しかし、いくつかの領域に、回文から成る短い配列があった。回文とは前から読んでも後ろから読んでも同じになる文字列のことで、例えば「Ｈａｎｎａｈ」という名前がこれに当たる（ＤＮＡの場合、使える文字はＡ、Ｔ、Ｇ、Ｃの４つ）。さらに、この回文から成る短い文字列は、一定の間隔を空けて何回も出現し、繰り返しのパターンを形成していた。回文、他の配列から成るスペース、回文、他の配列から成るスペース、といった具合に。しかも、これも科学界における多発性の一例なのだが、この10年近く前に日本の研究所も同様の回文配列を発見していた。

この回文配列が２回発見されたのは決して偶然ではない。そう考えたモヒカは、この不思議なパターンを他の細菌でも探してみた。すると同様のパターンが20種以上で見つかり、至極ありふれたものであることが分かった。これほど明確かつ普遍的なパターンには、何らかの機能が備わっているに違いない。しかし、その機能とは一体何だろうか。

この頃にはスペインに自らの研究室を立ち上げていたモヒカだったが、資金難がたたり、ゲノムの配列決定も、他の先端技術を使った作業もできずにいた。それでもめげず、自分のデスクトップパソコンと、文書作成ソフトと、ウェブ上の遺伝子データベースを駆使した。例の細菌の回文配列とその間を隔てるスペーサー配列を入力し、同様の配列が他の種でも見つからないか調べた。すると、配列の一致する相手が見つかったが、その相手は他の細菌ではなかった。もっとも高い精度で一致したのは、ウイルスの配列だった。しかもそのウイルスは、例の細菌種が耐性を獲得した相手方ときている。

モヒカはこつこつと研究を続け、回文配列を隔てる88のスペーサー領域を調べ上げた。すると、そのうちの3分の2余りが、細菌種が耐性を獲得したウイルスの配列と一致していた。まるで、これらの領域がウイルスの侵入から細菌を守っているかのようではないか。

モヒカは大胆かつ未検証の仮説を立ち上げ、この回文・スペーサー機構が細菌の対ウイルス兵器なのではないかと主張した。そして、仮説を論文にまとめ、いくつかの一流雑誌に投稿した。ある雑誌からは査読にも回してもらえずに却下された。別の雑誌からは「新規性、あるいは重要性に欠ける」として送り返された。そうしたやり取りを5回繰り返したのちに、ようやく分子進化学の雑誌に掲載してもらえた。同年、フランスの研究所がモヒカらとは少し違った手法を用いて独立に同様の仮説を発表した。

すると、他の研究所の連合がこの分野に参入してきた。細菌に防御機構があるとなれば、培養槽がウイルスの侵入にさらされるヨーグルト業界にとって、僥倖（ぎょうこう）となる。こうした動機のおかげで、この機構が細菌とウイルスの軍拡競争により進化してきたことが、ただちに説得力を持って示された。ウイルスはヒトも細菌も攻撃する。ヒトは自らの免疫系でたいていのウイルスを退ける。一方の細菌も、この機構を基盤とする一種の免疫機能を持っている。その主役は分子サイズのガイド役とメスだ。回文配列の助けを借りてガイド役が生成され、ガイド役が分子サイズのメスを導き、メスがウイルスのＤＮＡを切断して無害化する。これは、感染し分裂し他のゲノムを乗っ取ろうとするウイルスの利己的な性質に対する防御策である。

これらの発見に続いて、世界中の多くの研究施設が分子サイズのメス（Ｃａｓ９という）についての創造的かつ画期的な研究を行った。その結果、この細菌の機構を転用すれば、ウイルスのＤＮＡのみならず、あらゆる生物のＤＮＡを編集できることが分かった。多くの論文が数か月と間を開けずに科学雑誌に投稿され、細菌の機構を改変して他の種に用いる方法を説いた。ＣＲＩＳＰＲ－Ｃａｓ９と呼ばれるこの技術はゲノム編集の基盤であり（前出のニパム・パテルがミナミモクズ属の付属肢を組み替えた際に使ったのもこの技術だ）、今や一般的となったその仕組みを使えば、植物や動物、あるいはヒトのゲノムを編集し、農業から公衆衛生にいたる諸々の分野の利益を追求できる。しかも、これは始まりにすぎない。それまでよりも正確で、速くて、効率のいい高度な技術が毎月のように開発されている。

この技術を使えば、ほぼ一夜にして、ゲノムの一部を書き換えられる。生命の進化史においては、同様の変化が数百万～数千万年かけて起きていた。まだ揺籃（ようらん）期にある技術であり、メディアで大げさに喧伝されているきらいもあるが、私たちが植物や動物のゲノムの一部を速く安く書き換えられるようになったことは確かだ。私の研究室はこの技術を魚に使い、ごく初歩的な使い方である遺伝子の切除を行っている。別の研究室では、ゲノムのある領域を丸ごと切り貼りし、複数の遺伝子とそれらのスイッチをある種から別の種へ、もしくはある個体から別の個体へと移植している。

ＣＲＩＳＰＲ－Ｃａｓ９というゲノム編集技術の開発史は、進化上の発明が40億年の間に幾度もたどった経過をなぞってきた。技術革新を導く画期的発見がなされたのは、その技術と結びつく状況

（植物や動物のゲノムを編集すること）においてではなく、別の状況（塩性湿地の生態系を理解すること）においてだった。その後に続く発見の軌跡はこんがらがっていて、複数の開発者が同時に同じような考えを抱き、異なる技術どうしを融合させ、同じ発見の雰囲気を味わった。そして、生物に生じた発明と同じように、重要な転機はある種（細菌）に生じた発明を別の種（ヒト）が転用した時に訪れた。ＣＲＩＳＰＲ‐Ｃａｓ９の開発には、同時期に研究していた何百人もの老若の研究者が関わっている。この物語には、数奇な経緯と、多発性と、数多くの予期せぬ先駆者が関わっていて、それだけに、ある人種にとっての格好の舞台となっている。その人種とは、弁護士だ。ＣＲＩＳＰＲ‐Ｃａｓ９の開発史は主に特許をめぐる争いの過程で解明されてきた。

細菌やゲノムが数十億年間行ってきたことを、私たちの意識ある脳が成し遂げたかと思うと、何だか崇高な気持ちになる。ある生物（細菌）が開発した技術を、接収し、改変し、利用して、他の生物を変えているわけだ。脳は、こうした生命の発明を拝借し改変しているわけだが、その脳自体も、転用されたウイルスのタンパク質を構成要素とし、かつての自由生活性の細菌を動力源にしている。新たな組み合わせは世界を変えることができるのだ。

（１）膜が１枚だけの他の細胞内小器官とは違い、内膜のほかに外膜を持っているということ。
（２）岩石が地下深くで熱や圧力の影響を受け、鉱物の種類や組織を変化させること。

（3）頭頂部の毛を円形に剃った髪型のこと。
（4）ロゼットとは、バラの花びらをモチーフにリボンで作った装飾のこと。

エピローグ

２０１８年のクリスマスの日、夏のブリザードが吹き荒れていたせいで、私は午前中ほぼテントにこもりきりだった。天気が回復すると、脚を伸ばしたくなって野営地の近くにそびえる尾根を登った。一歩ごとに解放感が高まるのを感じながら登っていると、いつの間にか南極横断山脈の峰の一つであるマウント・リッチーの頂上にたどり着いていた。周囲には、アメリカ合衆国の大陸部よりも広い氷原が広がっている。私たちの化石探しの標的は、〝四肢魚〟ティクターリク・ロゼアエを産出した北極圏の地層から、さらに年代の古い地層に移っていた。北極から見て地球の裏側にあるこの地で、内骨格を持つ最初期の魚を探していた。そうした魚の化石を産出しそうな地層の種類と年代を検討した結果、南極のこの地域の山岳地帯に行き着いたというわけだ。

この地では、氷床から山脈の峰々が顔をのぞかせていて、彩り豊かな地層が周りの白一色の〝海原〟と好対照を成している。赤色、茶色、緑色の岩石が幾重にもなった地層には、生命と地球の４億年分の歴史が詰まっている。地層の構造を調べると、この極地にかつてはアマゾン川のそれに匹敵する広大な熱帯デルタがあったこと、また、その後に活発な火山活動のあったことが分かる。生命もこの地で変化してきた。最下部の約4億年前の地層からはもっぱら魚が産出するのに対し、最上部の2億年前の地層からは多様な爬虫類を擁する生態系の存在が浮かび上がってくる。

そうした地層を遠くから眺めていると、生命の進化が順序立って進行してきた様子を想像してみたくなる。この地域に限らず、もっと世界的に見ても、最初の微生物を産出する層の上に最初期の動物を産出する層があり、最初期の魚を産出する層の上に両生類を産出する層があり、最初期の両生類を産出する層の上に爬虫類を産出する層がある、という具合になっている。

人間は、自らの知識の空白を、自らの偏見（たいていは希望、臆測、恐怖が入り混じったもの）で埋めるきらいがある。私たちの脳は、年表上に点在する過去の出来事を無理やりつなげて、変化が連綿と連鎖していく一つの物語に仕立ててしまいやすい。サル、類人猿、ヒトが一列になって行進している人類進化の図を、誰しも目にしたことがあるだろう。その図では、前かがみになった4本足の生き物が2足歩行をする生き物に進化する。この図はよく風刺に使われていて、進化の終点がソファーに座って『ザ・シンプソンズ』を観ている人になっていたり、あるいは携帯電話が手放せない人になっていたりする。この図で表されている進化観は私たちの心に沁みついている。あなたは今までに何回「失われた環（ミッシング・リンク）」という言葉を耳にしてきただろうか。この言葉を聞くと、あたかも進化の大いなる鎖のようなものがあって、一つの環が分かちがたく次の環と結びついているように思える。あるいは、

「ミッシング・リンクは祖先と子孫の特徴をちょうど半々に混ぜたもののように見えるはず」という言説を聞いたこともあるだろう。

確かに、化石記録を見ると、最初の魚が出現した後に最初の陸棲動物が現れている。しかし、これまで見てきたように、多様な種の化石、胚、ＤＮＡを調べれば調べるほど、動物の陸上進出を可能にした変化の多くが実はそれ以前（魚が水中に暮らしていた頃）に起きていたことが分かってくる。生命史上の大変革はどれも同じ経過をたどって起きた。何事も私たちが始まったと思った時に始まっているわけではない。つまり、進化の先駆者は、私たちの想定よりも早い時期に、想定外の場所に現れる。しかも、ダーウィンが１５０年以上前にセント・ジョージ・ジャクソン・マイバートに返答した際にすでに気づいていたように、生命史はそれ以外の形では起こりえなかった。

ＤＮＡのことも、細胞の営みのことも、遺伝的なレシピが胚発生を通じて体をつくり上げる仕組みのことも、ダーウィンは知らなかった。ＤＮＡは、絶えずねじれたり折れ曲がったり、あるいは内戦や外来の侵入者との戦争に明け暮れたりしながら、進化という炎に燃料を注いでいる。私たちのゲノムでは、全体の10パーセントを太古のウイルスが占め、60パーセント以上を跳躍遺伝子の暴走の産物である反復配列が占めている。私たち自身の遺伝子が占める割合は２パーセントにすぎない。多様な種の細胞や遺伝物質が融合したり、遺伝子が絶えず重複して転用されたりしながら、生命史は紡がれてきた。その流れは、まっすぐな流路というより、入り組んだり蛇行したりする川に近い。母なる自然はまるでものぐさなパン屋のようで、太古のレシピや原材料を転用・複製・改変・移転して、驚くほど多様な調合を生み出す。そうして、数十億年にわたり急造したり重複させたり接収したりしながら、単細胞の微生物は進化を続け、ついに、その子孫が地球上のあらゆる環境に栄え、さらには月面を歩くまでになった。

私は時折、自分の研究者人生の起点になった、魚と両生類を矢印で結んだ例の図に立ち返る。今見ると時代遅れというか、無知な感じさえする。その図は数十年前の進化生物学に基づいていて、当時はまだゲノムのことも、ウイルスという侵入者のことも、体づくりの遺伝子群のこともよく分かっていなかった。研究者仲間と私が２００４年に発見した四肢を持つ魚も、生命史上のその他の重大事件を伝える近年発掘された化石の数々も、当然、まだ知られていなかった。今日の私たちは、ほんの数十年前には想像もつかなかった科学を実践している。科学的発見の歴史は、生命史と同じように、想定外の展開、転機、袋小路のオンパレードで、私たちの世界観を変える好機に満ちている。私たちが自然界の多様性を探究するのに用いている諸々の考え方は、それ自体が、（数百年前とは言わないまでも）数十年前の先人が考案したものを転用したり改変したりしたものだ。

詩人のウィリアム・ブレイクは「一粒の砂に世界を見、一輪の野の花に天を見る」と詠んだ。私たちも、見方さえ学べば、あらゆる生き物の器官、細胞、ＤＮＡの内に数十億年の歴史を見ることができ、ひいてはヒトと地球上の他の生命との間にあるつながりを慈しむことができる。

謝辞

本書は私の亡き両親、シーモア・シュービンとグロリア・シュービンに捧げるものである。自然界に愛着を持ったのも、自然界の仕組みに興味を持てたのも、優れた物語を語ることの大切さを知ったのも、2人のおかげだ。前作では、フィクション・ライターであり、科学を容易には解しない私の父を対象読者に設定した。父が本の物語を楽しみ、科学の醍醐味を分かってくれたなら、自分の執筆方針に自信が持てると思ったからだ。本書でも、すべてのページに、父の存在が残っている。

カリオピ・モノイオスを挿絵画家に迎えて本を制作するのは、本書で3冊目になる。彼女はいつも、科学に対する熱意と、ビジュアル・ストーリーテリングへの鋭敏な感覚をもたらしてくれていて、本書もその例に漏れない。原稿も読んでくれたし、図版の使用許諾も取ってきてくれたし、何ともありがたいことに、私の著述や科学知識に潜む綻びも見つけてくれた。カピはホームページ（https://www.kalliopimonoyios.com）を持つとともに、インスタグラム（@kalliopi.monoyios）もやっている。

何人かの人が、自らの研究、来歴、アイデアを気前よく教えてくれた。セドリック・フェショット、ボブ・ヒル、メアリー＝クレア・キング、ニコール・キング、クリス・ロウ、ヴィンセント・リンチ、ニパム・パテル、ジェイソン・シェパード、デイヴィッド・ウェイクらである。ジョン・ノヴェンブレ、ミシェル・ザイドル、カリオピ・モノイオスは、原稿の一部または全部に目を通し、貴重な意見をくれた。人物の来歴に誤りがあったり、科学的な説明に間違いがあったりしたなら、もちろんそれらは著者の責に帰するべきものである。

過去3年間、私が研究室を留守にしても、研究室のメンバーは黙って耐えてくれた。新旧のメンバーに感謝したい。足立礼孝、メルビン・ボニーラ、アンドリュー・ガーキー、ケイティ・ミカ、ミルナ・マリニク、中村哲也、アトレヨ・パル、ジョイス・ピエレッティ、イゴー・シュナイダー、ガヤニ・セネヴィラトネ、トム・スチュアート、ユリウス・テイビン。彼らの研究に触れるたびに、「自分ももっといい研究をしよう」と思うことができた。私の研究と研究の伝え方に変化をもたらしてくれた科学的な協力者を持てたことも幸いだった。具体的には、私と共同研究をしてくれたり分子生物学について指南してくれたりした人と、近年実施した極地調査に参加した面々のことである。ショーン・キャロル、テッド・ダシュラー、マーカス・デイヴィス、ジョン・ロング、アダム・マルーフ、ティム・センデン、ホゼ＝ルイス・ゴメス・スカルメタ、クリフ・テイビンに感謝する。

何事も私たちが始まったと思った時に始まっているわけではない。本書で示した諸々の考えは、ハーバード大学とカリフォルニア大学バークレー校で過ごした大学院生時代以来、何らかの形でずっと私の心の中にあった。大学院生時代、私は多くの人と触れ合う機会に恵まれ、その人たちの考えや手法に影響を受け、自らの世界観を大きく変えていった。ペレ・アルベルヒ、スティーブン・ジェイ・グールド、エルンスト・マイア、デイヴィッド・ウェイクなどがそうである。アニー・バーク、エドウィン・ギランド、グレッグ・マイヤーをはじめとする大学院生時代の仲間からも多大な影響を受けた。私の考えは、今挙げたすべての人々との話し合いと友好的な討論を通じて形を成していった。

本書の大半を執筆したのは、私がマサチューセッツ州ウッズホールにある海洋生物学研究所の運営に携わっていた頃のことだった。海洋生物学研究所は、科学を学び実践するにはもってこいの場所で、毎年、常駐か客員かを問わず、生命科学分野の非凡な研究員が多数集まってくる。研究所附属のリリー図書館で本書の執筆をしていると、いくつかの章の題材を提供してくれたかつての研究員とつながっている気がした。そのかつての研究員とは、ジュリア・プラット、O・C・ウィットマン、T・H・モーガン、エミール・ツッカーカンドルである。ウェルフリート図書館、イーストハム図書館、オーリンズ図書館、トルーロー図書館は、いずれも静かで清々しい場所で、夏になるたびに執筆場所にさせてもらった。

私のエージェントであるカティンカ・マットソン、マックス・ブロックマン、ラッセル・ワインバーガーは、ずっと私をサポートしてくれていて、本書の企画でも先導役を担ってくれた。ダン・フランクにはこれまでに3冊の著書の編集をお願いしていて、毎回、著述と出版の技術を学ぶ絶好の機会になっている。私を励まし、「腕を磨け」とせっつき、そう言いつつも我慢強く見守ってくれている。

私の著書のイギリス版の編集をお願いしているサム・カーターには、毎回、大いに励まされている。ダン・フランクの助手を務めているヴァネッサ・レイ・ホートンは、原稿から製本の段階にいたるまで、この企画を快活に進めてくれた。パンテオン社の素晴らしい製作・校閲チーム（ロメオ・エンリケス、エレン・フェルドマン、ジャネット・ビール、チャック・トンプソン、ローラ・スターレット）も、まさに最高の働きを見せてくれた。テキストデザインを担当してくれたアンナ・ナイトンと、本書のテーマを踏まえたうえで素敵な表紙を描いてくれたペリー・デ・ラ・ベガにも感謝したい。ミチコ・クラークやパンテオン社の広報チームと一緒に仕事をするのは、本当に楽しい。

私の家族はこの本の企画とともに5年近くを過ごし、私の不在にも、化石やＤＮＡや生命史についての果てしない議論にも耐えてきた。妻のミシェル・ザイドルと2人の子供ナサニエルとハンナは、いつも私のそばにいて、一緒に道を歩んできてくれた。その道は進化そのものに似て、紆余曲折と、想定外の事態と、そしてもちろん、驚異に満ちている。

訳者あとがき

本書は、Neil Shubin著、*Some Assembly Required: Decoding Four Billion Years of Life, from Ancient Fossils to DNA*（Pantheon Books, 2020）の全訳です。第1作『ヒトのなかの魚、魚のなかのヒト――最新科学が明らかにする人体進化35億年の旅』（垂水雄二訳、早川書房）で私たちの「内なる魚」を手がかりに人体の進化を論じ、第2作『あなたのなかの宇宙――生物の体に記された宇宙全史』（吉田三知世訳、早川書房）で生物の体に潜む手がかりから地球史や宇宙史をひも解いたニール・シュービン氏が、今度は再び生命史に目を向け、古生物学、発生生物学、遺伝学などの知見をもとに生き物の大進化が起きる仕組みに迫ります。

ニール・シュービン氏と言えば、脊椎動物（背骨を持つ動物）の陸上進出の経緯を解き明かす鍵を握る、首とひじと手首を備えた3億7500万年前の魚、ティクターリク・ロゼアエ（*Tiktaalik roseae*）の化石を発見したことで有名です。現在はシカゴ大学で教授を務めており、2011年に米国科学アカデミーの会員に選出され、2019年にはロイ・チャップマン・アンドリュース協会のDistinguished Explorerに選ばれています。

また、シュービン氏は卓越したサイエンスライターでもあり、本書でもその手腕が遺憾なく発揮されています。生命史に残る大進化はどのようにして起きたのか。本書の最大のテーマであるこの問いを解く鍵として氏が持ち出したのは、20世紀のアメリカ人劇作家リリアン・ヘルマンが残した「何事も、当然のことながら、私たちが始まったと思った時に始まっているわけではない」という言葉でした。劇作家の言葉をヒントに生命進化の謎に迫ろうという、その型破りな発想には脱帽するばかりです。しかも、これが奇をてらっただけの仕掛けではないことは、本書を読み進めるほどに明らかになってきます。上記の言葉がいかに的確に生命進化の本質を突いているかということが段々と分かってくるのです。

本書は生き物の大進化が起きる仕組みに迫る書です。例えば、水中に暮らしていた生き物が陸を歩くようになる。あるいは、陸を歩いていた生き物が空を飛ぶようになる。こうした飛躍的な進化はいかにして起きるのか。ダーウィンの進化論が提唱されて以来、人類が挑んできたこの難問に真っ向から挑みます。異時性（ヘテロクロニー）、遺伝子の調整領域、Ｈｏｘ遺伝子群、遺伝子重複、ウイルス、細胞内共生といった魅力的なテーマを各章で検討し、大進化が起きる仕組みを解き明かしていきます。

その過程で紹介される進化の事例は驚くべきものばかりです。たとえば、第7章では自らの舌を１０００分の2秒足らずで出し入れするサンショウウオが紹介されています。ところが、この速さは筋肉自体の収縮速度の限界を超えているとのこと。ではどうやってこの速度を実現しているのかというと、なんと舌の内部の骨を、舌の筋肉を使って、親指と人差し指でスイカの種を弾き飛ばす要領で射出していると言います。これ自体、実に驚くべきことですが、話はここで終わりません。この精巧な仕組みが、１種のサンショウウオだけではなく、系統的に遠く隔たった複数の種で独立に進化したというのです。ここまでくると、神の仕業なのではないかと疑いたくもなりますが、もちろんそんなことはなく、本文できちんと合理的な説明がなされています。

近年続々と明らかになっている、ヒトの進化にウイルスがおよぼした影響についても、第6章でいくつかの面白い事例が紹介されています。特筆すべきは、記憶に関わるタンパク質Ａｒｃの起源が明らかになった経緯です。研究者が悪戦苦闘の末に突き止めたＡｒｃの構造は中空の球体でした。研究者はその球体に似たものを以前に見たことがありました。「一部のウイルスが細胞から細胞へと感染を広げる際につくるものとそっくり」だったのです。この研究者はある面白い（そして少し意地悪な）方法でその自分の直感を確信に変えました。同じ建物でＨＩＶなどのウイルスを研究している同僚のもとに出向き、そのタンパク質の写真を何も言わずに見せたのです。返ってきた答えは「ＨＩＶのようなウイルスがつくったものではないか」というものでした。心躍る発見の物語は、これに限らず、本書の随所に散りばめられています。

本書の内容は、生物学にそれほど詳しくない読者にとっては少々ハードルの高いものかもしれません。しかし、シュービン氏は、多くの読者に読んでもらえるように、（一般的な科学書では何の断りもなく使われているような）用語も可能なかぎり使わず、なるべく嚙み砕いて説明するよう心掛けています。本書は生命進化の醍醐味がぎゅっと凝縮された本です。ぜひ一人でも多くの読者に、普段はこの手の本を読まない方も含めて、読んでいただきたいと思います。

本書を翻訳するにあたっては、ニール・シュービン氏の愛弟子であり本書にも登場する現・ラトガーズ・ニュージャージー州立大学の中村哲也先生に監修を引き受けていただき、専門的な見地から数々の有益なご指摘をいただきました。この場を借りて御礼を申し上げます。また、本書を翻訳する機会を与えていただき、刊行までにさまざまな労をお執りいただいた、みすず書房編集部の市田朝子さんにも感謝を申し上げます。

２０２１年８月

黒川耕大

ニール・シュービン
進化の技法
転用と盗用と争いの 40 億年
黒川耕大 訳

2021 年 10 月 18 日　第 1 刷発行

発行所 株式会社 みすず書房
〒113-0033 東京都文京区本郷 2 丁目 20-7
電話 03-3814-0131（営業） 03-3815-9181（編集）
www.msz.co.jp

本文印刷所 萩原印刷
扉・表紙・カバー印刷所　リヒトプランニング
製本所 松岳社
装丁 細野綾子

ISBN 978-4-622-09043-4
［しんかのぎほう］

著者略歴

(Neil Shubin)

古生物学者，進化生物学者．ハーバード大学で博士号を取得．現在，シカゴ大学教授．動物の解剖学的な特徴がどのように進化したかについて研究している．グリーンランド，中国，カナダ，南極，北米やアフリカでフィールドワークを行う．魚類と陸棲動物の特徴を併せ持つ生物「ティクターリク・ロゼアエ（*Tiktaalik roseae*）」の発見者の1人として知られる．著作に『ヒトの中の魚，魚の中のヒト』（早川書房，2008年）『あなたの中の宇宙』（早川書房，2014年）がある．

訳者略歴

黒川耕大〈くろかわ・こうた〉翻訳家．金沢大学理学部地球学科卒業，同大学自然科学研究科生命・地球学専攻修了．ナショナルジオグラフィックチャンネルやディスカバリーチャンネルなどの科学番組の翻訳を数多く手掛ける．訳書にブルサッテ『恐竜の世界史』（みすず書房，2019），ウォーカー，ソルト『レジリエンス思考』（みすず書房，2020）がある．

索　引

〔　〕のある項目は，項目名そのものは本文にないものを表す。

カ

サ

タ

ナ

ハ

マ

ヤ

ラ

ワ

さらに勉強したい人のために

生命史や地球史全般を扱った入門書については良書が多い。優れた古生物学者にして天性の物書きでもあるリチャード・フォーティ（Richard Fortey）は，*Life: A Natural History of the First Four Billion Years of Life on Earth*（New York: Vintage, 1999）〔『生命40億年全史』（渡辺正隆訳，草思社，2003年）〕，*Earth: An Intimate History*（New York: Vintage, 2005）〔『地球46億年全史』（渡辺正隆／野中香方子訳，草思社，2008年）〕という，広範な事項を論じた2冊の本を出している。リチャード・ドーキンス（Richard Dawkins）は，*The Ancestor's Tale: A Pilgrimage to the Dawn of Evolution*（New York: Mariner Books, 2016）〔『祖先の物語――ドーキンスの生命史』（垂水雄二訳，小学館，2006年）〕の中で，生命の系統樹を現在から過去へとさかのぼりながら，生物種が時代とともに変わってゆく仕組みを語ったり，研究者が生命史を解き明かす際に使う手法について解説したりしている。生命の黎明期について多くの知見を交えて説得的に論じている書としては，アンドルー・ノール（Andrew Knoll）の *Life on a Young Planet: The First Three Billion Years of Evolution on Earth*（Princeton, NJ: Princeton University Press, 2004）〔『生命　最初の30億年――地球に刻まれた進化の足跡』（斉藤隆夫訳，紀伊國屋書店，2005年）〕; ニック・レーン（Nick Lane）の *The Vital Question: Energy, Evolution, and the Origins of Complex Life*（New York: Norton, 2015）〔『生命，エネルギー，進化』（斉藤隆夫訳，みすず書房，2016年）〕; J. William Schopf, *Cradle of Life: The Discovery of Earth's Earliest Fossils*（Princeton, NJ: Princeton University Press, 1999）がある。化石記録に基づく歴史を生き生きと包括的に論じた書としては，ブライアン・スウィーテク（Brian Switek）の *Written in Stone: Evolution, the Fossil Record, and Our Place in Nature*（New York: Bellvue Literary Press, 2010）〔『移行化石の発見』（野中香方子訳，文藝春秋，2011年）〕がある。

ここ数年，遺伝子や遺伝現象全般を扱った良書が数多く出版されていて，あ

たかも生命史上の多発的な進化を彷彿とさせる。シッダールタ・ムカジー (Siddhartha Mukherjee) の *The Gene: An Intimate History* (New York: Scribner, 2017)〔『遺伝子 ── 親密なる人類史』(田中文訳, 早川書房, 2018 年)〕; アダム・ラザフォード (Adam Rutherford) の *A Brief History of Everyone Who Ever Lived: The Human Story Retold Through Our Genes* (New York: The Experiment, 2017)〔『ゲノムが語る人類全史』(垂水雄二訳, 文藝春秋, 2017 年)〕; カール・ジンマー (Carl Zimmer) の *She Has Her Mother's Laugh: The Powers, Perversions, and Potential of Heredity* (New York: Dutton, 2018) などである。分子進化とそこから派生した新しい考えの多くを面白く説いた本としては, デイヴィッド・クォメン (David Quammen) の *The Tangled Tree: A Radical New History of Life* (New York: Simon and Schuster, 2018)〔『生命の〈系統樹〉はからみあう ── ゲノムに刻まれたまったく新しい進化史』(的場知之訳, 作品社, 2020 年)〕がある。

プロローグ

「腕を持った魚, 肢を生やしたヘビ, 二足歩行を獲得した類人猿」と記述するにあたり参考にしたのは, N. Shubin et al., "The Pectoral Fin of *Tiktaalik roseae* and the Origin of the Tetrapod Limb," *Nature* 440 (2006): 764–71; D. Martill et al., "A Four-Legged Snake from the Early Cretaceous of Gondwana," *Science* 349 (2015): 416–19; T. D. White et al., "Neither Chimpanzee nor Human, *Ardipithecus* Reveals the Surprising Ancestry of Both," *Proceedings of the National Academy of Sciences* 112 (2015): 4877–84 である。

第 1 章　ダーウィンの 5 文字の言葉

くだんの講義で講師を務めていたのは故ファリッシュ・A・ジェンキンス・Jr. だった。ジェンキンスは, のちに私の指導教官になり, ティクターリク・ロゼアエの発見にいたった発掘遠征にも同行してくれた。私を触発した例の図は, 脊椎動物の進化における大いなる変容を扱った素敵な小冊子に収載された (レナード・ラディンスキ (Leonard Radinsky) の *The Evolution of Vertebrate Design* (Chicago: University of Chicago Press, 1987) figure 9.1, p. 78〔『脊椎動物デザインの進化』(山田格訳, 海遊舎, 2002 年)〕)。ジェンキンスは, 親友であるラディンスキから, 講義用の資料としてシャロン・エマーソン作の挿絵案を提供してもらっていたのだった。奇遇なことに, ラディンスキは, 私の前

にシカゴ大学解剖学科長を務めていた人物でもある。ラディンスキの図に触発された私が数十年後に彼の後釜に座ることになるとは，大学院生の頃には思いもしなかった。

本文に引用したリリアン・ヘルマン（Lillian Hellman）の言葉は，彼女の自伝 *An Unfinished Woman: A Memoir*（New York: Penguin, 1972）〔『未完の女——リリアン・ヘルマン自伝』（稲葉明雄／本間千恵子訳，平凡社，1993 年）〕にあったもの。その言葉をもってヘルマンが表現した概念を生物学の言葉に翻訳すると，「外適応」とか「前適応」となる。この両語の微妙なニュアンスの違いは，Stephen J. Gould and Elisabeth Vrba, “Exaptation — A Missing Term in the Science of Form,” *Paleobiology* 8（1982）: 4–15 で論じられている。W. J. Bock, “Preadaptation and Multiple Evolutionary Pathways,” *Evolution* 13（1959）: 194–211 も参照のこと。両論文とも重要なものであり，豊富な事例を紹介している。

本文で触れたセント・ジョージ・ジャクソン・マイバート（St. George Jackson Mivart）の経歴は J. W. Gruber, *A Conscience in Conflict: The Life of St. George Jackson Mivart*（New York: Temple University Publications, Columbia University Press, 1960）を参考にした。1871 年に刊行されたマイバートの *On the Genesis of Species* は現在，https://archive.org/details/a593007300mivauoft で公開されている。

ダーウィンの *On the Origin of Species* の第 6 版〔『種の起原（原書第 6 版）』（堀伸夫／堀大才訳，朝倉書店，2009 年）〕も https://www.gutenberg.org/files/2009/2009-h/2009-h.htm で公開されている。

「2 パーセントの翼問題」に関するグールドの見解は Stephen Jay Gould, “Not Necessarily a Wing,” *Natural History* に表明されている。

サン゠ティレール（Saint-Hilaire）の生涯と研究にまつわる私の説明は，H. Le Guyader, *Geoffroy Saint-Hilaire: A Visionary Naturalist*（Chicago: University of Chicago Press, 2004）と P. Humphries, “Blind Ambition: Geoffroy St-Hilaire’s Theory of Everything,” *Endeavor* 31（2007）: 134–39 を参考にしたものである。

オーストラリアハイギョの最初の記載は A. Gunther, “Description of *Ceratodus*, a Genus of Ganoid Fishes, Recently Discovered in Rivers of Queensland, Australia,” *Philosophical Transactions of the Royal Society of London* 161（1870–71）: 377–79 に見られる。その発見の経緯は A. Kemp, “The Biology of the Australian Lungfish, *Neoceratodus forsteri*（Krefft, 1870）,” *Journal of Morphology Supplement* 1（1986）: 181–98 に記されている。

浮袋と肺の発生学的・進化学的関係について知りたいなら，Bashford Dean,

Fishes, Living and Fossil（New York: Macmillan, 1895）を読むといい。ディーンが作成したメトロポリタン美術館の鎧コレクションの目録はインターネットで閲覧できる（http://libmma.contentdm.oclc.org/cdm/ref/collection/p15324coll10/id/17498）。ディーンの仕事と生涯のあらましについては https://hyperallergic.com/102513/the-eccentric-fish-enthusiast-who-brought-armor-to-the-met/ を参照。

空気呼吸を検討したものとしては，K. F. Liem, "Form and Function of Lungs: The Evolution of Air Breathing Mechanisms," *American Zoologist* 28（1988）: 739–59 と Jeffrey B. Graham, *Air-Breathing Fishes*（San Diego: Academic Press, 1997）がある。どちらも，肺が硬骨魚にとって原始的な特徴であることを示していて，それゆえに，浮袋と肺に類似性があることを補強する証拠となっている。

近年試みられた遺伝的な比較からは，肺と浮袋との間に深遠な類似性のあることが明らかになっている。A. N. Cass et al., "Expression of a Lung Developmental Cassette in the Adult and Developing Zebrafish Swimbladder," *Evolution and Development* 15（2013）: 119–32 を参照してほしい。ディーンや彼と同時代の研究者がこの研究を知ったら，きっと歓喜するに違いない。

肺の物語は，陸に棲む魚の起源における「機能の変化」の重要性を示す事例の一つにすぎない。

グンナル・セヴェセダーベリは，22 歳の時，地質学者の小さなチームを率いて，グリーンランドの地層に化石を探した。その化石探しはわりと単純でローテクな作業だった。毎日，チームのメンバーが散開して地層の分布域一帯を調べ，風化の影響で地表に転がり出た骨を探す。見つけたら，今度はその骨の破片をたどって，骨の出どころである地層を突き止める。こうした手法はまさに，私たちのチームが約 80 年後にカナダの北極圏で四肢魚ティクターリク・ロゼアエを発見した際に使ったものだった。

セヴェセダーベリの化石探しの標的は，最初期の陸棲動物だった。当時，約 3 億 6500 万年前のデボン紀の地層からは，肢を持つ動物の存在を示す兆候すら見つかっていなかった。セヴェセダーベリの目標は，もっと年代の古い地層を調べ，魚に似た両生類を発見することだった。魚と両生類の区別をあいまいにするような，そんな種を探した。

セヴェセダーベリの意気軒昂さは今でも語り草になっている。よく，深夜まで研究した次の日に，途方もない距離を歩きながら化石を探していた。また，「超」が付くほどの自信家でもあった。悲観的な人物に化石は見つけられない。目当ての地層に化石が埋まっていると信じ，長い時間をかけて，数々の失敗にもめげることなく調査を続けられてはじめて，化石は見つかるのである。セヴ

ェセダーベリのチームは，毎日，見つけた化石を2つの箱のどちらかに入れていた。箱にはそれぞれ「魚（Pisces）」を意味する「P」と，「両生類（amphibian）」を意味する「A」が書かれていた。何とも大胆な試みだった。何しろ，その年代の地層からは一匹の両生類も発見されていなかったのだから。案の定，1929年の調査シーズンを通して，魚の箱は化石でいっぱいになり，両生類の箱は空のままだった。

シーズン終盤，セヴェセダーベリは，結氷した東グリーンランド海に面してそびえる，赤褐色の小高い丘のようなセルシウス山のガレ場で，奇妙な見た目の骨の破片を多数発見した。10枚ほどの板状の骨を発掘したが，どれもまだ大部分の構造が岩に覆われていて見えなかった。それらの板状の骨は，表面の膨らみや稜については，当時知られていた一部の化石魚に似ていた。保存されている部分から判断するなら，魚の箱に入れるべきものだろう。しかし，明らかに頭蓋骨と思われるそれらの骨は，あまりにも扁平すぎて，当時知られていたいかなる魚のものとも思えなかった。セヴェセダーベリは両生類の化石かもしれないと思った。生来の楽天家である彼は，それらの骨をAの箱に入れた。

スウェーデンに戻ると，各骨を覆う岩石を少しずつ削り取っていくという，骨の折れる作業を始めた。岩を削り取っていくと，紛れもない驚異が露わになった。体の形は魚に似ているのに，頭部の長い鼻先と扁平な形は両生類に似ている。セヴェセダーベリは初期の両生類を発見していたのだ。

その化石は世間を騒がせる存在になった。セヴェセダーベリも有名になってしかるべきだったが，残念なことに，結核のせいで40歳の誕生日を迎える前に他界した。

セヴェセダーベリの研究にまつわる物語は，研究者仲間であり友人でもあったエリク・ヤルヴィクにより語られている。初期の遠征に参加していたヤルヴィクは，その遠征のあらましを，最初に発見されたデボン紀の四肢魚の一種であるイクチオステガについての大部の論文 E. Jarvik, “The Devonian Tetrapod *Ichthyostega*” *Fossils and Strata* 40（1996）: 1–212）に記述した。カール・ジンマー（Carl Zimmmer）の *At the Water’s Edge: Fish with Fingers, Whales with Legs*（New York: Atria, 1999）〔『水辺で起きた大進化』（渡辺正隆訳，早川書房，2000年）〕は，セヴェセダーベリやヤルヴィクを取り上げるとともに，この分野のもっと大きな歴史をすこぶる読みやすい文体で論じている。

セヴェセダーベリの発見から50年後，私の研究者仲間であるケンブリッジ大学のジェニー・クラックがセルシウス山を訪れ，新たな視点を携えて調査を開始した。彼女の古生物学者チームはセヴェセダーベリの発見に精通し，彼が残した資料を読み込んでいた。その目標は，骨格の失われた部分，つまりセヴ

ェセダーベリが回収しそこねた部分を発見することだった。化石が発見されて世間が騒然とする中で見落とされていたのだが，実はイクチオステガの肢がどうなっているかはほとんど分かっていなかった。その困難な状況を，クラックは解決しに行ったわけだ。適切なチームを編成し，天候にも恵まれ，目的の地層から化石が産出する見込みが高いことも知っていたクラックは，貴重な化石の数々を持ち帰った。それらの化石には保存状態の良好な肢の骨が付いていた。

その肢は「1本－2本－小骨の集まり－指の骨」という，肢を持つすべての動物（哺乳類，鳥類，両生類，爬虫類）に共通する典型的なパターンを持っていた（140～141ページを参照)。驚くべき特徴はその手足にあった。その動物の手足には，5本ではなく，なんと8本もの指があったのだ。指が余分にあるおかげで，肢が広く，扁平になっていた。全体のプロポーションから個々の骨に残る筋肉痕にいたる，肢にまつわるあらゆる特徴が，その肢が水中でパドルやオールのように使われていたことを示唆していた。肢全体が，手というよりヒレのようになっていた。

このことがダーウィンの5文字の言葉とどう関係するのだろうか。指のある肢を備えていた最初期の動物は，陸地を歩くためではなく，水をかいて水中を進むことだったり，沼や小川の浅瀬を移動することだったりにその肢を使っていた。肺と同じく，この陸棲動物にとっての大発明の当初の用途は，陸で暮らすことではなく，水棲環境を新しい形で利用することだった。肢という器官がまずある環境下で誕生し，その後新たな機能に転用されることで，大変革（新たな環境への進出）が起きたというわけだ。

ジェニー・クラック（Jenny Clack）の名著 *Gaining Ground: The Origin and Evolution of Tetrapods*（Bloomington: Indiana University Press, 2012）は，この分野の現代化を成し遂げた功労者が生涯をかけて四肢動物の起源に迫った，その成果である。この分野の知見と歴史の他に，グリーンランドのデボン紀層分布域での調査を本人目線で記した，貴重な説明もある。

肺も腕もひじも手首もすべて，現生の動物のものだろうと大昔に絶滅した動物のものだろうと関係なく，最初は水棲動物に出現した。水中生活から陸上生活への移行という大変革は，新たな発明を必要としなかった。そうではなく，何百万～何千万年も前に誕生した発明が機能を変えるという形で起きた。

もし，歴史というものが変化の一本道なのだとしたら，つまり，ある段階が否応なく次の段階に移り，そのたびに一つの機能が徐々に改良されていくものなのだとしたら，大きな変化は起こりえないに違いない。上記の条件の場合，たった一つの発明ではなく特許事務所一軒分の発明が同時に誕生するのを待たないかぎり，大きな変化は起こらないからである。その一方で，もし諸々の発

明がすでに誕生していて，別の機能を担っている場合，それらを単純に転用することで，新たな変化の道が拓ける。この変化の能力こそが，ダーウィンの5文字の言葉の力なのである。

太古の動物が，肺，腕の骨，手首，さらには指まで備えた状態で水中生活を送っていたことを知ると，魚の陸上進出についての問いが変わってくる。問うべきは，「動物はどのようにして陸上に進出できるように進化したのか」ではなく，「なぜその移行が地球史上のもっと早い時期に起きなかったのか」となる。

手がかりはやはり地層に眠っている。地球上に数十億年のうちに堆積したどの地層を見ても，あるものがない。40億年前〜約4億年前に堆積した地層には，広大な海洋や中・小規模の海路の痕跡，さらに陸に目を転じれば大小の岩を運ぶ急流の痕跡がある。しかし，肝心なことに，陸上に繁茂する植物の痕跡が一切ない。

陸上に植物が生い茂っていない世界を想像してみてほしい。植物は枯れると腐って土壌を形成する。さらに，根を張ってその土壌を保持する。植物がなければ，荒涼とした，土壌のない，岩だらけの世界になるに違いない。また，その世界には，動物が食べられるような食物もない。

陸棲植物が化石記録に初めて現れるのは約4億年前のことで，そのすぐ後に昆虫のような生き物も登場する。植物が陸上に進出すると，まったく新しい世界が出現し，昆虫などの虫が繁栄するようになった。化石化した植物の葉の中には損傷しているものがあり，これは植物の葉が初期の虫に食べられていたことを示唆している。植物の陸上進出に伴って，植物が枯れて腐って出来る有機物片も登場した。その有機物片がやがて土壌を形成し，その土壌のおかげで，浅い小川や池が魚や両生類の生息地になった。

肺を持つ魚が3億7500万年前まで陸上に進出しなかった理由は，それ以前の陸上が棲むのに適さない場所だったから。植物と，その後に続いた昆虫のおかげで何もかもが一変し，短時間なら陸上にいられる魚にとって，生態系が棲むのに適した場所になった。新しい環境が出現して初めて，私たちの遠い祖先である魚が，水中にいる間にすでに獲得していた器官を使って，最初の一歩を踏み出した。要するに，すべてはタイミングなのだ。

近年の地質学的研究は，植物が世界をどう変えたか，とりわけ，植物の陸上進出によってデボン紀に存在していた小川の性質がどう変わったかを明らかにしている。根を張る植物が登場したおかげで，形成された土壌が保持されて，浅い小川のほとりに安定した土手が出来た。さらに詳しい議論と分析を知りたければ，M. R. Gibling and N. S. Davies, “Palaeozoic Landscapes Shaped by

Plant Evolution," *Nature Geoscience* 5 (2012): 99–105 を参照してほしい。

恐竜の進化や鳥類との関係の全般的な解説や，恐竜学者による一般向けの説明をお求めなら，Lowell Dingus and Timothy Rowe, *The Mistaken Extinction* (New York: W. H. Freeman, 1998); スティーブ・ブルサッテ（Steve Brusatte）の *The Rise and Fall of the Dinosaurs: A New History of a Lost World* (New York: HarperCollins, 2018)〔『恐竜の世界史――負け犬が覇者となり，絶滅するまで』（黒川耕大訳，みすず書房，2019年）〕; Mark Norell and Mick Ellison, *Unearthing the Dragon* (New York: Pi Press, 2005) を読んでみるといい。

アーケオプテリクスと鳥類の起源についてのハクスリーの研究を一般向けに面白く解説したものとしては，Riley Black, "Thomas Henry Huxley and the Dinobirds," *Smithsonian* (December 2010) がある。

ノプシャ男爵の波乱に満ちた人生と，彼の先駆的な研究については，E. H. Colbert, *The Great Dinosaur Hunters and Their Discoveries* (New York: Dover, 1984); Vanessa Veselka, "History Forgot This Rogue Aristocrat Who Discovered Dinosaurs and Died Penniless," *Smithsonian* (July 2016); David Weishampel and Wolf-Ernst Reif, "The Work of Franz Baron Nopcsa (1877–1933): Dinosaurs, Evolution, and Theoretical Tectonics," *Jahrbuch der Geologischen Anstalt* 127 (1984): 187–203 に書かれている。

ジョン・オストロムの研究については1960～1970年代に多数の論文になっていて，デイノニクスの正式な記載論文もそのうちの一つである（J. Ostrom, "Osteology of *Deinonychus antirrhopus*, an Unusual Theropod from the Lower Cretaceous of Montana," *Bulletin of the Peabody Museum of Natural History* 30 (1969): 1–165）。その後に発表された論文としては，J. Ostrom, "*Archaeopteryx* and the Origin of Birds," *Biological Journal of the Linnaean Society*8 (1976): 91–182; J. Ostrom, "The Ancestry of Birds," *Nature* 242 (1973): 136–39 がある。オストロムの業績を解説したものとしては，Richard Conniff, "The Man Who Saved the Dinosaurs," *Yale Alumni Magazine* (July 2014) がある。

羽毛の起源についての最近の研究は，古生物学と発生学にまたがって行われている。R. Prum and A. Brush, "Which Came First, the Feather or the Bird ?," *Scientific American* 288 (2014): 84–93; R. O. Prum, "Evolution of the Morphological Innovations of Feathers," *Journal of Experimental Zoology* 304B (2005): 570–79 を参照のこと。

第2章　発生学の胎動

デュメリルの物語の山場は，檻に2種類のサンショウウオがいて驚く序盤の場面と，その謎を解く終盤の場面だろう。その後，デュメリルはトラフサンショウウオの繁殖コロニーを作り，希望する研究者全員に気前よく譲渡していた。その繁殖コロニーの子孫は各地の研究施設で今も飼われているかもしれない。タイトルを読んでも想像はつかないだろうが，デュメリルに触れた最近の優れた記事としては，G. Malacinski, "The Mexican Axolotl, *Ambystoma mexicanum*: Its Biology and Developmental Genetics, and Its Autonomous Cell-Lethal Genes," *American Zoologist* 18 (1978): 195–206 がある。デュメリルの初期の研究の一部は，M. Auguste Duméril, "On the Development of the Axolotl," *Annals and Magazine of Natural History* 17 (1866): 156–57; "Experiments on the Axolotl," *Annals and Magazine of Natural History* 20 (1867): 446–49 に載っている。

発生学の分野は教科書に恵まれていて，この分野の研究を進展させるほどに優れた本もある。例えば，Michael Barresi and Scott Gilbert, *Developmental Biology* (New York: Sinauer Associates, 2016, Lewis Wolpert and Cheryll Tickle, *Principles of Development* (New York: Oxford University Press, 2010)〔『ウォルパート発生生物学』(武田洋幸訳，メディカルサイエンスインターナショナル，2012年)〕などがそうだ。

フォン・ベーアについてのくだり（ガラス瓶にラベルを貼り忘れて各種の胚の見分けがつかなくなった一件に関する引用も含む）と，パンダーについてのくだりは，一部，Robert Richards の手になる伝記に基づいている（https://home.uchicago.edu/~rjr6/articles/von%20Baer.doc）。

スティーブン・ジェイ・グールド（Stephen Jay Gould）の *Ontogeny and Phylogeny* (Cambridge, MA: Belknap Press, 1985)〔『個体発生と系統発生——進化の観念史と発生学の最前線』(仁木帝都／渡辺政隆訳，工作舎，1987年)〕では，前半で発生学の驚くべき歴史が語られていて，そこでフォン・ベーア，ヘッケル，デュメリルの研究についても触れられている。さらに知識を深めるのにうってつけな短い総説論文（B. K. Hall, "Balfour, Garstang and deBeer: The First Century of Evolutionary Embryology," *American Zoologist* 40 (2000): 718–28）もある。

長年，多くの学生がヘッケルの学説を学んできた一方で，この分野の研究者は，ヘッケルに対し，愛憎相半ばする態度を取ってきた。彼の研究の熱烈な支

持者になる者もいれば，ガースタングのように彼をペテン師扱いする者もいた。近年の科学史書では，例えばRobert Richards, *The Tragic Sense of Life: Ernst Haeckel and the Struggle over Evolutionary Thought*（Chicago: University of Chicago Press, 2008）において見られるように，多様な見解が記されている。最近の一部の発生学者の考えによると，ヘッケルのオリジナルの図の中には，控えめに言って，彼の主張を強調するように描かれているものがあるらしい。M. K. Richardson et al., “Haeckel, Embryos and Evolution,” *Science* 280 (1998): 983–85 を参照のこと。

アプスレイ・チェリー＝ガラード（Apsley Cherry-Garrard）の *The Worst Journey in the World* (London: Penguin Classics, 2006)〔『世界最悪の旅――スコット南極探検隊』(加納一郎訳，中央公論新社，2002 年)〕は探検文学の傑作だ。私も初めての南極遠征に出かける前に読んだ。そのおかげで，マクマード入江もハットポイント半島もエレバス山も，初めて目にしたにもかかわらず，見慣れた風景であるように感じた。

Walter Garstang, *Larval Forms and Other Zoological Verses*（Oxford: Blackwell, 1951）は，1985 年に the University of Chicago Press から復刻している。

異時性については，遅くともガースタングの時代から，大量の文献が著されている。発生の速度とタイミングの違いによる諸々の分類が提唱されている。一部の主要なアプローチの概要（と充実した参考文献）を知りたいなら，P. Alberch et al., “Size and Shape in Ontogeny and Phylogeny,” *Paleobiology* 5 (1979): 296–317; Gavin DeBeer, *Embryos and Ancestors*（London: Clarendon Press, 1962); Stephen Jay Gould, *Ontogeny and Phylogeny*（Cambridge, MA: Belknap Press, 1985)〔『個体発生と系統発生』〕を参照してほしい。グールドの本は 1980 年代の学界に大きな影響を与え，このアプローチへの関心が再び高まることになった。

両生類の生理と変態については，W. Duellman and L. Trueb, *Biology of Amphibians* (New York: McGraw-Hill, 1986）と D. Brown and L. Cai, “Amphibian Metamorphosis,” *Developmental Biology* 306 (2007): 20–33 で論じられている。Duellman と Trueb の本は，体の構造，進化，発生を詳細に解説している。

最近になって，ゲノム解析により，ホヤを含む被嚢（ひのう）類（尾索（びさく）類）が脊椎動物にもっとも類縁の近い親戚だということが判明した。F. Delsuc et al., “Tunicates and Not Cephalochordates Are the Closest Living Relatives of Vertebrates,” *Nature* 439 (2006): 965–68 を参照してほしい。また，脊椎動物の起源解明の鍵を握る生物はもう一種類いて，その生物，ナメクジウオのゲノムについては L. Z. Holland et al., “The Amphioxus Genome Illuminates Vertebrate

Origins and Cephalochordate Biology," *Genome Research* 18 (2008): 1100–11 で論じられている。

ガースタングの仮説と脊椎動物の起源という問題を概説したものとしては，Henry Gee, *Across the Bridge: Understanding the Origin of Vertebrates* (Chicago: University of Chicago Press, 2018) がある。

ネフが撮った象徴的な写真を契機として，長年にわたり盛んに議論がなされた。ネフが剝製標本を使ったことは，ほぼ間違いない。もっとも新しい参考文献はリチャード・ドーキンス (Richard Dawkins) の *The Greatest Show on Earth* (New York: Free Press, 2010)〔『進化の存在証明』(垂水雄二訳，早川書房，2009年)〕である。剝製の姿勢は調整されたものなのかもしれないが，頭蓋冠や顔のプロポーション，大後頭孔の位置に見られるチンパンジーの子供とヒトとの間の類似性は，以下に挙げる参考文献において定量的に示されている。

ヒトの幼形進化を支持する書籍の代表格は，アシュレイ・モンターギュ (Ashley Montagu) の *Growing Young* (New York: Greenwood Press, 1989)〔『ネオテニー――新しい人間進化論』(尾本恵市／越智典子訳，どうぶつ社，1990年)〕と，スティーブン・ジェイ・グールド (Stephen Jay Gould) の *Ontogeny and Phylogeny* (Cambridge, MA: Belknap Press, 1985)〔『個体発生と系統発生』〕である。異論を唱えている論考としては，B. T. Shea, "Heterochrony in Human Evolution: The Case for Neoteny Reconsidered," *Yearbook of Physical Anthropology* 32 (1989): 69–101 がある。一部の特徴が幼形進化的であるように見える一方で，例えば直立二足歩行のように，そうは見えない特徴もある。

ダーシー・ウェントワース・トムソン (D'Arcy Wentworth Thompson) の *On Growth and Form* (New York: Dover, 1992)〔『生物のかたち』(柳田友道他訳，東京大学出版会，1973年)〕は，1917年に原版が刊行されると，定量生物学に変革を引き起こした。トムソンの時代以降，形態計測という分野（形態の変化を定量的に分析する分野）は，活発な学問領域であり続けている。

発生や進化の過程における神経堤の重要性については，C. Gans and R. G. Northcutt, "Neural Crest and the Origin of Vertebrates: A New Head," *Science* 220 (1983): 268–73; Brian Hall, *The Neural Crest in Development and Evolution* (Amsterdam: Springer, 1999) において解説されている。

ジュリア・プラットの研究と生涯については，S. J. Zottoli and E. Seyfarth, "Julia B. Platt (1857–1935): Pioneer Comparative Embryologist and Neuroscientist," *Brain, Behavior and Evolution* 43 (1994): 92–106 において論じられている。

第３章　ゲノムに宿るマエストロ

「生命の神秘を解き明かしたぞ！」という本当に言ったのかどうか疑わしい言葉は，ジェームス・D・ワトソン（J. D. Watson）の *The Double Helix*（New York: Touchstone, 2001）〔『二重らせん――DNA の構造を発見した科学者の記録』（江上不二夫／中村桂子訳，講談社，2012 年）〕から引用した。本文中に引用したワトソンとクリックの言葉は２人の発見を科学界に公表した２ページの論文から抜粋したもので，当該部分をまるごと引用すると「私たちはデオキシリボ核酸（DNA）の塩の構造を提案したい。この構造は生物学的に見て大いに興味深い新しい特徴を持っている」となる（J. D. Watson and F. Crick, “A Structure for Deoxyribose Nucleic Acid,” *Nature* 171（1953）: 737–38）。

DNA の働く仕組みと DNA からタンパク質がつくられる仕組みについては，Matthew Cobb, *Life's Greatest Secret: The Race to Crack the Genetic Code*（New York: Basic Books, 2015）で論じられている。Horace Freeland Judson の名著 *The Eighth Day of Creation: Makers of the Revolution in Biology*（New York: Simon and Schuster, 1979）も参照してほしい。

ツッカーカンドルとポーリングは，1960 年代半ばに発表した一連の論文を通して自分たちの新しい手法を提唱した。主に，E. Zuckerkandl and L. Pauling, “Molecules as Documents of Evolutionary History,” *Journal of Theoretical Biology* 8（1965）: 357–66; E. Zuckerkandl and L. Pauling, “Evolutionary Divergence and Convergence in Proteins,” 97–166, in V. Bryson and H. J. Vogel, eds., *Evolving Genes and Proteins*（New York: Academic Press, 1965）がある。

ツッカーカンドルとポーリングが成し遂げようとしたことは，生物種どうしの類縁関係を解明することにとどまらない。タンパク質や遺伝子どうしの違いを時計代わりにして，異なる種どうしが，どれほどの期間，互いから独立した状態で進化してきたかを見積もることも提唱した。もし，タンパク質のアミノ酸配列の変化率が長期にわたり比較的安定しているなら，タンパク質どうしの違いが時間を表す手段となる。

この分子時計仮説は，タンパク質のアミノ酸配列の変化率が長期間一定であることを前提にしている。この考え方を実際の研究に用いるためには，アミノ酸配列を理解することが欠かせない。まったくの架空の例として，カエルの１種とサルの１種とヒトを比べることを考えてみよう。まず，この３種のタンパク質のアミノ酸配列を解読する。次に，３種の間で違いの見られるアミノ酸の数を数える。例えば，皮膚のタンパク質を調べてみたら，カエルのものとヒ

トやサルのものとではアミノ酸が 80 個違っていたとしよう。一方，ヒトとサルとでは 1 個しか違わなかったとする。分子時計を使うためには，既知の化石の年代を使って，アミノ酸の変化率を決める必要がある。アミノ酸の変化率が決まったら，それを化石記録のない年代に当てはめることができる。

例えば，カエルとサルとヒトの共通祖先が 4 億年前にいたことを示す化石があったとしよう。まず，分子時計を較正（こうせい）する。80 を 400〔4 億年 = 400 百万年〕で割れば，タンパク質の変化率が 100 万年当たり 0.2 個であることが分かる。この数字を使えば，ヒトとサルの共通祖先がいつ頃生息していたのかを計算することができる。1 を 0.2 で割って，答えは 5 百万年前だ。この例は架空のものだが，手順は実際と変わらない。すなわち，各種のタンパク質のアミノ酸配列を解読し，種どうしで違いの見られるアミノ酸の数を数え，化石を使ってタンパク質の変化率を見積もり，その比率を適用して化石記録のない事件の年代を求める。

ツッカーカンドルとポーリングが過激な論文を執筆しようとした話と，2 人の研究のおおよその歴史的背景については，G. Morgan, “Émile Zuckerkandl, Linus Pauling, and the Molecular Evolutionary Clock,” *Journal of the History of Biology* 31 (1998): 155–78 において論じられている。2 人が実際に執筆した論文は，E. Zuckerkandl and L. Pauling, “Molecular Disease, Evolution and Genic Heterogeneity,” 189–225, in Michael Kasha and Bernard Pullman, eds., *Horizons in Biochemistry: Albert Szent-Györgyi Dedicatory Volume* (New York: Academic Press, 1962) である。

ツッカーカンドルの口述記録については，https://authors.library.caltech.edu/5456/1/hrst.mit.edu/hrs/evolution/public/clock/zuckerkandl.html を参照。

アラン・ウィルソンとメアリー＝クレア・キングは，自らの研究を通じて，この分子時計という手法をさらに突き詰めていった。2 人が出発点にしたのは，重要ながらも物議を醸した分子時計についての論文で，その論文ではヒトとチンパンジーが比較的新しい共通祖先を持つことが示されていた。その論文とは A. Wilson and V. Sarich, “A Molecular Time Scale for Human Evolution,” *Proceedings of the National Academy of Sciences* 63 (1969): 1088–93 である。2 人の目標は，もっと多くの種類のタンパク質をこの分析にかけ，分子時計の精度を上げることだった。キングの傑作論文は，M. C. King and A. C. Wilson, “Evolution at Two Levels in Humans and Chimpanzees,” *Science* 188 (1975): 107–16 である。論文のタイトルにある「Two Levels」とは，タンパク質をコードするレベルでの進化と，遺伝子を制御するレベル，すなわちスイッチのレベルでの進化を指している。論文のデータからは，ヒトとチンパンジーの違い

の多くが，いつどこで遺伝子が発現するかに，つまり，遺伝子制御の違いに由来することが示唆されている。

2人の研究の正しさは，もっと最近になってからも確かめられている。Kate Wong, "Tiny Genetic Differences Between Humans and Other Primates Pervade the Genome," *Scientific American*, September 1, 2014 と，K. Prüfer et al., "The Bonobo Genome Compared with Chimpanzee and Human Genomes," *Nature* 486 (2012): 527–31 を参照してほしい。

ヒトゲノム計画の歴史とその影響については，インターネット上にいくつかの情報源がある。"The Human Genome Project (1990–2003)," The Embryo Project Encyclopedia, https://embryo.asu.edu/pages/human-genome-project-1990-2003; "What Is the Human Genome Project ?," National Human Genome Research Institute, https://www.genome.gov/12011238/an-overview-of-the-human-genome-project/; https://www.nature.com/scitable/topicpage/sequencing-human-genome-the-contributions-of-francis-686 である。

ヒトゲノム計画についての主要な科学論文としては，International Human Genome Sequencing Consortium, "Finishing the Euchromatic Sequence of the Human Genome," *Nature* 431 (2004): 931–45; International Human Genome Sequencing Consortium, "Initial Sequencing and Analysis of the Human Genome," *Nature* 409 (2001): 860–921 がある。

ヒトゲノム計画関連の書籍としては，Daniel J. Kevles and Leroy Hood, eds., *The Code of Codes* (Cambridge, MA: Harvard University Press, 2000; ジェイムズ・シュリーヴ（James Shreeve）の *The Genome War: How Craig Venter Tried to Capture the Code of Life and Save the World* (New York: Random House, 2004)〔『ザ・ゲノム・ビジネス――DNAを金に変えた男たち』（古川奈々子訳，角川書店，2003年）〕がある。当事者が執筆した書籍としてはジョン・クレイグ・ベンター（John Craig Venter）の *A Life Decoded: My Genome: My Life* (New York: Viking Press, 2007)〔『ヒトゲノムを解読した男――クレイグ・ベンター自伝』（野中香方子訳，化学同人，2008年）〕がある。

ゲノムの構成と遺伝子の数については膨大な文献があり，その中には複数の研究者による著名なプロジェクトについてのものも含まれている。参考文献の充実した入門編をピックアップするとしたら，A. Prachumwat and W.-H. Li, "Gene Number Expansion and Contraction in Vertebrate Genomes with Respect to Invertebrate Genomes," *Genome Research* 18 (2008): 221–32 と，R. R. Copley, "The Animal in the Genome: Comparative Genomics and Evolution," *Philosophical Transactions of the Royal Society*, B 363 (2008): 1453–61

を挙げておきたい。「ネイチャー」誌も入門編として優れたウェブサイトを公開している（https://www.nature.com/scitable/topicpage/eukaryotic-genome-complexity-437）。

強力なゲノムブラウザのおかげで，研究者はさまざまな種の遺伝子やゲノムを比較することができる。特に頻繁に使われているブラウザを一部挙げるとするなら，ENSEMBL（https://useast.ensembl.org/），VISTA（http://pipeline.lbl.gov/cgi-bin/gateway2），BLAST（https://blast.ncbi.nlm.nih.gov/Blast.cgi）などとなる。ぜひ試してみてほしい。

フランソワ・ジャコブとジャック・モノーの名論文は，生物学史上屈指の優れた論文だ（“Genetic Regulatory Mechanisms in the Synthesis of Proteins,” *Journal of Molecular Biology* 3（1961）: 318–56）。しかし，初心者が読みこなすのは難しい。充実した内容ながらも読みやすく嚙み砕いてある本をお探しなら，Horace Freeland Judson, *The Eighth Day of Creation: Makers of the Revolution in Biology*（New York: Simon and Schuster, 1979）という，科学コミュニケーションの名著を読んでみるといい。

ジャコブとモノーの研究を取り巻く驚くべき背景については，ショーン・B・キャロル（Sean B. Carrol）による魅力的かつ信頼性の高い記述を読むといい（*Brave Genius: A Scientist, a Philosopher, and Their Daring Adventures from the French Resistance to the Nobel Prize*（New York: Norton, 2013））。私は 2 人の研究なら何でも知っていると思っていたが，この本に出会って，まったく新しい世界が拓けた。

ショーン・B・キャロル本人も名著を著していて，その中で遺伝子制御が進化におよぼした影響を論じている（*Endless Forms Most Beautiful: The New Science of Evo Devo*（New York: Norton, 2006）〔『シマウマの縞　蝶の模様――エボデボ革命が解き明かす生物デザインの起源』（渡辺政隆／経塚淳子訳，光文社，2007 年）〕）。

肢の形成異常における *Sonic hedgehog* の役割については，E. Anderson et al., “Human Limb Abnormalities Caused by Disruption of Hedgehog Signaling,” *Trends in Genetics* 28（2012）: 364–73 において論じられている。形成異常は，*Sonic hedgehog* の活性が変化するか，*Sonic hedgehog* と相互作用している遺伝子群の経路が乱されることで生じる。

遠距離スイッチ（より専門的な名称は「遠距離エンハンサー」）の働きについては，一連の美しい論文で論じられている。L. A. Lettice et al., “The Conserved *Sonic hedgehog* Limb Enhancer Consists of Discrete Functional Elements That Regulate Precise Spatial Expression,” *Cell Reports* 20（2017）:

1396–408; L. A. Lettice et al., "A Long-Range *Shh* Enhancer Regulates Expression in the Developing Limb and Fin and Is Associated with Preaxial Polydactyly," *Human Molecular Genetics* 12 (2003): 1725–35; R. Hill and L. A. Lettice, "Alterations to the Remote Control of *Shh* Gene Expression Cause Congenital Abnormalities," *Philosophical Transactions of the Royal Society*, B 368 (2013), http://doi.org/10.1098/rstb.2012.0357.

現在では，多くの遠距離スイッチが知られている。遠距離スイッチのおおまかな生理機能と発生や進化への影響については，A. Visel et al., "Genomic Views of Distant-Acting Enhancers," *Nature* 461 (2009): 199–205; H. Chen et al., "Dynamic Interplay Between Enhancer-Promoter Topology and Gene Activity," *Nature Genetics* 50 (2018): 1296–303; A. Tsai and J. Crocker, "Visualizing Long-Range Enhancer-Promoter Interaction," *Nature Genetics* 50 (2018): 1205–6 を参照してほしい。

ヘビの肢が縮小したことと，*Sonic hedgehog* の遠距離エンハンサーに変異が生じたこととの関係性は，E. Z. Kvon et al., "Progressive Loss of Function in a Limb Enhancer During Snake Evolution," *Cell* 167 (2016): 633–42 で論じられている。

遺伝子制御要素（スイッチ）の変異の役割については膨大な文献がある。M. Rebeiz and M. Tsiantis, "Enhancer Evolution and the Origins of Morphological Novelty," *Current Opinion in Genetics and Development* 45 (2017): 115–23, ショーン・B・キャロル（Sean B. Carroll）の *Endless Forms Most Beautiful: The New Science of Evo Devo* (New York: Norton, 2006)〔『シマウマの縞　蝶の模様』〕を参照のこと。イトヨの事例については，Y. F. Chan et al., "Adaptive Evolution of Pelvic Reduction in Sticklebacks by Recurrent Deletion of a Pitx1 Enhancer," *Science* 327 (2010): 302–5 に書かれている。

第４章　美しき怪物

トーマス・ゼンメリングは多才な人物で，空飛ぶ爬虫類である翼竜の一種をいち早く記載したり，望遠鏡を設計したり，ワクチンを開発したり，変異体を研究したりした。発生異常についての彼の名著は，S. T. von Soemmerring, *Abbildungen und Beschreibungen einiger Misgeburten die sich ehemals auf dem anatomischen Theater zu Cassel befanden* (Mainz: kurfürstl. privilegierte Universitätsbuchhandlung, 1791) である。

怪物（発生異常）がいかに深遠な知見を提供しうるかを説き，学界に大きな

影響を与えた論文が，P. Alberch, “The Logic of Monsters: Evidence for Internal Constraint in Development and Evolution,” *Geobios* 22（1989）: 21–57 である。

古来，発生異常や奇形がどう解釈されてきたかを知りたければ，Dudley Wilson, *Signs and Portents: Monstrous Births from the Middle Ages to the Enlightenment*（New York: Routledge, 1993）を読むといい。

エティエンヌ・ジョフロア・サン＝ティレールとイジドール・ジョフロア・サン＝ティレールの親子が成し遂げた，発生異常を理解するうえでの不朽の功績については，A. Morin, “Teratology from Geoffroy Saint Hilaire to the Present,” *Bulletin de l’Association des anatomistes*（*Nancy*）80（1996）: 17–31 を参照してほしい。

奇形学の歴史と，奇形の研究が生物学と医学におよぼした影響についての示唆に富むウェブサイトは，“A New Era: The Birth of a Modern Definition of Teratology in the Early 19th Century,” New York Academy of Medicine, https://nyam.org/library/collections-and-resources/digital-collections-exhibits/digital-telling-wonders/new-era-birth-modern-definition-teratology-early-19th-century/〔現在の URL は https://digitalcollections.nyam.org/new_era〕である。

変異についてのウィリアム・ベイトソンの名著は，*Materials for the Study of Variation Treated with Especial Regard to Discontinuity in the Origin of Species*（London: Macmillan, 1894）である。

T. H. モーガンの元教え子であり，自身も高名な学者である人物が，モーガンの米国科学アカデミー追悼伝記を執筆している。A. H. Sturtevant, *Thomas Hunt Morgan, 1866–1945: A Biographical Memoir*（Washington, DC: National Academy of Sciences, 1959）（http://www.nasonline.org/publications/biographical-memoirs/memoir-pdfs/morgan-thomas-hunt.pdf）.

カルビン・ブリッジズは 2014 年公開の伝記映画『The Fly Room』の被写体になった。同映画の評論記事は Ewen Callaway, “Genetics: Genius on the Fly,” *Nature* 516（December 11, 2014）（https://www.nature.com/articles/516169a）である。

コールド・スプリング・ハーバー研究所はカルビン・ブリッジズの伝記（Calvin Blackman Bridges, Unconventional Geneticist（1889–1938））をウェブサイトで公開している（http://library.cshl.edu/exhibits/bridges）。

エドワード・ルイスとブリッジズの研究の歴史については，I. Duncan and G. Montgomery, “E. B. Lewis and the Bithorax Complex,” pts. 1 and 2, *Genetics* 160（2002）: 1265–72, and 161（2002）: 1–10 を参照してほしい。ルイスは元々，

発生よりも遺伝子重複に興味があった。そのため，染色体の当該領域に着目したわけだ。

バイソラックスやその他の変異体にいたる道標（みちしるべ）となった染色体の縞模様については，C. B. Bridges, "Salivary Chromosome Maps: With a Key to the Banding of the Chromosomes of *Drosophila melanogaster*," *Journal of Heredity* 26 (1935): 60–64; C. B. Bridges and T. H. Morgan, *The Third-Chromosome Group of Mutant Characters of Drosophila melanogaster* (Washington, DC: Carnegie Institution, 1923) において論じられている。

エドワード・ルイスの名論文は，E. B. Lewis, "A Gene Complex Controlling Segmentation in Drosophila," *Nature* 276 (1978): 565–70 である。

ホメオボックスの発見は，W. McGinnis et al., "A Conserved DNA Sequence in Homoeotic Genes of the *Drosophila* Antennapedia and Bithorax Complexes," *Nature* 308 (1984): 428–33 と，M. Scott and A. Weiner, "Structural Relationships Among Genes That Control Development: Sequence Homology Between the Antennapedia, Ultrabithorax, and Fushi Tarazu Loci of Drosophila," *Proceedings of the National Academy of Sciences* 81 (1984): 4115–19 で同時に報告された。

ホメオボックスの発見と，ホメオボックスが進化におよぼした影響については，ショーン・B・キャロル（Sean B. Carrol）の *Endless Forms Most Beautiful: The New Science of Evo Devo* (New York: Norton, 2006)〔『シマウマの縞　蝶の模様』〕において，参考文献付きで，詳細に論じられている。

ニパム・パテルのミナミモクズ属に関する研究については，A. Martin et al., "CRISPR/Cas9 Mutagenesis Reveals Versatile Roles of *Hox* Genes in Crustacean Limb Specification and Evolution," *Current Biology* 26 (2016): 14–26; J. Serano et al., "Comprehensive Analysis of *Hox* Gene Expression in the Amphipod Crustacean *Parhyale hawaiensis*," *Developmental Biology* 409 (2016): 297–309 において説明されている。

脊椎の発生におけるホメオボックス遺伝子群の役割については，D. Wellik and M. Capecchi, "*Hox10* and *Hox11* Genes Are Required to Globally Pattern the Mammalian Skeleton," *Science* 301 (2003): 363–67; D. Wellik, "*Hox* Patterning of the Vertebrate Axial Skeleton," *Developmental Dynamics* 236 (2007): 2454–63 を参照のこと。

本文中で触れた「手で発現している遺伝子群」とは，具体的には *Hoxa-13* と *Hoxd-13* のことである。これらの遺伝子をマウスで欠損させた実験についての論文は，C. Fromental-Ramain et al., "*Hoxa-13* and *Hoxd-13* Play a Crucial

Role in the Patterning of the Limb Autopod," *Development* 122 (1996): 2997–3011 である。

中村哲也とアンドリュー・ガーキーによる，魚のヒレが発生する際のホメオボックス遺伝子群についての研究は，T. Nakamura et al., "Digits and Fin Rays Share Common Developmental Histories," *Nature* 537 (2016): 225–28 に含まれている。2人の研究については Carl Zimmer, "From Fins into Hands: Scientists Discover a Deep Evolutionary Link," *New York Times*, August 17, 2016 でも紹介されている。

第５章　進化というモノマネ師

解剖学史におけるヴィック・ダジールの評価は不当に低い。生物の形態に見られる（相同などの）類似性についてリチャード・オーウェンと同様の観察を多々行ったにもかかわらず，それらを一般化することがなかったために，観察を行った功績を広く認められることがなかった。R. Mandressi, "The Past, Education and Science. Félix Vicq d'Azyr and the History of Medicine in the 18th Century," *Medicina nei secoli* 20 (2008): 183–212; R. S. Tubbs et al., "Félix Vicq d'Azyr (1746–1794): Early Founder of Neuroanatomy and Royal French Physician," *Child's Nervous System* 27 (2011): 1031–34 を参照。

「体内の器官が重複している」という考え方（連続相同性と呼ばれる）についての近年の見解については，Günter Wagner, *Homology, Genes, and Evolutionary Innovation* (Princeton, NJ: Princeton University Press, 2018) の中で述べられている。

小さな眼の変異体は，Sabra Colby Tice, *A New Sex-linked Character in Drosophila* (New York: Zoological Laboratory, Columbia University, 1913) において初めて記載された。

ブリッジズが染色体地図を用いて遺伝子重複を発見したことについては，Calvin Bridges, "Salivary Chromosome Maps: With a Key to the Banding of the Chromosomes of *Drosophila melanogaster*," *Journal of Heredity* 26 (1935): 60–64 において触れられている。

大野乾の生涯については，U. Wolf, "Susumu Ohno," *Cytogenetics and Cell Genetics* 80 (1998): 8–1 と，Ernest Beutler, "Susumu Ohno, 1928–2000" *Biographical Memoirs* 81 (2012)（米国科学アカデミーのウェブサイト，https://www.nap.edu/read/10470/chapter/14）において語られている。

大野の研究については，多数の論文と，遺伝子重複についての彼の研究をま

とめた書籍の中で説明されている。Susumu Ohno, "So Much 'Junk' DNA in Our Genome," 336–70, in H. H. Smith, ed., *Evolution of Genetic Systems* (New York: Gordon and Breach, 1972); Susumu Ohno, "Gene Duplication and the Uniqueness of Vertebrate Genomes Circa 1970–1999," *Seminars in Cell and Developmental Biology* 10 (1999): 517–22; Susumu Ohno, *Evolution by Gene Duplication* (Amsterdam: Springer, 1970)〔『遺伝子重複による進化』(山岸秀夫／梁永弘訳，岩波書店，1977 年)〕.

Yves Van de Peer, Eshchar Mizrachi, and Kathleen Marchal, "The Evolutionary Significance of Polyploidy," *Nature Reviews Genetics* 18 (2017): 411–24; S. A. Rensing, "Gene Duplication as a Driver of Plant Morphogenetic Evolution," *Current Opinion in Plant Biology* 17 (2014): 43–48.

T. Ohta, "Evolution of Gene Families," *Gene* 259 (2000): 45–52; J. Thornton and R. DeSalle, "Gene Family Evolution and Homology: Genomics Meets Phylogenetics," *Annual Reviews of Genomics and Human Genetics* 1 (2000): 41–73; J. Spring, "Genome Duplication Strikes Back," *Nature Genetics* 31 (2002): 128–29.

遺伝子ファミリーとその進化の事例は豊富にある。視覚にあずかるオプシン遺伝子群などはその好例である。R. M. Harris and H. A. Hoffman, "Seeing Is Believing: Dynamic Evolution of Gene Families," *Proceedings of the National Academy of Sciences* 112 (2015): 1252–53 を読んでみてほしい。

ホメオボックス遺伝子群もまた，遺伝子重複により誕生した遺伝子ファミリーの一例である。この遺伝子重複のメカニズムと影響を多様な観点から見たければ，P. W. H. Holland, "Did Homeobox Gene Duplications Contribute to the Cambrian Explosion ?," *Zoological Letters* 1 (2015): 1–8; G. P. Wagner et al., "Hox Cluster Duplications and the Opportunity for Evolutionary Novelties," *Proceedings of the National Academy of Sciences* 100 (2003): 14603–6; N. Soshnikova et al., "Duplications of Hox Gene Clusters and the Emergence of Vertebrates," *Developmental Biology* 378 (2013): 194–99 を参照してほしい。

Notch シグナリングと脳の進化における遺伝子重複については，互いに独立に発表された2つの論文で論じられている (I. T. Fiddes et al., "Human-Specific *NOTCH2NL* Genes Affect Notch Signaling and Cortical Neurogenesis," *Cell* 173 (2018): 1356–69; I. K. Suzuki et al., "Human-Specific *NOTCH2NL* Genes Expand Cortical Neurogenesis Through Delta/Notch Regulation," *Cell* 173 (2018): 1370–84).

ロイ・ブリテンの生涯は彼の長年の共同研究者により語られている (Eric

Davidson, “Roy J. Britten, 1919–2012: Our Early Years at Caltech,” *Proceedings of the National Academy of Sciences* 109 (2012): 6358–59)。デビッドソンとブリテンが共同で発表した論文は，反復配列の意義について考察したもので，大いに時代を先取りし，のちの世代の研究者に研究の端緒を与えるものとなった（R. J. Britten and E. H. Davidson, “Repetitive and Non-Repetitive DNA Sequences and a Speculation on the Origins of Evolutionary Novelty,” *Quarterly Review of Biology* 46 (1971): 111–38)。

反復配列と，反復配列を発見する際に用いた技術について書かれたブリテンの論文は，R. J. Britten and D. E. Kohne, “Repeated Sequences in DNA,” *Science* 161 (1968): 529–40 である。ブリテンの研究とその背景をもっと簡単に説明したものとしては，R. Andrew Cameron, “On DNA Hybridization and Modern Genomics” (https://onlinelibrary.wiley.com/doi/pdf/10.1002/mrd.22034) がある。

龍漫遠（ロンマンユエン）の研究室のグループは，新しい遺伝子の起源に関する自らの研究について，W. Zhang et al., “New Genes Drive the Evolution of Gene Interaction Networks in the Human and Mouse Genomes,” *Genome Biology* 16 (2015): 202–26 において記述している。新しい遺伝子の起源は現在活発な研究領域だ。多くの遺伝子が遺伝子重複により誕生する一方で，そうではない遺伝子もあり，遺伝子重複以外の遺伝子生成メカニズムについては今でも活発に研究がなされている。その（参考文献付きの）好例が L. Zhao et al., “Origin and Spread of De Novo Genes in Drosophila melanogaster Populations,” *Science* 343 (2014): 769–72 である。

マクリントックの跳躍遺伝子の発見は，Barbara McClintock, “The Origin and Behavior of Mutable Loci in Maize,” *Proceedings of the National Academy of Sciences* 36 (1950): 344–55 において初めて説明された。その論文を後年になって称賛・解説したのが，S. Ravindran, “Barbara McClintock and the Discovery of Jumping Genes,” *Proceedings of the National Academy of Sciences* 109 (2012): 20198–99 である。

跳躍遺伝子の発見とその働きについては，L. Pray and K. Zhaurova, “Barbara McClintock and the Discovery of Jumping Genes (Transposons),” *Nature Education* 1 (2008): 169 を参照してほしい。

アメリカ国立医学図書館は，マクリントックが残した資料群をオンラインで公開していて，その中には本章で引用した彼女の言葉も，アメリカ国家科学賞の授賞式でのニクソン大統領の言葉も含まれている（https://profiles.nlm.nih.gov/ps/retrieve/Narrative/LL/p-nid/52)。

第６章　私たちの内なる戦場

エルンスト・マイアの名著は *Animal Species and Evolution*（Cambridge, MA: Harvard University Press, 1963）である。

リチャード・ゴルトシュミットの本は *The Material Basis of Evolution*（New Haven, CT: Yale University Press, 1940）である。マイアを激怒させた論文は Goldschmidt, “Evolution as Viewed by One Geneticist,” *American Scientist* 40（1952）: 84–98 である。

ゴルトシュミットの生涯については，Curt Stern, *Richard Benedict Goldschmidt, 1878–1958: A Biographical Memoir*（Washington, DC: National Academy of Sciences, 1967）（http://www.nasonline.org/publications/biographical-memoirs/memoir-pdfs/goldschmidt-richard.pdf）を参照のこと。

マイアが大きな仕事を成し遂げた時代は「進化の総合学説の時代」として知られている。その時代は 1940 年代後期に絶頂を迎え，遺伝学の知見が分類学，古生物学，比較解剖学などの分野に統合された。マイアは，ゴルトシュミットの一件の後も続いた私とのお茶会の場で，よく「1990 年代の今，新たな総合学説が誕生しつつある」と話していた。それはマイアの世代の業績を分子生物学や発生遺伝学にも当てはめようとする動きであるという。だから，自分の近くにいる学生にはその分野の文献をきちんと読んでおくようにと忠告していた。

後世の研究者に多大な影響を与えたロナルド・フィッシャーの著書は *The Genetical Theory of Natural Selection*（London: Clarendon Press, 1930）である。

ヴィンセント・リンチの論文は，V. J. Lynch et al., “Ancient Transposable Elements Transformed the Uterine Regulatory Landscape and Transcriptome During the Evolution of Mammalian Pregnancy,” *Cell Reports* 10（2015）: 551–61 と，V. J. Lynch et al., “Transposon-Mediated Rewiring of Gene Regulatory Networks Contributed to the Evolution of Pregnancy in Mammals,” *Nature Genetics* 43（2011）: 1154–58 である。

リンチは，遺伝子制御についての一般的な問題を，G. P. Wagner and V. J. Lynch, “The Gene Regulatory Logic of Transcription Factor Evolution,” *Trends in Ecology and Evolution* 23（2008）: 377–85; G. P. Wagner and V. J. Lynch, “Evolutionary Novelties,” *Current Biology* 20（2010）: 48–52 において検討している。この研究のきっかけとなったのは，マクリントックその人と（B. McClintock, “The Origin and Behavior of Mutable Loci in Maize,” *Proceedings of the National Academy of Sciences* 36（1950）: 344–55）; R. J. Britten and E. H.

Davidson, "Repetitive and Non-Repetitive DNA Sequences and a Speculation on the Origins of Evolutionary Novelty," *Quarterly Review of Biology* 46 (1971): 111–38 という独創性に富んだ論文である。

跳躍遺伝子がゲノムの有用なパーツに変換される現象（いわゆる飼いならし）は，活発な研究領域である。関連する論文をピックアップするとすれば，D. Jangam et al., "Transposable Element Domestication as an Adaptation to Evolutionary Conflicts," *Trends in Genetics* 33 (2017): 817–31 と，E. B. Chuong et al., "Regulatory Activities of Transposable Elements: From Conflicts to Benefits," *Nature Reviews Genetics* 19 (2016): 71–86 が挙げられる。

シンシチンの機能に関しては，C. Lavialle et al., "Paleovirology of 'Syncytins,' Retroviral env Genes Exapted for a Role in Placentation," *Philosophical Transactions of the Royal Society of London, B* 368 (2013): 20120507 と H. S. Malik, "Retroviruses Push the Envelope for Mammalian Placentation," *Proceedings of the National Academy of Sciences* 109 (2012): 2184–85 において，うまく解説されている。シンシチンの発見については，S. Mi et al., "Syncytin Is a Captive Retroviral Envelope Protein Involved in Human Placental Morphogenesis" *Nature* 403 (2000): 785–89; J. Denner, "Expression and Function of Endogenous Retroviruses in the Placenta," *APMIS* 124 (2016): 31–43; A. Dupressoir et al., "Syncytin-A Knockout Mice Demonstrate the Critical Role in Placentation of a Fusogenic, Endogenous Retrovirus-Derived, Envelope Gene," *Proceedings of the National Academy of Sciences* 106 (2009): 12127–32; A. Dupressoir et al., "A Pair of Co-Opted Retroviral Envelope Syncytin Genes Is Required for Formation of the Two-Layered Murine Placental Syncytiotrophoblast," *Proceedings of the National Academy of Sciences* 108 (2011): 1164–73 を参照してほしい。

胎盤の進化におけるレトロウイルスの役割を概説したものとして D. Haig, "Retroviruses and the Placenta," *Current Biology* 22 (2012): 609–13 がある。

シンシチンは今や，胎盤に似た構造を持つ他の種（トカゲなど）からも見つかっている。G. Cornelis et al., "An Endogenous Retroviral Envelope Syncytin and Its Cognate Receptor Identified in the Viviparous Placental *Mabuya* Lizard," *Proceedings of the National Academy of Sciences* 114 (2017): E10991–E11000, https://doi:10.1073/pnas.1714590114 を参照のこと。

大昔に不活性化されたか飼いならされたウイルスを探す試みは，それ自体で一つの研究分野を成していて，「古ウイルス学（paleovirology)」と呼ばれている。もっと詳しく知りたければ，M. R. Patel et al., "Paleovirology — Ghosts

and Gifts from the Past," *Current Opinion in Virology* 1 (2011): 304–9, J. A. Frank and C. Feschotte, "Co-option of Endogenous Viral Sequences for Host Cell Function," *Current Opinion in Virology* 25 (2017): 81–89 を当たるといい。

ジェイソン・シェパードの *Arc* に関する研究は，E. D. Pastuzyn et al., "The Neuronal Gene *Arc* Encodes a Repurposed Tetroposon Gag Protein That Mediates Intercellular RNA Transfer," *Cell* 172 (2018): 275–88 において説明されている。エド・ヨンによる，もっと一般の読者に向けた同論文の解説記事もある (E. Yong, "Brain Cells Share Information with Virus-Like Capsules," *Atlantic* (January 2018))。

第７章　重りの仕込まれたサイコロ

グールドが自身の講義を下敷きにして執筆した著書は，Stephen Jay Gould, *Wonderful Life: The Burgess Shale and the Nature of History* (New York: Norton, 1989)〔『ワンダフル・ライフ ── バージェス頁岩と生物進化の物語』(渡辺正隆訳，早川書房，2000 年)〕である。

生物の進化における退化と多発性に関するレイ・ランケスターの研究については，E. R. Lankester, *Degeneration: A Chapter in Darwinism* (London: Macmillan, 1880), E. R. Lankester, "On the Use of the Term 'Homology' in Modern Zoology and the Distinction Between Homogenetic and Homoplastic Agreements," *Annals and Magazine of Natural History* 6 (1870): 34–43 を参照。

収斂進化と平行進化の議論については，サイモン・コンウェイ・モリス (Simon Conway Morris) の *Life's Solution: Inevitable Humans in a Lonely Universe* (Cambridge, U.K.: Cambridge University Press, 2003)〔『進化の運命 ── 孤独な宇宙の必然としての人間』(遠藤一佳／更科功訳，講談社，2010 年)〕を読んでほしい。コンウェイ・モリスは，進化はすべて必然であるとする，強硬な立場を取っている。それとは対照的に，ジョナサン・ロソス (Jonathan Losos) の *Improbable Destines: Fate, Chance and the Future of Evolution* (New York: Riverhead, 2017)〔『生命の歴史は繰り返すのか？ ── 進化の偶然と必然のナゾに実験で挑む』(的場知之訳，化学同人，2019 年)〕は，偶然と必然の関係性について，実にバランスの取れた見方をしている。

サンショウウオの舌の射出をうまく捉えた映像は https://www.youtube.com/watch?v=mRrIITcUeBM で公開されている。

この驚異の技を可能にする体のつくりを科学的に分析しているのは，S. M. Deban et al., "Extremely High-Power Tongue Projection in Plethodontid

Salamanders," *Journal of Experimental Biology* 210 (2007): 655–67 である。

舌の射出についてのウェイクのオリジナル論文は名論文である（R. E. Lombard and D. B. Wake, "Tongue Evolution in the Lungless Salamanders, Family Plethodontidae. IV. Phylogeny of Plethodontid Salamanders and the Evolution of Feeding Dynamics," *Systematic Zoology* 35 (1986): 532–51）.

舌の射出機構の驚くべき多発的な進化は，D. B. Wake et al., "Transitions to Feeding on Land by Salamanders Feature Repetitive Convergent Evolution," in K. Dial, N. Shubin, and E. L. Brainerd, eds., *Great Transformations in Vertebrate Evolution*（Chicago: University of Chicago Press, 2015）において示されている。

凍死したサンショウウオの分析は，N. H. Shubin et al., "Morphological Variation in the Limbs of *Taricha Torosa*（Caudata: Salamandridae): Evolutionary and Phylogenetic Considerations," *Evolution* 49 (1995): 874–84 に示されている。肢の骨の配列の進化学的な解釈と予測可能性について論じているのは，N. Shubin and D. B. Wake, "Morphological Variation, Development, and Evolution of the Limb Skeleton of Salamanders," 1782–808 in H. Heatwole, ed., *Amphibian Biology*（Sydney: Surrey Beatty, 2003); N. Shubin and P. Alberch, "A Morphogenetic Approach to the Origin and Basic Organization of the Tetrapod Limb," *Evolutionary Biology* 20 (1986): 319–87; N. B. Fröbisch and N. Shubin, "Salamander Limb Development: Integrating Genes, Morphology and Fossils," *Developmental Dynamics* 240 (2011): 1087–99; N. Shubin and D. Wake, "Phylogeny, Variation and Morphological Integration," *American Zoologist* 36 (1996): 51–60; N. Shubin, "The Origin of Evolutionary Novelty; Examples From Limbs," *Journal of Morphology* 252 (2002): 15–28 である。

ウェイクは，多発的な進化が明らかにする進化の一般的なメカニズムについての論文を執筆している。D. B. Wake et al., "Homoplasy: From Detecting Pattern to Determining Process and Mechanism of Evolution," *Science* 331 (2011): 1032–35; D. B. Wake, "Homoplasy: The Result of Natural Selection, or Evidence of Design Limitations?" *American Naturalist* 138 (1991): 543–67.

多発的な進化についての総説論文としては，B. K. Hall, "Descent with Modification: The Unity Underlying Homology and Homoplasy as Seen Through an Analysis of Development and Evolution," *Biological Reviews of the Cambridge Philosophical Society* 78 (2003): 409–33 もある。

カリブ海地域のトカゲの研究に関しては，ジョナサン・ロソス（Jonathan Losos）の *Improbable Destines: Fate, Chance and the Future of Evolution*（New York: Riverhead, 2017)〔『生命の歴史は繰り返すのか？』〕で解説されている。

ミシガン州立大学のリチャード・レンスキーの研究室は，1988年に開始した細菌の長期実験を現在も続けている。当時としては大胆だったこの試みのおかげで，主要な進化的変化の多くをじかに観察することができ，そうした事象をリアルタイムに見るためのツールが手に入った。次の総説論文が，生物の進化における必然性と偶然性の複雑な関係を明らかにしている。Z. Blount, R. Lenski, and J. Losos, "Contingency and Determinism in Evolution: Replaying Life's Tape," *Science* 362: 6415 (2018): doi: 10.1126/science.aam5979.

第 8 章　生命の M&A

リン・マーギュリスの原著論文は L.〔Margulis〕Sagan, "On the Origin of Mitosing Cells," *Journal of Theoretical Biology* 14 (1967): 225–74 である。自説について広範に論じた著書は Lynn Margulis, *Symbiosis in Cell Evolution: Life and Its Environment on the Early Earth* (San Francisco: Freeman, 1981) である。本文に引用した彼女の回想は，2011年に「ディスカバー」誌に掲載されたインタビューが出典である (https://www.discovermagazine.com/the-sciences/discover-interview-lynn-margulis-says-shes-not-controversial-shes-right)。

この問題についての近年の見解（と参考文献）を知りたければ，J. Archibald, *One Plus One Equals One: Symbiosis and the Evolution of Complex Life* (Oxford: Oxford University Press, 2014); L. Eme et al., "Archaea and the Origin of Eukaryotes," *Nature Reviews Microbiology* 15 (2017): 711–23; J. M. Archibald, "Endosymbiosis and Eukaryotic Cell Evolution," *Current Biology* 25 (2015): 911–21; M. O'Malley, "Endosymbiosis and Its Implications for Evolutionary Theory," *Proceedings of the National Academy of Sciences* 112 (2015): 10270–77 を当たるといい。

生命史の黎明期についての説得的かつ充実した情報源としては，アンドルー・ノール (Andrew Knoll) の *Life on a Young Planet: The First Three Billion Years of Evolution on Earth* (Princeton, NJ: Princeton University Press, 2004)〔『生命　最初の 30 億年』〕，ニック・レーン (Nick Lane) の *The Vital Question: Energy, Evolution and the Origins of Complex Life* (New York: Norton, 2015)〔『生命，エネルギー，進化』〕，J. William Schopf, *Cradle of Life: The Discovery of Earth's Earliest Fossils* (Princeton NJ: Princeton University Press, 1999) がある。

エイペックス・チャートの構造に炭素同位体分析をかけたショップらの共同研究は，J. W. Schopf et al., "SIMS Analyses of the Oldest Known Assemblage of Microfossils Document Their Taxon-Correlated Carbon Isotope Compositions,"

Proceedings of the National Academy of Sciences 115 (2018): 53–58 である。

個体性の意味と進化については，学界に大きな影響を与えた小冊子で議論されている(Leo Buss, *The Evolution of Individuality* (Princeton, NJ: Princeton University Press, 1988))。バスは，「個体とは何か」という点に注目するとともに，新しい個体と新しい自然選択のレベルの出現に伴い自然選択がどう作用したかを明らかにした。

新たなたぐいの個体の起源とその進化への影響を調べるアプローチについては，John Maynard-Smith and Eörs Szathmáry, *The Major Transitions in Evolution* (Oxford: Oxford University Press, 1998) に書かれている。

ニコール・キングの素晴らしい講義「Choanoflagellates and the Origin of Animal Multicellularity (襟鞭毛虫類と動物の多細胞性の起源)」は https://www.ibiology.org/ecology/choanoflagellates/ で公開されている。

襟鞭毛虫類に関する研究について知りたければ，T. Brunet and N. King, “The Origin of Animal Multicellularity and Cell Differentiation,” *Developmental Cell* 43 (2017): 124–40; S. R. Fairclough et al., “Multicellular Development in a Choanoflagellate,” *Current Biology* 20 (2010): 875–76; R. A. Alegado and N. King, “Bacterial Influences on Animal Origins,” *Cold Spring Harbor Perspectives in Biology* 6 (2014): 6:a016162; D. J. Richter and N. King, “The Genomic and Cellular Foundations of Animal Origins,” *Annual Review of Genetics* 47 (2013): 509–37 を参照してほしい。

CRISPR-Cas9 というゲノム編集技術についての入門書を，その開発史も踏まえながら，開発者の一人が他者と共同で執筆している。Jennifer Doudna and Robert Sternberg, *A Crack in Creation: Gene Editing and the Unthinkable Power to Control Evolution* (New York: Houghton Mifflin Harcourt, 2017)〔ジェニファー・ダウドナ，サミュエル・スターンバーグ『CRISPR (クリスパー) ―― 究極の遺伝子編集技術の発見』(櫻井祐子訳，文藝春秋，2017 年)〕.

エピローグ

マウント・リッチーは南極のヴィクトリアランドにある。私たちはそこに，米国立科学財団が支援する米国南極プログラム事業の一環 (助成金番号 1543367) で滞在していた。

図版出典

カバー　肺魚のイラスト：H. Alleyne Nicholson, *An Introductory Text-book of Zoology*（Edinburgh: William Blackwood and Sons, 1871）127p.（https://etc.usf.edu/clipart/7300/7383/mud-fish_7383.htm より）

13 頁　Kalliopi Monoyios

15 頁　ニューヨーク，メトロポリタン美術館の許可を得て使用

26 頁　デイノニクス（*Deinonychus*）のイラスト：Paul Heaston の許可を得て使用。人物シルエット：Kalliopi Monoyios

28 頁　F. M. Smithwick, R. Nicholls, I. C. Cuthill, and J. Vinther（2017），"Countershading and Stripes in the Theropod Dinosaur Sinosauropteryx Reveal Heterogeneous Habitats in the Early Cretaceous Jehol Biota"（http://www.cell.com/currentbiology/fulltext/S0960-9822（17）31197-1），*Current Biology*. DOI:10.1016/j.cub.2017.09.032（https://doi.org/10.1016/j.cub.2017.09.032）より引用（CC BY 4.0 International）

47 頁　ケンブリッジ大学，スコット極地研究所の許可を得て使用

49 頁　ウォルター・ガースタング，『幼生形態と動物にまつわる他の詩（*Larval Forms and Other Zoological Verses*）』より引用

51 頁　Kalliopi Monoyios

55 頁　Kalliopi Monoyios

65 頁　スタンフォード大学のホプキンス臨界研究所の厚意により使用.

91 頁　Kalliopi Monoyios

94 頁　マーク・アヴェレットによる画像（under CC BY 3.0 Unported）

100 頁　Kalliopi Monoyios

117 頁　Kalliopi Monoyios

118 頁　ウォルフガング・F・ヴュルカーによる画像。W. F. Wülker et al., "Karyotypes of *Chironomus* Meigen（Diptera: Chironomidae）Species from

Africa," *Comparative Cytogenetics* 5（1）: 23–46, https://doi.org/10.3897/compcytogen.v5i1.975 より，スミソニアン協会の許可を得て使用（CC BY 3.0 101）

120 頁　Kalliopi Monoyios

122 頁　ハワード・リプシッツによる画像をシュプリンガー・ネイチャーの許可を得て使用

126 頁　Kalliopi Monoyios

129 頁　Kalliopi Monoyios

135 頁　Kalliopi Monoyios

138 頁　Kalliopi Monoyios

143 頁　アンドリュー・ガーキーと中村哲也（シカゴ大学）による画像

151 頁　シティ・オブ・ホープ研究所アーカイブの厚意により許可を得て使用

167 頁　コールド・スプリング・ハーバー研究所のバーバラ・マトリンクックコレクションの厚意により許可を得て使用

181 頁　ヴィンセント・J・リンチの厚意により許可を得て使用

203 頁　サー・ランケスター・ウォードの多色リトグラフ。ロンドン，ウェルカム図書館所蔵（used under CC BY 4.0）

207 頁　ディヴィッド・ウェイクの厚意により許可を得て使用

213 頁　Kalliopi Monoyios

222 頁　ガヤニ・セネヴィラトニ（シカゴ大学）による画像を許可を得て使用

224 頁　Kalliopi Monoyios

230 頁　ボストン大学写真アーカイブの厚意により許可を得て使用

232 頁　Kalliopi Monoyios

243 頁　ニコール・キングの厚意により許可を得て使用

上記以外の本文の画像はすべてパブリックドメインのものを使用している。